超超临界火电机组培训系列教材

燃料与环保分册

主　编　徐宏建

参　编　辛志玲　谈　仪　李中存　许　斌

主　审　潘卫国

中国电力出版社

CHINA ELECTRIC POWER PRESS

┌─ 内容提要 ─────────────────────────

　　本书是《超超临界火电机组培训系列教材》的《燃料与环保分册》。全书共七章，分别阐述了火力发电厂燃煤的工业应用及特性分析与测定方法，二氧化硫脱除技术的分类及基本原理，火力发电厂烟气脱硫工艺的选择及技术经济评价，以及联合脱硫脱硝一体化技术的研究进展；详细讨论了与燃料与环保有关的设备与系统，如火力发电厂动力煤的采样与制备系统、湿式石灰石—石膏法烟气脱硫（FGD）系统、脱硫岛控制系统、氮氧化物脱除与控制系统等；最后解析了部分百万千瓦机组脱硫脱硝系统运行的工程案例。

　　本书适合从事 1000MW 超超临界火力发电机组设计、安装、调试、运行、检修及其管理工作的工程技术人员阅读，可作为电厂生产人员的培训教材，亦可供有关专业人员和高等学校相关专业师生参考。

图书在版编目(CIP)数据

超超临界火电机组培训系列教材. 燃料与环保分册/徐宏建主编 . —北京：中国电力出版社，2013.1（2017.11重印）
ISBN 978-7-5123-3341-3

Ⅰ.①超… Ⅱ.①徐… Ⅲ.①火力发电-发电机组-技术培训-教材 ②火力发电-燃料-技术培训-教材 ③火力发电-环境保护-技术培训-教材 Ⅳ.①TM621

中国版本图书馆 CIP 数据核字(2012)第 170311 号

中国电力出版社出版、发行
（北京市东城区北京站西街 19 号　100005　http://www.cepp.sgcc.com.cn）
航远印刷有限公司印刷
各地新华书店经售

＊

2013 年 1 月第一版　　2017 年 11 月北京第三次印刷
787 毫米×1092 毫米　16 开本　15 印张　354 千字
印数 4001—5000 册　定价 **43.00** 元

前　言

　　进入 21 世纪，我国经济飞速发展，电力需求急速增长，电力工业进入了快速发展的新时期。截至 2011 年底，全国发电装机容量达 10.56 亿 kW，首次超过美国（10.3 亿 kW），成为世界电力装机第一大国。其中，火电 7.65 亿 kW。目前，全国范围内已投产的单机容量 1000MW 超超临界火电机组共有 47 台，投运、在建、拟建的百万千瓦超超临界机组数量居全球之首。华能玉环电厂、华电邹县电厂、外高桥第三发电厂、国电泰州电厂等一大批百万千瓦级超超临界机组的相继投产，标志着我国已经成功掌握世界先进的火力发电技术，电力工业已经开始进入"超超临界"时代。根据电力需求和发展的需要，未来几年，我国还将有大量大容量、高参数的超超临界机组相继投入生产运行。因此，编写一套专门用于 1000MW 超超临界机组的培训教材有着现实需求的积极意义。

　　上海电力学院作为一所建校六十余年的电力院校，一直以来依托自身电力特色，利用学校的行业优势，发挥高校服务社会的功能，依托丰富的电力专业师资资源，大力开展针对发电企业生产人员的各类型、各层次、各工种的技术培训。从 20 世纪 70 年代至今，学校已先后为全国近百家电厂，从 125MW 到 600MW 的超临界机组，以及我国第一台 1000MW 超超临界火力发电机组——华能玉环电厂等培养了大批技术人才，成为最早开始培训同时接受培训厂家最多、机组类型最丰富的院校之一。2012 年 11 月，学校以 1000MW 火电机组培训代表的面向发电企业技术项目正式被上海市评为 2006～2012 年市级培训品牌项目。

　　本套丛书包括《锅炉分册》、《汽轮机分册》、《电气分册》、《热控分册》、《电厂化学分册》与《燃料与环保分册》6 个分册，是学校基于多年以来的培训经历累积而成，并融合多家在学校培训的厂家资料，由上海电力学院和皖能铜陵发电有限公司合作完成的。

　　丛书在编写过程中，力求反映我国超超临界 1000MW 等级机组的发展状况和最新技术，重点突出 1000MW 超超临界火电机组的工作原理、设备系统、运行特点和事故分析，包含国内主要四大发电设备制造企业——上海电气、哈尔滨电气、东方电气、北京巴威的技术资料，以及大量国内外最新的百万机组资料，并经过华能玉环电厂、国电泰州电厂、皖能铜陵电厂、国华绥中电厂、华润广西贺州电厂、国华徐州电厂、国电谏壁电厂、浙能台州电厂、江苏新海电厂、浙能嘉兴电厂、浙能舟山六横电厂、华电句容电厂、华能南通电厂等十几家百万千瓦发电机组企业培训使用，最终逐步修改、完善而成。本套丛书注重理论联系实际，紧密围绕设备型号进行讲解，是超超临界火电机组上岗、在岗、转岗、技能鉴定、继续教育通用培训的优秀教材。

本套丛书由上海电力学院副院长姚秀平教授担任编委会主任，现皖能集团总工程师倪鹏（原皖能铜陵发电有限公司总经理）、皖能铜陵发电有限公司总经理刘长生担任编委会副主任，上海电力学院华东电力继续教育中心和皖能铜陵发电有限公司负责组织校内18位长期从事培训工作的教师和10位专工联合编写，历时近3年，历经多次修改而成。

本套丛书在编写过程中，中国上海电气集团公司、华东电力设计院、国华宁海发电有限公司、国电北仑发电有限公司、中电投上海漕泾发电有限公司、外高桥第三发电有限公司、浙能嘉兴发电有限公司、国电泰州发电有限公司、浙能舟山六横煤电有限公司等提供了大量的技术资料并给予了大力的支持和热情帮助；上海电力学院成教院杨俊保副院长、培训科肖勇科长、司磊磊老师以及多位研究生为本丛书的出版做出了大量细致工作，在此表示诚挚的感谢。

本册为《燃料与环保分册》，全书共七章，其中第一至五章由谈仪编写，第六章由徐宏建编写，第七章由辛志玲编写，另外，安徽铜陵发电厂的李中存、许斌也参与了部分章节的编写。全书由徐宏建负责统稿。本分册由潘卫国担任主审。

由于知识和经验有限，书中难免有不妥之处，恳请广大读者提出宝贵意见，以利不断完善。

编者

2012 年 11 月

目　录

▶ 第二篇　脱硫及脱硝

第一篇

电 厂 燃 料

第一章

燃 料 基 础 知 识

　　能源工业是国民经济的基础。我国发展电力的基本特点是以燃煤为基础，以火电为主，煤电占总发电量的 80％左右。从提高发电效率、节约能源和解决环保问题三方面来考虑，走可持续发展的道路。电力燃料，特别是电煤质量与上述三方面都有着十分密切的关系。2011 年，国家电网公司直供燃煤发电厂耗煤总量约 4 亿 t，数以万计的科技人员直接从事燃料监督和试验工作。随着电力生产的发展，锅炉机组容量日益增大，就需要提供数量更多、质量更好的电力燃料。了解和掌握动力燃料的基本知识及其物理化学特性，切实做好火电厂燃料的采制样及化验工作，对降低发电成本，确保锅炉机组的安全经济运行，具有极其重要的意义。

第一节　煤的形成、组成和特性

一、煤的形成

　　煤是由古代植物形成的，植物分低等植物和高等植物两大类。在地球上储量最多的煤由高等植物形成，统称为腐植煤，即现代被广泛使用的褐煤、烟煤和无烟煤等。高等植物的有机化学组成主要为纤维素和本质素，此外还有少量蛋白质和脂类化合物等；无机化学组成主要为矿物质。古代植物随地壳运动而被埋入地下，经过长期的细菌生物化学作用以及地热高温和岩层高压的成岩、变质作用，使植物中的纤维素、木质素发生脱水、脱一氧化碳、脱甲烷等反应，而后逐渐成为含碳丰富的可燃性岩石，这就是煤。该过程称为煤化作用，它是一个增碳的碳化过程。根据煤化程度的深浅、地质年代长短以及含碳量多少，可将煤划分为泥炭、褐煤、烟煤和无烟煤四大类，其演化过程可用图 1-1 说明。

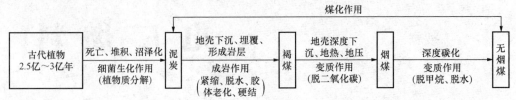

图 1-1　煤的演化过程

　　组成植物质的有机元素主要为碳、氢、氧和少量氮、硫和磷。这些元素在成煤过程随着地质年代的增长，变质程度加深，含碳量逐步增加，氢和氧逐步减少，硫和氮则变化不大，即

$$植物 \quad \xrightarrow{-3H_2O、-CO_2} \quad 泥炭 \quad \xrightarrow{-2H_2O} \quad 褐煤 \quad \xrightarrow{-CO_2} \quad 烟煤 \quad \xrightarrow{-2CH_4、-H_2O} \quad 无烟煤$$
$$C_{17}H_{24}O_{10} \qquad\qquad C_{16}H_{18}O_5 \qquad\qquad C_{16}H_{14}O_3 \qquad\qquad C_{15}H_{14}O \qquad\qquad C_{13}H_4$$

二、煤的组成

在成煤过程漫长的地质年代中，煤的原始组成和结构发生了变化，形成一种新物质。煤是由多种结构形式的有机物与少量种类不同的无机物组成的混合物。煤中有机物的基本结构单元，主要是带有侧链和官能团的缩合芳香核体系，随着变质程度的加深，基本结构单元中六碳环的数目不断增加，而侧链和官能团则不断减少。煤中无机物的组成极为复杂，所含元素多达数十种，常以硫酸盐、碳酸盐（主要是钙、镁、铁等盐）、硅酸盐（铝、钙、镁、钠、钾）、黄铁矿（硫）等矿物质的形态存在。此外，还有一些伴生的稀有元素，如锗（Ge）、硼（B）、铍（Be）、钴（Co）、钼（Mo）等。

煤仅作为能源使用时，就没有必要对其化学结构作详尽的了解，只从热能利用（即燃料的燃烧）方面去分析和研究煤的组成，基本上就能够满足电力生产的要求。

在工业上常将煤的组成划分为工业分析组成和元素分析组成两种（见图1-2）。了解这两种组成就可以为煤的燃烧提供基本数据。工业分析组成是用工业分析法测出的煤的不可燃成分和可燃成分，不可燃成分为水分和灰分，可燃成分为挥发分和固定碳，这4种成分的总量为100。

煤 ｛ 无机物（不可燃成分）｛ 水分（包括外在水分和内在水分）
　　　　　　　　　　　　灰分（主要为含 Ca、Al、Si、Fe 等元素的无机矿物质）
　　有机物（可燃成分）｛ 挥发分（由 C、H、O、N、S 元素组成的气态物质）
　　　　　　　　　　　　固定碳（主要由 C 元素组成的固态物质）

图 1-2　煤的组成

工业分析法带有规范性，所得的组成与煤的固有组成完全不同，但它给煤的工艺利用带来很大的方便。工业分析法采用常规质量分析法，以质量百分比计量各组成可得到可靠的百分组成，这有利于煤质计量、煤种划分、煤质评估、用途选择、商品计价等。

元素分析组成是用元素分析法测出煤中的化学元素分析组成，该组成可示出煤中某些有机元素的含量。元素分析组成包括 C、H、O、N、S 五种元素，这五种元素加上水分和灰分，其总量为100。元素分析结果对煤质研究、工业利用、锅炉设计、环境质量评价等都是极为有用的资料。

三、煤的性质

煤的性质指煤的物理性质、化学性质和工艺性质。这些性质都与成煤的原始物质、聚积环境、地质条件和煤化程度有关。作为动力用煤的主要性质包括发热量、可磨性、煤粉细度、煤灰熔融性、密度〔包括真（相对）密度、视（相对）密度和堆积密度〕、着火点。

1. 发热量 Q

煤的发热量，又称为煤的热值，即单位质量的煤完全燃烧所发出的热量。

煤的发热量是煤按热值计价的基础指标。煤作为动力燃料，主要是利用煤的发热量，发热量越高，其经济价值越大。同时，发热量也是计算热平衡、热效率和煤耗的依据，以及锅炉设计的参数。

2. 可磨性

煤的可磨性是指煤研磨成粉的难易程度。用可磨性指数表示，符号为 HGI（哈氏指数)。它具有规范性，无量纲。其规范为规定粒度下的煤样，经哈氏可磨仪用规定的能量研磨后，在规定的标准筛上筛分，称量筛上煤样质量，并由用已知哈氏指数标准煤样绘制的标准曲线上查得该煤的哈氏指数，是设计和选用磨煤机的重要依据。

3. 煤粉细度

煤粉细度是指煤粉中各种大小尺寸颗粒煤的质量百分含量，它表征煤粉颗粒分布的均匀程度，通常以 $90\mu m$ 和 $200\mu m$ 筛上煤粉量来表示。它可用筛分法确定，即使煤粉通过一定孔径的标准筛，计量筛上煤粉质量占试样质量的百分数，符号为 r_x，下标为标准筛孔径。在一定的燃烧条件下，煤粉细度对磨煤能量耗损和燃烧过程中的热损失有较大影响。

4. 煤灰熔融性

煤灰熔融性又称灰熔点，是动力和气化用煤的重要指标。煤灰是煤中可燃物质燃尽后的残留物，是由各种矿物质组成的混合物，没有一个固定的熔点，只有一个熔化温度的范围。当煤灰受热时，它由固态逐渐向液态转化而呈塑性状态。煤灰熔融性就是表征煤灰在高温下转化为塑性状态时，其黏塑性变化的一种性质。煤灰在塑性状态时，易黏附在金属受热面或炉墙上，阻碍热传导，破坏炉膛的正常燃烧工况。所以煤灰的熔融性是关系锅炉设计、安全经济运行等问题的重要性质。表示熔融性的方法具有较强的规范性，它是将煤灰制成三角锥体，在规定的条件下加热，根据其形态变化而规定的三个特征温度，即 DT（变形温度）、ST（软化温度）和 FT（熔化温度），一般用 ST 评定煤灰熔融性。

5. 真（相对）密度、视（相对）密度和堆积密度

煤的真（相对）密度定义为在 20℃时煤（不包括煤的孔隙）的质量与同温度、同体积水的质量之比，符号为 TRD，无量纲。

视（相对）密度定义为在 20℃时煤（包括煤的孔隙）的质量与同温度、同体积水的质量之比，符号为 ARD，无量纲。

堆积密度是指单位体积(包括煤粒的体积和煤粒间的空隙)中所含煤的质量，单位为 g/cm^3。

真密度用于煤质研究、煤的分类、选煤或制样等工作；视密度用于煤层储量的估算；而堆积密度在火电厂中，主要用于计算进厂商品煤装车量以及煤场盘煤。

6. 着火点

煤的着火点或称着火温度，是将煤加热到开始燃烧时的温度，也称煤的燃点、临界温度和发火温度，单位为℃。它的测定具有规范性，使用不同的测试方法，对同一煤样，着火点的值也会不同。一般是将氧化剂加入或通入煤中，对煤进行加热，使煤发生爆燃或有明显的升温现象，然后求出煤爆燃或急剧升温的临界温度，作为煤的着火点。我国测定着火点时采用亚硝酸钠做氧化剂，在燃点测定仪中进行测定。着火点与煤的风化、自燃、燃烧、爆炸等有关，所以它是一项涉及安全的指标。

第二节　煤的基准分析

一、基准表示法

因为煤中水分和灰分的含量受到外界条件的影响，其他成分的百分量也将随之变更，所以不能简单地用成分百分量来表明煤的种类和某些特性，而必须同时指明百分数的基准是什

么。基即是表示化验结果是以什么状态下的煤样为基础而得出的。煤质分析中常用基准有收到基、空气干燥基、干燥基、干燥无灰基。

1. 收到基（as received basis）

收到基（旧称应用基），是以进入锅炉房原煤仓内（或进入储煤场内）的煤作为基准，表示符号为 ar，其表达式为

$$C_{ar}+H_{ar}+O_{ar}+N_{ar}+S_{ar}+A_{ar}+M_{ar}=100\%$$
$$FC_{ar}+V_{ar}+A_{ar}+M_{ar}=100\%$$

收到基成分含量反映了煤作为收到状态下的各成分含量。锅炉热力计算均采用收到基成分。

2. 空气干燥基（air dry basis）

空气干燥基是指把在实验室经过自然风干后的煤作为基准（以与空气湿度达到平衡状态的煤为基准。表示符号为 ad），其表达式为

$$C_{ad}+H_{ad}+O_{ad}+N_{ad}+S_{ad}+A_{ad}+M_{ad}=100\%$$
$$FC_{ad}+V_{ad}+A_{ad}+M_{ad}=100\%$$

空气干燥基成分含量一般在实验室内作煤样分析时采用。

3. 干燥基（dry basis）

干燥基是指以完全干燥状态（去掉全水分）的煤作为基准，表示符号为 d，其表达式为

$$C_d+H_d+O_d+N_d+S_d+A_d=100\%$$
$$FC_d+V_d+A_d=100\%$$

因为干燥基成分不受水分含量的影响，所以用 A_d 来表示煤中的灰分含量更为准确。

4. 干燥无灰基（dry ash-free basis）

干燥无灰基是指以假想无水无灰状态下的煤作为基准，表示符号为 daf，其表达式为

$$C_{daf}+H_{daf}+O_{daf}+N_{daf}+S_{daf}=100\%$$
$$FC_{daf}+V_{daf}=100\%$$

因为干燥无灰基成分既不受水分含量的影响，又不受灰分含量的影响比较稳定，所以常用来表示煤的挥发分含量。

上述煤的成分及各种分析基准之间的关系，如图 1-3 所示。

必须指出：收到基是包括煤中全水分的成分组合。全水分中的外在水分变易性较大，由

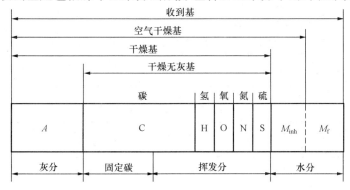

图 1-3　煤的基准

煤矿发出的煤到火电厂收到的煤或进锅炉燃烧的煤都是用收到基表示其成分组合的。但由于时间、空间等条件的差异，水分会有较大的变化，因此，同一种煤虽是按同一收到基计算出来的成分百分含量，也会有差异，应根据实际情况对分析结果给予合理处理。

煤的成分和特性（即煤质分析项目）通常都是用一定符号表示，对于某些成分，由于它在煤中的有多种形态或分析化验时的条件、方法不同，使用单一的符号还不能完全表明其含义。例如水分有内在水分和外在水分；硫有有机硫、硫酸盐硫和硫化铁硫等。为了区分诸如此类的差异，通常在符号的右下角外附加符号注明，国际标准《煤质分析试验方法一般规定》中对煤质分析项目的符号作了同一规定，即采用国际标准化组织规定的符号，见表1-1～表1-3。

表1-1　　　　　　　　　　　　　　　　　煤质符号

项目		英文	新符号	旧符号
工业分析成分	水分	Moisture	M	W
	灰分	Ash	A	A
	挥发分	Volatile Matter	V	V
	固定碳	Fixed Carbon	FC	C_{GD}
元素分析成分	碳	Carbon	C	C
	氢	Hydrogen	H	H
	氧	Oxygen	O	O
	氮	Nitrogen	N	N
	硫	Sulfur	S	S
各项性质	发热量	Calorific Value	Q	Q
	真密度	True Relative Density	TRD	d
	视密度	Apparent Relative Density	ARD	d_{sh}
	哈氏指数	Hardgrove Grindability Index	HGI	K_{HG}
	灰熔融性　变形温度	Deformation Temperature	DT	T_1
	软化温度	Softening Temperature	ST	T_2
	流动温度	Fluid Temperature	FT	T_3

表1-2　　　　　　　　　　　　煤质项目存在状态和条件符号

项目	外在水分	内在水分	全水分	有机硫	硫酸盐硫	硫化铁硫	全硫	弹筒硫	高位发热量	低位发热量	弹筒发热量	碳酸盐二氧化碳
英文	Free Moisture	Inherent Moisture	Total Moisture	Organic Sulfur	Sulfate Sulfur	Pyretic Sulfur	Total Sulfur		Gross Calorific Value	Net Calorific Value	Bomb Calorific Value	Carbon Dioxide in Carbonate
新符号	M_f	M_{inh}	M_t	S_O	S_S	S_P	S_t	S_b	Q_{gr}	Q_{net}	Q_b	CO_2
旧符号	W_{WZ}	W_{NZ}	W_Q	S_{YJ}	S_{LY}	S_{LT}	S_Q	S_{DT}	Q_{GW}	Q_{DW}	Q_{DT}	$(CO_2)_{TS}$

表1-3　　　　　　　　　　　　　　煤质基准符号

名称	收到基	空气干燥基	干燥基	干燥无灰基
旧名称	应用基	分析基	干燥基	可燃基
英文	as received basis	air dry basis	dry basis	dry ash-free basis
新符号	ar	ad	d	daf
旧符号	y	f	g	r

二、基准换算

由于煤质分析所使用的样品为空气干燥后的煤样，分析结果的计算是以空气干燥基为基准得出的。而实际使用和研究时，往往要求知道符合原来煤质状态的分析结果。为此在使用基准时，必须按符合实际的成分组合进行换算。表 1-4 列出了各种分析基准之间的换算系数，这是根据质量守恒定律导出的，可以用于同种煤不同分析基准之间除水分以外的各种成分（如 C、H、O、N、S、A）、挥发分和高位发热量的换算。

计算通式应为

$$X = KX_0 \tag{1-1}$$

式中　X_0——原基准下某一成分的百分含量；

　　　X——欲计算基准下该成分的百分含量；

　　　K——比例系数。

表 1-4　　　　　　　　　　　　煤的各基准之间的换算系数 K

已知煤的基准	欲求煤的基准			
	收到基	空气干燥基	干燥基	干燥无灰基
收到基	1	$\dfrac{100 - M_{ad}}{100 - M_{ar}}$	$\dfrac{100}{100 - M_{ar}}$	$\dfrac{100}{100 - M_{ar} - A_{ar}}$
空气干燥基	$\dfrac{100 - M_{ar}}{100 - M_{ad}}$	1	$\dfrac{100}{100 - M_{ad}}$	$\dfrac{100}{100 - M_{ad} - A_{ad}}$
干燥基	$\dfrac{100 - M_{ar}}{100}$	$\dfrac{100 - M_{ad}}{100}$	1	$\dfrac{100}{100 - A_d}$
干燥无灰基	$\dfrac{100 - M_{ar} - A_{ar}}{100}$	$\dfrac{100 - M_{ad} - A_{ad}}{100}$	$\dfrac{100 - A_d}{100}$	1

下面通过两个例题来说明表 1-4 中换算系数 K 的导出方法和应用。

【例 1-1】　已知煤的 M_{ar}、A_{ar} 和 M_{ad}，试导出其收到基和空气干燥基之间的换算系数 K_{ar-ad} 及收到基和干燥无灰基之间的换算系数 K_{ar-daf}。

解　现设煤的收到基为 100、外在水分为 M_f、内在水分为 M_{inh}，并以 C_{ar} 和 C_{ad} 及 C_{ar} 和 C_{daf} 之间的换算为例来导出 K_{ar-ad} 和 K_{ar-daf}。

（1）由图 1-3 可知，在同一煤种的收到基和空气干燥基中，除水分之外的其他成分（如碳等）的质量是不变的，因此可得

$$C_{ad}(100 - M_f) = C_{ar} \times 100$$

即

$$C_{ad} = \frac{100}{100 - M_f} C_{ar}$$

又因

$$M_{ar} = M_{inh} + M_f$$

$$M_{inh} = M_{ar} - M_f$$

$$M_{ad} = \frac{100 M_{inh}}{100 - M_f} = \frac{100(M_{ar} - M_f)}{100 - M_f}$$

即有

$$M_f = \frac{100(M_{ar} - M_{ad})}{100 - M_{ad}}$$

所以有
$$C_{ad} = \frac{100 - M_{ad}}{100 - M_{ar}} C_{ar}$$

显然
$$K_{ar-ad} = \frac{100 - M_{ad}}{100 - M_{ar}}$$

（2）同理可知，在同一煤种的收到基和干燥无灰基中，除水分和灰分之外的其他成分（如碳等）的质量也是不变的，由此可得

$$C_{daf}(100 - A_{ar} - M_{ar}) = C_{ar} \times 100$$

即
$$C_{daf} = \frac{100}{100 - A_{ar} - M_{ar}} C_{ar}$$

可见
$$K_{ar-daf} = \frac{100}{100 - A_{ar} - M_{ar}}$$

本例所导出的两个换算系数正好与表 1-4 所列出的相符。

【例 1-2】 某煤样的空气干燥基工业分析成分为 $M_{ad} = 2.00\%$，$V_{ad} = 25.03\%$，$FC_{ad} = 58.17\%$，$A_{ad} = 14.80\%$。

（1）求干燥无灰基挥发分；

（2）若已知 $M_{ar} = 11.00\%$，求收到基成分。

解 （1）查表 1-4 得，$K_{ar-daf} = 100/(100 - A_{ad} - M_{ad})$，即有干燥无灰基挥发分为

$$V_{daf} = \frac{100}{100 - A_{ad} - M_{ad}} V_{ad} = \frac{100}{100 - 14.80 - 2.00} \times 25.03 \times 100\% = 30.08\%$$

（2）同理得 $K_{ad-ar} = (100 - M_{ar})/(100 - M_{ad})$

即有
$$K_{ad-ar} = \frac{100 - M_{ar}}{100 - M_{ad}} = \frac{100 - 11.00}{100 - 2.00} = 0.9082$$

因此收到基工业成分为

$$M_{ar} = 11.00\% \qquad （已知）$$
$$A_{ar} = K_{ad-ar} A_{ad} = 0.9082 \times 14.80 = 13.44\%$$

相应地
$$V_{ar} = 22.73\%$$
$$FC_{ar} = 52.83\%$$

第三节 煤 的 分 类

为了合理地开发煤炭资源，便于工业利用途径，有效地进行科学管理以及商品计价等，应将煤进行分类。煤的分类是综合考虑了煤的形成、变质、各种特性以及用途等确定的。根据煤的分类表就可以按照需要选用合适的煤种。煤的分类方法很多，不同国家或不同的利用途径，有各自的分类要求。理想的煤分类方法是既有充分的科学依据，又有实际使用价值。1983 年联合国欧洲经济委员会煤炭委员会制定的国际煤分类，将煤划分为低煤化度、中等煤化度和高煤化度三类（大体上分别相当于褐煤、烟煤、无烟煤，不包括泥炭、油页岩等）。

一、中国煤炭分类法

GB/T 5751—2009《中国煤炭分类》以反映煤变质程度的挥发分产率和表征煤黏结性的黏结指数 G 值为主要分类指标，以胶质层最大厚度 Y 值和奥亚膨胀度 b 值为区分强黏结煤

的辅助指标，以透光率 P_M 和煤的高位发热量为区分长焰煤和褐煤的辅助指标。将煤分为十四大类，褐煤、无烟煤各为一类。烟煤分为十二类，包括长焰煤、不黏煤、弱黏煤、1/2 中黏煤、气煤、气肥煤、1/3 焦煤、肥煤、焦煤、瘦煤、贫瘦煤、贫煤等。此外，褐煤还分为两小类，无烟煤分为三小类。在分类表中还采用数码编号来表示煤的性质，便于利用计算机对煤质实行现代化管理和指导煤的利用，详见表 1-5。

表 1-5　　　　　　　　　　中国煤炭分类简表

类别	代号	编码	分类指标					
			V_{daf} (%)	G	Y (mm)	b (%)	P_M (%[1])	$Q_{gr,mof}$[2] (MJ/kg)
无烟煤	WY	01, 02, 03	≤10.0					
贫煤	PM	11	>10.0~20.0	≤5				
贫瘦煤	PS	12	>10.0~20.0	>5~20				
瘦煤	SM	13, 14	>10.0~20.0	>20~55				
焦煤	JM	24 15, 25	>20.0~28.0 >10.0~28.0	>50~55 >65 *	≤25.0	≤150		
肥煤	FM	16, 26, 36	>10.0~37.0	(>85)*	>25.0			
1/3 焦煤	1/3JM	35	>28.0~37.0	>65	≤25.0	≤220		
气肥煤	QF	46	>37.0	(>85)*	>25.0	>220		
气煤	QM	34 43, 44, 45	>28.0~37.0 >37.0	>50~65 >35	≤25.0	≤220		
1/2 中黏煤	1/2ZN	23, 33	>20.0~37.0	>30~50				
弱黏煤	RN	22, 32	>20.0~37.0	>5~30				
不黏煤	BN	21, 31	>20.0~37.0	≤5				
长焰煤	CY	41, 42	>37.0	≤35			>50	
褐煤	HM	51 52	>37.0 >37.0				≤30 >30~50	≤24

① 对 V_{daf}>37.0%，G≤5 的煤，再以透光率 P_M 来区分其为长焰煤或褐煤。

② 对 V_{daf}>37.0%，P_M>30%~50%的煤，再测 $Q_{gr,mof}$，如其值大于 24MJ/kg，应划分为长焰煤，否则为褐煤。

* 在 G>85 的情况下，用 Y 值或 b 值来区分肥煤、气肥煤与其他煤类，当 Y>25.00mm 时，根据 V_{daf} 的大小可划分为肥煤或气肥煤；当 Y≤25.0mm 时，则根据 V_{daf} 的大小可划分为焦煤、1/3 焦煤或气煤。

按 b 值划分类别时，当 V_{daf}≤28.0%时，b>150%的为肥煤；当 V_{daf}>28.0%时，b>220%的为肥煤或气肥煤。

如按 b 值和 Y 值划分的类别有矛盾时，以 Y 值划分的类别为准。

1. 分类参数

（1）GB/T 5751 按煤的煤化程度及工艺性能进行分类。

（2）采用煤的煤化程度参数来区分无烟煤、烟煤和褐煤。即干燥无灰基挥发分 V_{daf} 作为分类指标将煤划分为褐煤、烟煤和无烟煤三大类。凡 V_{daf}≤10%的煤为无烟煤，V_{daf}>10%的煤为烟煤，V_{daf}>37%的煤为褐煤。

（3）无烟煤煤化程度的参数采用干燥无灰基挥发分和干燥无灰基氢含量作为指标，以此来区分无烟煤的小类，将烟煤分为无烟煤 1 号、无烟煤 2 号和无烟煤 3 号三小类。

（4）采用两个参数来确定烟煤的类别，一个是表征烟煤煤化程度的参数，另一个是表征烟煤黏结性的参数。烟煤煤化程度的参数采用干燥无灰基挥发分作为指标。烟煤黏结性的参数，根据黏结性的大小不同选用黏结指数、最大胶质层厚度（或奥亚膨胀度）作为指标，以此来区分烟煤中的类别，将烟煤分为贫煤、贫瘦煤、瘦煤、焦煤、肥煤、1/3 焦煤、气肥煤、气煤、1/2 中黏煤、弱黏煤、不黏煤、长焰煤等 12 种。

（5）褐煤煤化程度的参数，采用透光率作为指标，用以区分褐煤和烟煤，以及褐煤中划分小类。并采用恒湿无灰基高位发热量为辅来区分烟煤和褐煤，将褐煤划分为褐煤 1 号和褐煤 2 号两类。

2. 煤类的划分和编码

为了便于现代化管理，分类中采取了煤类名称、代号与数字编码相结合的方式。种类煤用两位阿拉伯数码表示。十位数是按煤的挥发分分组，无烟煤为 0，烟煤为 1~4，褐煤为 5。个位数，无烟煤类为 1~3，表示煤化程度；烟煤类为 1~6，表示黏结性；褐煤类为 1~2，表示煤化程度。

二、发电用煤的分类

为适应火电厂动力用煤的特点，提高煤的使用效率，发电用煤的分类是根据对锅炉设计、煤种选配、燃烧运行等方面影响较大的煤质项目制定的。这些项目为干燥无灰基挥发分 V_{daf}、干燥基灰分 A_d、全水分 M_t、干燥基全硫 $S_{t,d}$ 和煤灰的软化温度 ST 等五项。因发热量 $Q_{net,ar}$ 与煤的挥发分密切相关，并能影响锅炉燃烧的温度水平，所以用它作为 V_{daf} 和 T_2 的一项辅助指标，两者相互配合使用。这种分类见表 1-6，表中各项目均划分成不同级别，其中 V_{daf}（$Q_{net,ar}$）分为 5 级，A_d 分为 3 级，M_f（V_{daf}）、M_t（V_{daf}）、$S_{t,d}$、ST（$Q_{net,ar}$）各分为 2 级。各项目的分级界限值是根据试验室和现场的大量数，经数理统计最优分割法得出的，它对锅炉设计、选用煤种及安全经济燃烧都有指导意义。

表 1-6　　　　　　　　　　发电用煤的分类（VAMST）

分类指标	煤种名称	代　号	分级界限	辅助指标界限
挥发分 V_{daf}[①]	低挥发分无烟煤	V_1	>6.5%~10%	$Q_{net,ar}$>20.91MJ/kg
	低中挥发分贫瘦煤	V_2	>10%~19%	$Q_{net,ar}$>18.40MJ/kg
	中挥发分烟煤	V_3	>19%~20%	$Q_{net,ar}$>16.31MJ/kg
	中高挥发分烟煤	V_4	>27%~40%	$Q_{net,ar}$>15.47MJ/kg
	高挥发分烟褐煤	V_5	>40%	$Q_{net,ar}$>11.70MJ/kg
灰分 A_d	低灰分煤	A_1	≤24%	
	常灰分煤	A_2	>24%~34%	
	高灰分煤	A_3	>34%~46%	
外在水分 M_f	常水分煤	M_1	≤8%	V_{daf}≤40%
	高水分煤	M_2	>8%~12%	
全水分 M_t	常水分煤	M_1	≤22%	V_{daf}>40%
	高水分煤	M_2	>22%~40%	
硫分 $S_{t,d}$	低硫煤	S_1	≤1%	
	中硫煤	S_2	>1%~3%	
煤灰熔融性 ST	不结渣煤	T_{2-1}	>1350℃	$Q_{net,ar}$>12.54MJ/kg
	结渣煤	T_{1-2}	不限[②]	$Q_{net,ar}$≤12.54MJ/kg

① $Q_{net,ar}$ 低于界限值时，应划归 V_{daf} 数值较低的一级。

② 不限是当 $Q_{net,ar}$≤12.54MJ/kg 时，ST 值不限。

V_{daf}分为 5 级，各级间两个参数的界限值是相互适应的，按此分级选用煤种时，可以保证燃烧的稳定性和最小的不完全燃烧热损失。若煤的V_d＜6.5％，则煤粉的着火特性很差，燃烧不稳定，运行经济性差。

A_d分为 3 级，可用以判断煤燃烧的经济性。A_d值超过第三级的煤，不仅经济性差，而且还会造成燃烧辅助系统和对流受热面的严重磨损以及维修费用的增加。

M_f、M_t各分为 2 级，M_f会影响煤的流动性，M_f过大会造成输煤管路的黏结堵塞，中断供煤。当M_f≤8％时（第一级），输煤运行正常，超过第一级则会出现原煤斗、落煤管堵塞现象；对直吹式供煤系统，则会直接威胁安全运行。超过第二级（M_f＞12％）时，则无法远行。M_t决定制粉系统的干燥出力和对干燥介质的选择。M_t第一级（≤22％）可选用热风干燥，超过此值应考虑采用汽、热风和炉烟混合干燥系统。

$S_{t,d}$分为 2 级，其界限值是按煤燃烧后形成SO_2（少量SO_3）与烟气露点温度的关系分档次的。当$S_{t,d}$≤1％（第一级）时，露点温度较低；$S_{t,d}$＞3％（超过第二级）时，露点温度急剧上升，会使含硫酸的蒸汽凝结在低温受热面上造成腐蚀。

ST 与$Q_{net,ar}$配合分为 2 级，第一级的煤种不易结渣，第二级的煤种易结渣。

第四节　煤在火力发电厂中的应用

一、几个概念

火电厂在将煤的化学能转换位电能的过程中，由于各种因素的影响，能量是有所损失的，能量转换效率很低。通常用煤耗这一指标来说明对煤中化学能的利用情况，用能量转换系数表示能量的转换效率。

1. 煤耗

指每发 1kWh 的电能所消耗的标准煤的量，用符号b表示，即

$$b = \frac{Q_{net,ar}G}{29.27E} \quad kg/kWh \qquad (1-2)$$

式中　G——入炉煤的质量，kg；

$\quad Q_{net,ar}$——按收到基计算的低位发热量，MJ/kg；

$\quad E$——发电量，kWh；

29.27——标准煤的发热量，MJ/kg（相当于 7000kcal/kg）。

2. 标准煤

指把低位发热量 29.27MJ/kg 作为一个计算基本单位的假定燃料。

3. 能量转换系数η

能量转换系数η用式（1-3）表示

$$\eta = \frac{3.6}{b \times 29.27} \times 100\% \qquad (1-3)$$

式中　3.6——热功当量，1kWh＝3.6MJ；

$\quad b$——供电煤耗，kg（标准煤）。

二、火电厂的燃料管理工作

火电厂的生产运行，首要的是安全，再就是经济效益，而燃料工作与安全、经济效益都

有密切关系，主要有如下几个方面。

1. 进厂商品煤的质量验收和计价

进厂煤都需要按照订货合同规定的质量进行验收，并作到按质计价使质价相符。动力用煤的计价按照国家规定，以发热量（$Q_{net,ar}$）的高低，从 9.51～29.5MJ/kg，每间隔 0.5MJ/kg 为 1 个等级，共划分为 40 个等级，每一等级给予一定的比价率。此外，与计价有关的其他项目还有挥发分、硫分、品种、灰分、块煤限下率等。这些项目又各自划分成若干等级，每 1 等级都有一定的比价率。这种计价方案能够合理地反映出商品动力煤的价值，体现以质计价、优质优价的原则。因而对煤质的验收工作也就提出较高的要求，它必须提供准确可靠的有关计价的煤质数据，特别是发热量的数据，尤为重要。同时，需要正确地进行采样、制样和分析化验。由于煤是一种极不均匀的物料，要获得代表性的供分析化验用的煤样有很大难度，但为取得有意义的数据，煤的采样工作应居首位。采样、制样和化验都必须遵照相关国家标准执行。

2. 炉前煤的质量检验

炉前煤是指进入锅炉内燃烧的煤。对炉前煤的质量检验关系到燃烧工况的调节、锅炉运行的安全、热效率和煤耗的计算等。每一台锅炉的结构、受热面的布置及辅机的定型，都要求在适应煤的质量和特性的基础上进行设计。现场锅炉的运行工况也要求根据炉前煤的种类和特性的变化而加以调整；或者按照锅炉的要求对不同煤种进行掺配混合。因此，及时了解炉前煤的组成和特性，是提高燃烧效率、保证安全生产的不可缺少的一环。如同进厂煤一样，对炉前煤也要进行采样、制样和分析化验，以便为锅炉的安全、经济燃烧，锅炉热效率和煤耗计算提供科学依据。

3. 燃煤管理

火电厂的燃煤管理关系到火电厂的连续发电和经济效益，它的工作内容很多，涉及的专业和技术范围较广泛，在火电厂占有重要地位。主要工作内容有：按生产计划编制煤的供应计划；根据锅炉参数选择合适的煤种进行订货；根据实际情况合理地组织煤的分配和调运；科学地编制投入和产出的综合平衡表。对到厂煤要及时地安排煤量和煤质的验收及必需的储备；对入炉煤要按照锅炉燃烧的要求进行不同煤种的掺配和混合。此外，在企业的经济核算方面，还要承担燃料的业务核算，包括燃料验收、货款承付、耗用计量、储存盘点等。

第二章

燃 料 的 采 样 与 制 样

第一节 概 述

煤是粒度及化学性质都很不均匀的散装固体物料，要从大量的煤中采制出能代表这批煤平均质量的少量样品，具有很大的难度。在煤的采样、制样、化验三个环节中，如果用方差来表示误差的话，采样的影响占 80%，制样占 16%，化验占 4%，故在煤质分析中，关键是采样，其次就是制样。只有获得有代表性的样品，才可能进行其后的制样与化验。为了保证所采集的样品具有代表性，就必须遵循一定的原则，采样科学的方法，了解其技术要求，并掌握其操作要点才能予以实现。

一、名词术语解释

1. 采样

按有关标准规定，从大量煤中采集到有代表性煤样的过程。

2. 子样

采样器具操作一次所采取的或截取一次煤流全断面所采取的一份样。

3. 分样

由若干子样构成，代表整个采样单元的一部分煤样。

4. 总样

从一采样单元取出的全部子样合并成的煤样。

5. 采样单元

从一批煤中采取一个总样所代表的煤量，一批煤可以是一个或多个采样单元。

6. 批

需要进行整体性质测定的一个独立煤量。

7. 样本的代表性

所谓样本的代表性是指在规定的时间和空间内由总体中所采到的样本，其组成和性质与总体的组成和性质，在统计学上是一致的，可用式（2-1）表达

$$\overline{X} = \mu \pm \delta \tag{2-1}$$

式中　$\overline{X}$——样本的平均质量；

　　　μ——总体的真实质量；

　　　δ——采样、制样和分析偏差的总和，也称为不确定度。

所采样本的平均值，若落在总体真实值的一定偏差范围（即$\pm\delta$）内时，则此样本就具

有代表性。

8. 随机采样

在采取子样时，对采样的部位或时间均不施加任何人为的意志，能使任何部位的煤都有机会采出。通常对不均匀性较大的物料，或对被检验对象情况不太了解时，应采用此法。这种方法可以避免在采样过程中引进系统误差，但它必须采集尽可能多的子样数目，因而所费人力、物力也就大。

9. 系统采样

按相同的时间、空间或质量的间隔采取子样，但第一个子样在第一间隔内随机采取，其余的子样按选定的间隔采取。使用这种方法采样，应事先对煤质波动情况及变化规律有所了解。GB 475—2008《商品煤样人工采取方法》就是一种系统采样法。使用这种方法较随机采样法可以大大减少工作量。

10. 时间基采样

通过整个采样单元按相同的时间间隔采取子样。

11. 质量基采样

通过整个采样单元按相同的质量间隔采取子样。

12. 煤的不均匀度

煤是一种质地极不均匀的物料，这种不均匀性不仅在于它由古代植物形成煤的变异过程中，本身的化学组成就具有不均匀的特征，而且在煤的开采、运输、装卸、储存等过程中，也会增加许多不均匀的因素，常用不均匀度这一参数来衡量一批煤的不均匀程度（符号为 σ），其计算公式为

$$\sigma = \sqrt{\dfrac{\sum\limits_{i=1}^{n}(X_i - \overline{X})^2}{n}} \tag{2-2}$$

式中　n——从一批煤中采取的子样数目，子样数目越多，所表达的不均匀度就越准确，一般应使 $n > 100$。

在计算 σ 值时，若选用煤质指标不同，则计算出来的 σ 值也会不同，但最常用的是灰分。因为灰分的测定方法比较简单，其精密度也较高，不会因测定方法的偏差而掩盖煤质不均匀度的真实情况。此外，在煤的各项成分中，煤中矿物质的分布最不均匀，使用灰分值最能说明煤的不均匀性。由于硫分在煤中的分布也是不均匀的，因而只要硫的测定方法精密度高，也可以采用硫的测定值进行计算。

求出一批煤的不均匀度是一件非常麻烦的事，若火电厂燃用的煤种或煤的矿区基本不变，σ 值可以通过收集火电厂长期积累的大量数据（A_d）计算求出。若缺乏煤质资料，也可以在一批煤中用随机采样的原则采取 20～30 个子样，测定其灰分值后，按式（2-3）计算，求出 S 值作为 σ 的估算值

$$S = \sqrt{\dfrac{\sum\limits_{i=1}^{n}(X_i - \overline{X})^2}{n-1}} \tag{2-3}$$

煤的不均匀度会影响采样偏差，煤质越不均匀，采样偏差就越大。

二、采制样过程

由一批原煤取得分析煤样的全过程如图 2-1 所示。

图 2-1　原煤取得分析煤样的全过程

从原煤到总样的过程有采样偏差引入，其中主要影响因素是煤质的不均匀性。此外，子样数目不够，采样点位置分布不当，采样器的尺寸规格及其运行方式与煤质的实际情况不符，以及环境条件的变化等因素都会造成采样偏差。为此，不论何种采样方法、何种采样器，都需经无系统偏差检验后才能投入使用。从总样到分析煤样的过程则有制样误差的引入，其中混合不当、粒度分布不均匀、缩分比不当、破碎研磨设备有缺陷、运行操作失误、环境条件改变造成不同粒度的离析、水分或煤样的损失、外来杂质的混入等都是造成制样偏差的因素。为此，对制样的全过程和制样的缩分器等都必须经无系统偏差检验。

第二节　火电厂动力煤的采样

无论检验何种商品的质量，都要从被检验对象中抽取相对少量的样品进行检验。对电厂燃煤来说，也就是入厂煤及入炉煤采样。

一、燃煤采样特点

电厂燃煤，每天少则几千吨，多则数万吨。而且煤是一种粒度及化学性质都十分不均匀的固态物料，故要采集到有代表性的样品并非易事。

对于电厂燃煤采样来说，具有如下几方面特点：

（1）对电厂入厂煤来说，需要车车采样，批批化验，将其结果作为结算煤价的依据；对于入炉煤来说，也需班班采样化验，作为计算电厂标准煤耗的参数，同时用以监督入炉煤质情况，为锅炉燃烧及时调整提供帮助。

（2）电厂入厂煤及入炉煤采样，必须一次符合要求。一旦出错，则无补救的可能。采样不同于分析化验，后者出现差错，可以再补测一次或多次，而采样则不可能。入厂煤从运输工具上卸下，不可能单独存放，通常卸于煤场中必将与其他煤相混；而对于入炉煤来说，它已进入锅炉燃烧，故不一可能再重新采集一次样品。

（3）鉴于电厂燃煤的特点，无论是人工采样还是机械采样，所依据的理论都是方差理论，具有很大的技术难度，同时，采样操作也有严格的技术要求。要在电厂中胜任煤的采样工作，必须掌握相应的理论知识与操作技能。然而这一点却不能被一些人员，特别是有关领导人员所认识，从而对采样不能给予足够的重视。煤的采样及制样，往往成为某些电厂燃料监督管理的一个薄弱环节。

（4）在电厂中，正在加速实现机械化采样的进程。如对灰分 $A_d > 20\%$ 的原煤来说，GB 475 规定，采样精密度要求为 $\pm 2\%$。DL/T 567.2—1995《火力发电厂燃料试验方法——入炉煤和入炉煤粉样品的采取方法》规定，其入炉煤采样精密度应达到 $\pm 1\%$。这就意味着，相同煤量所采的子样数目要为 GB 475 规定的 4 倍，也就是采样周期缩短至 GB 475 规定的 1/4，样品量为 GB 475 规定的 4 倍。这无论对采样还是制样来说，其难度将大大增加。

（5）对于火车及汽车上的静止煤采样，必须在煤落地前进行，而入炉煤也必须在上煤过程中完成采样，因而对采样的完成时间有着严格的限制。对人工采样来说，需要配备操作熟练的采样人员，且要日夜坚守岗位；对机械采样来说，采样装置要频繁动作，故对其采样的设备应具有良好的运行可靠性，以保证获得具有代表性的样品。

二、燃煤采样的技术要求

燃煤采样的目的，就是要采集到有代表性的煤样。采样的代表性用采样精密度来度量。在采样中所采煤样的特性与这一采样单元煤的平均特性相比，偏差总是不可避免的，但是这种偏差不应超过一定的限度。所谓采样精密度，就是采样所允许达到的偏差程度。

采样精密度与一定煤量中所采子样数目、煤的不均匀度及所规定的概率有关。这里所指的采样精密度，因样品是用灰分值表示的，故采样精密度实际上包括采制化三者的总精密度。

无论采用何种方式，燃煤采样的技术要求是：

（1）采样精密度必须符合有关标准要求，对于电厂入厂煤采样，其采样精密度至少要符合 GB 475 规定的要求。

当对一采样单元采样精密度进行计算时，通常采用多份采样法。

对一采样单元的煤来说，按表 2-1 平均分成 6 个分样。

表 2-1 均 分 方 式

分样号	子 样 编 号									
1	1	7	13	19	25	31	37	43	49	55
2	2	8	14	20	26	32	38	44	50	56
3	3	9	15	21	27	33	39	45	51	57
4	4	10	16	22	28	34	40	46	52	58
5	5	11	17	23	29	35	41	47	53	59
6	6	12	18	24	30	36	42	48	54	60

对此 6 个分样分别制样与分析，测定 M_{ad} 和 A_{ad}，从而得到 6 分样的 A_d 值，即可按式（2-4）计算采样精密度 P

$$P(\%) = \pm t_{\alpha,f} \overline{S} \qquad (2\text{-}4)$$

$$\overline{S} = \sqrt{\frac{1}{n(n-1)}(G - M^2/n)}$$

式中　$\overline{S}$——6 个分样 A_d 的平均标准差；

$t_{\alpha,f}$——统计量 t（α 为显著性水平，常取 0.05，f 为自由度，等于 $n-1$），由 t 值临界表查得 $t_{0.05,5} = 2.57$；

G——各分样灰分值的平方和，即 $\sum A_d^2$；

M——各分样灰分值和的平方，即 $(\sum A_d)^2$；

n——分样数。

将 $t_{0.05,5}=2.57$，$n=6$，$\overline{S}$ 代入到式（2-4）得

$$P(\%)=\pm 0.47\sqrt{G-M^2/6}$$

应该指出，P 值越小，说明采样精密度越高，要采集到符合要求的样品，其难度越大。

若 6 个分样的极差 R（最大值与最小值之差）在 $1.2P\sim 4.9P$（P 为采样、制样和分析总精密度）之间，说明所采子样数能满足采样精密度的规定；若 $R<1.2P$，说明实际采样精密度高于要求，应按原数目的 33% 减少子样数目；若 $R>4.9P$，说明实际采样精密度低于要求，应按原数目的 50% 增加子样数目。经过检验而调整的子样数目，还应进行核对直到精密度符合要求为止。

（2）对一采样单元的煤来说，不仅要求采样精密度符合标准要求，而且所采样品不允许存在系统误差。

所谓系统误差，就是由于在采样过程中的某些固定原因，造成所采样品灰分值经常性偏高或偏低，出现比较恒定的正误差或负误差。增加测定次数并不能减小系统误差，正因为系统误差往往是由确定的原因所造成的，故它可以被认识，也可以被修正，从而使系统误差得以消除或减小。

系统误差是利用 2 种不同的采样方法（如一为在皮带上机械采样，一为停带人工采样）所采样品 A_d 之间是否存在显著性差异来判断的。

先求出 2 种采样方法 A_d 差值的平均值 $\overline{d}$

$$\overline{d}=\sum(A_{jx}-A_{rg})/n$$

再计算 A_d 差值的方差 S_d^2

$$S_d^2=\frac{\sum d^2-(\sum d)^2/n}{n-1}$$

最后计算统计量 t 值

$$t=\frac{|\overline{d}|\sqrt{n}}{S_d}$$

显著性水平 α 取 0.05，$f=n-1=20-1=19$，查得 $t_{0.05,19}=2.09$，如计算出的 $t<t_{0.05,19}$，则表明两种采样方法不存在显著性差异，即机械采样不存在系统误差。

应该指出，在进行系统误差检验之前，应先采用 F 检验法对 2 种方法精密度是否具有一致性进行检验。在证明 2 种采样方法精密度具有一致性的前提下，再进行系统误差检验。

系统误差的检验在采样、制样及化验中会经常碰到，因而学会并掌握系统误差检验方法是很重要的。

（3）对机械采样来说，其采样装置除必须达到上述两项要求外，还必须具有良好的运行可靠性，其年投运率应达到 95% 以上。

三、采样基本原则

1. 采样单元

（1）电力用煤按品种、分用户一般以 (1000 ± 100)t 作为一个采样单元。

（2）运量超过 1000t，最大不超过 (3000 ± 300)t 划分为一个采样单元；运量不足 1000t，可以实际运量作为一个采样单元。如需进行单批煤质量核对，应对同一采样单元进行采样、制样和化验。

2. 采样精密度

各品种煤的采样精密度规定见表2-2，这里的采样精密度，实际上是指采样、制样和化验总精密度。

表 2-2　　　　　　　　　　　　各品种煤的采样精密度

原煤、筛选煤		精　煤	其他洗煤（包括中煤）
$A_d \leqslant 20\%$	$A_d > 20\%$		
$\pm 1/10 \times A_d$ 但不在 $\pm 1\%$ 范围内（绝对值）	$\pm 2\%$ （绝对值）	$\pm 1\%$ （绝对值）	$\pm 1.5\%$ （绝对值）

3. 子样数目

（1）1000t 原煤、筛选煤、精煤以及其他洗煤（包括中煤）和粒度大于 100mm 的块煤应采取的最少子样数目规定见表2-3。

表 2-3　　　　　　　　　　　　1000t 最少子样数目

煤　种	采样地点　A_d	煤流	火车	汽车	船舶	煤堆
原煤、筛选煤	>20%	60	60	60	60	60
	≤20%	30	60	60	60	60
精　煤		15	20	20	20	20
其他洗煤（包括中煤）和粒度大于 100mm 的块煤		20	20	20	20	20

（2）煤量超过 1000t 的子样数目，按式（2-5）计算

$$N = n\sqrt{\frac{m}{1000}} \tag{2-5}$$

式中　　N——实际应采子样数目，个；

　　　　n——表 2-3 规定的子样数目，个；

　　　　m——实际被采样煤量，t。

（3）煤量少于 1000t 时，子样数目根据表 2-3 规定数目按比例递减，但不能少于表 2-4 规定的数目。

表 2-4　　　　　　　　　　　　煤量少于 1000t 的最少子样数目

煤　种	采样地点　A_d	煤流	火车	汽车	船舶	煤堆
原煤、筛选煤	>20%	表 2-3 规定数目的 1/3	18	18	表 2-3 规定数目的 1/2	表 2-3 规定数目的 1/2
	≤20%		18	18		
精　煤			6	6		
其他洗煤（包括中煤）和粒度大于 100mm 的块煤			6	6		

4. 子样质量

每个子样的最小质量按煤的标称最大粒度按表 2-5 的规定确定。

表 2-5   子 样 质 量

最大粒度（mm）	<25	<50	<100	>100
子样质量（kg）	1	2	4	5

最大粒度是指在筛分试验中，筛上物产率最接近5%的筛子相应的筛孔尺寸。

煤的最大粒度的测定方法为：对1000t煤，以5点循环法在每节车皮上沿对角线采集1个子样，其质量不少于30kg，称准至0.5kg，共采集20个子样合并成一个约600kg的总样。应用孔径150、100、50mm及25mm的方空或圆空的筛子筛分，称出筛上方的余煤量，精确到0.5kg，计算各筛上方余煤量占总煤样量的百分数，取筛上方余煤量最接近5%的那个筛孔尺寸定为最大粒度。

5. 采样点的位置

采样点的定位，其总的原则是，它应该均匀分布于被采的全部煤量中，例如火车、汽车来煤，必须车车采样；对煤流来说，则采样点要均匀分布于全煤流中。

（1）火车顶部采样。原煤、筛选煤按斜线3点布置，如图2-2（a）所示，3个子样布置在车皮对角线上，1、3子样距车角1m，第2个子样位于对角线中央，每车采取3个子样。精煤、其他洗煤和粒度大于100mm的块煤按斜线5点布置，如图2-2（b）所示，5个子样布置在车皮对角线上，1、5子样距车角1m，其余3个子样等距分布在1、5两子样之间，每车采取1个子样。当以不足6节车皮为以采样单元时，依据"均匀布点、使每一部分都有机会被采出"的原则分布子样。

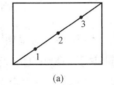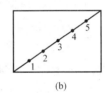

图 2-2 斜线采样法布点
(a) 3点布置；(b) 5点布置

火车顶部采样时，在矿山（或洗煤厂）应在装车后立即采取；在用户处，可挖深至0.4m以下采取。

原煤若粒度大于150mm的煤块（包括矸石）含量超过5%，则采取商品煤时，大于150mm的不再取入，但改批煤的灰分或发热量应按式（2-6）计算

$$X_d = \frac{X_{d1}P + X_{d2}(100 - P)}{100} \tag{2-6}$$

式中 X_d——商品煤的实际灰分或发热量，%或 MJ/kg；

   X_{d1}——粒度大于150mm煤块的灰分或发热量，%或 MJ/kg；

   X_{d2}——不采粒度大于150mm煤块时的灰分或发热量，%或 MJ/kg；

   P——粒度大于150mm煤块的百分率，%。

（2）煤流中采样。移动煤流中采样时，采样点应均匀分布在全煤流中，按时间基采样或质量基采样进行。时间或质量间隔按式（2-7）和式（2-8）计算

$$T \leqslant \frac{60Q}{Gn} \tag{2-7}$$

$$m \leqslant \frac{Q}{n} \tag{2-8}$$

式中 T——子样时间间隔，min；

m——子样质量间隔，t；

Q——采样单元，t；

G——煤流量，t/h；

n——子样数目。

ISO 1988《硬煤采样》指出，输煤皮带带速超过 1.5m/s，流量超过 200t/h，煤层厚度超过 0.3m，就不宜采用人工采样。当今我国大中型火电厂输煤皮带的参数远高于上述值，因此，DL/T 567.2 规定，电厂入炉煤应实施机械化采样。

6. 采样工具或机械

（1）对人工采样一般使用宽 250mm，深 300mm 的尖头铲。

（2）对机械采样而言，采样装置应满足下述技术要求：

1）采样装置的开口宽度应为煤的最大粒度的 2.5～3 倍；

2）能按规定的采样位置及其深度完成采样；

3）采取的子样量满足要求，采样时煤样不损失；

4）性能可靠，故障率低，年投运率达到 95％以上；

5）经权威部门鉴定采样无系统误差，采样精密度符合有关要求。

四、测定全水分煤样的采取

全水分煤样即可单独采取，也可在煤样制备过程中分取。

（1）单独采取。

1）在火车上采取：装车后，立即沿车皮对角线按 5 点循环法采取，不论品种每车至少采取 1 个子样；当煤量少于 1000t 时，至少采取 6 个子样。

2）在汽车上采取：装车后，立即沿车厢对角线按 3 点循环法采取，不论品种每车至少采取 1 个子样；当煤量少于 1000t 时，至少采取 6 个子样。

3）在煤流中采取：按时间基或质量基采样法进行。子样数目不论品种每 1000t 至少 10 个，煤量大于 1000t 时，按 $N = n\sqrt{\dfrac{m}{1000}}$ 计算；煤量少于 1000t 时至少 6 个。

4）一批煤可分几次采成若干分样，每个分样的子样数目参照以上所述确定，以各分样的全水分加权平均值作为该批煤的全水分值。

（2）在煤样制备过程中分取。

1）除可一次能缩分出足够数量的全水分煤样的缩分机外，当煤破碎到规定粒度（小于 13mm 或 6mm）后，掺合一遍，摊平后立即用九点法缩取（见图 2-3），装入煤样瓶中封严。用小于 13mm 煤样测定全水分，采样量为 2kg；用小于 6mm 煤样测定全水分，采样量为 500g。

2）如一批煤的煤样分成若干分样采取，则在各分样的制备过程中分取全水分煤样，并以各分样的全水分加权平均值作为该批煤的全水分值。

（3）全水分煤样（无论总样或分样）采取后，应立即制样和化验，否则，应立即装入密封容器中，注明煤样质量，并尽快制样和化验。

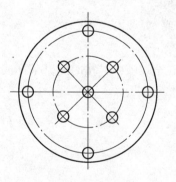

图 2-3　九点采样法

第三节　煤样的制备

根据采样要求，对一采样单元的煤来说，所采的原始煤样一般为数十至数百千克，故必须对原始煤样加以缩制，以获得能够代表其组成与特性的分析煤样，供煤质分析所用。

采样、制样与分析，是获得可靠煤质检测结果的 3 个相互关联又相对独立的环节，任何一个环节上的差错，都将会给最终分析结果带来不利影响，其中影响最大的是采样，其次就是制样。实践表明：制样程序或操作不当而造成的误差有时并不亚于采样误差。煤质检测人员不仅要掌握采样技术，而且也应掌握制样技术，从而为进行各项煤质试验奠定基础、创造条件。

一、制样总则

（1）制样的目的是将采集的煤样，经过破碎、混合和缩分等程序制备成能代表原来煤样的分析（试验）用煤样。制样方案的设计，以获得足够小的制样方差和不过大的留样量为准。

（2）煤样制备和分析的总精度为 $0.05P^2$，并无系统偏差。

二、煤样制备方法

1. 煤样缩制程序

煤样缩制程序如图 2-4 所示。

可以看出，煤样的缩制实际上是按粒度不同分级进行的，通常分为 25、13、6、3、1mm 五级，最后制备成小于 0.2mm 的分析煤样。

如果从粒度为 13mm 时开始，一直使用二分器缩分，那么制样过程中可以不经过 1mm 这一粒度级，即用小于 3mm（但必须通过 3mm 的圆孔筛）的样品直接来制备分析煤样。

2. 制样操作要点

（1）制样的第一步，是原始煤样必须全部通过 25mm 的方孔筛后，方允许缩分。即筛分后务必将筛子上方大于 25mm 的块煤破碎后全部通过孔径 25mm 的筛子。

对其他粒级样品，在筛分时均得同样处理，即筛上物必须经破碎后全部通过相应孔径的筛子。

（2）在煤样缩制过程中，务必遵循

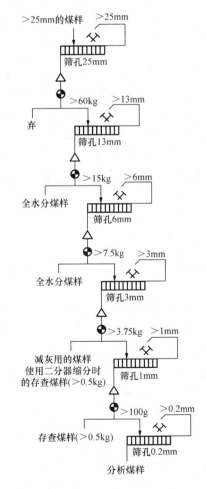

图 2-4　煤样的制备程序

⚒—破碎；　△—掺合；　⏣—缩分；　▥▥▥—过筛

21

煤样粒度与最小保留量之间的关系。

　　煤是一种散状物料，它存在一个可以保持原物料组成相一致的最小保留量。如样品保留量增大，也就增加制样的工作量。故实际上制样时是期望能够满足制样精密度要求又不必保留过多的样品。表 2-6 的规定就是根据这一原则制定的。

表 2-6　　　　　　　　　　　　　　　煤样粒度与最小保留量的关系

煤样粒径（mm）	≤25	≤13	≤6	≤3	≤1	<0.2
最小保留量（kg）	60	15	7.5	3.75	0.1	0.1

三、分析煤样的制备即存查煤样的留取

1. 分析煤样的制备

分析煤样可用小于 1mm（方孔筛）的样品或小于 3mm（圆孔筛）的煤样来直接制取。

（1）用小于 1mm（方孔筛）的样品制取。用小于 1mm（方孔筛）的样品来制取时，因小于 1mm 的煤样的最小保留量应为 0.1kg，故不必缩分。如上述小于 1mm 的煤样达到空气干燥状态，就可以应用制粉机制成小于 0.2mm 的分析煤样。

试样也可以在达到小于 0.2mm 后达到空气干燥状态。

制备好的分析煤样，应装在带磨口塞的广口瓶中，瓶中所装煤量不宜超过煤样瓶的 3/4。

（2）用小于 3mm（圆孔筛）的样品制取。用小于 3mm 的样品来制取时，因小于 3mm 的煤样的最小保留量应为 3.75kg，而小于 0.2mm 的煤样仅需保留 0.1kg，故必须对上述小于 3mm 的 3.75kg 煤样用二分器连续缩分 5 次，即 3.75→1.88→0.94→0.47→0.24→0.12kg。

缩分操作还有一种方法，即将小于 3mm 的 3.75kg 煤样，先用二分器缩分两次，此时保留的样品为 0.94kg，然后将它掺合三遍，堆压成煤饼后按九点法取出 100 个来制备分析煤样，余下的 0.84kg 作为存查煤样。

2. 存查煤样的留取

按要求，留作存查煤样的粒度应小于 1mm（方孔筛）或小于 3mm（圆孔筛），后者自小于 13mm 起，一直使用二分器缩分样品。存查煤样保留的样品量不小于 0.5kg，自报出试验结果之日起，一般保留时间为 2 个月。

四、制样全过程精密度的检验

GB 474—2008《煤样的制备方法》附录 A 中规定了制样全过程精密度的检验方法，其目的是为了检验制样的实际偏差值与规定的制样偏差值 $0.05P^2$ 之间是否存在显著性差异。

其过程为：首先将煤样混匀后分为两部分（或缩分出两部分），然后，再分别把每一部分当作一个煤样单独处理，以得到两个分析煤样。分别按标准化验这两个分析煤样的水分、灰分，计算出干燥基灰分 A_d，并求出两者干燥基灰分的差值 h。做 20 个同种煤的煤样，连续 10 个 h 值的绝对值为一组（不能选择分组），求出每组的平均值 $\bar{h}$。

如果连续两组的平均值 $\bar{h}$ 均小于 $0.37P$，则认为煤样制备精密度符合要求。如果有一组的平均值 $\bar{h}$ 大于 $0.37P$，就表明制样方差过大，需要检查原因，采取改进措施，使之符合精密度要求。

第三章

燃 料 组 成 分 析

煤的化学组成和结构十分复杂，但作为能源使用，只要了解它与燃烧有关的组成，例如工业分析组成和元素分析组成，就能满足电厂燃烧技术和有关热力计算等方面的要求。

第一节　煤 的 工 业 分 析

煤的工业分析组成包括水分、灰分、挥发分和固定碳四项成分。根据工业分析，可初步判断煤的种类、性质和工业用途。在火电厂中，工业分析数据是锅炉运行人员调节燃烧工况、计算热效率和提高锅炉运行的安全性和经济性不可缺少的依据。

一、煤中水分的测定

（一）煤中水分对燃烧的影响

煤的水分是煤炭计价中的一个辅助指标，它直接影响煤的使用、运输和储存。

煤的水分增加，煤中有用成分相对减少，且水分在燃烧时变成蒸汽要吸热，因而降低了煤的低位发热量。水分含量过高，会使煤着火困难，影响燃烧速度，降低炉膛温度，增加化学和机械不完全燃烧热损失。同时，使炉烟体积增加，从而增加炉烟排走的热量和引风机的耗能量。

煤的水分增加，还增加了无效运输，并给卸车带来了困难。特别是冬季寒冷地区，经常发生冻车，影响卸车。同时，由于流动性变坏，在输煤过程中容易造成煤仓、输煤管路堵塞。

但是，当煤中含有适量水分时，可以防止储运、装卸过程中煤粉损失，减少对环境的污染。在燃烧时，火焰中有一定量水蒸气，则有利于残碳气化，有利于燃烧。同时还可以加强传热。所以煤中有适量水分能改善燃烧工况和提高炉膛辐射效果。

（二）煤中水分的在形态

1. 煤中游离水和化合水

煤中水分按存在形态的不同分为两类，既游离水和化合水。游离水是以物理状态吸附在煤颗粒内部毛细管中和附着在煤颗粒表面的水分；化合水也叫结晶水，是以化合的方式同煤中矿物质结合的水，如硫酸钙（$CaSO_4 \cdot 2H_2O$）和高龄土（$Al_2O_3 \cdot 2SiO_2 \cdot 2H_2O$）中的结晶水。游离水在 $105 \sim 110℃$ 的温度下经过 $1 \sim 2h$ 可蒸发掉，而结晶水通常要在 $200℃$ 以上才能分解析出。

煤的工业分析中只测试游离水，不测结晶水。

2. 煤的外在水分和内在水分

煤的游离水分又分为外在水分和内在水分。

(1) 外在水分（M_f）。外在水分是附着在煤颗粒表面和大毛细管孔（直径大于 10^{-5} cm）中的水分。外在水分很容易在常温下的干燥空气中蒸发，蒸发到煤颗粒表面的水蒸气压与空气的湿度平衡时就不再蒸发了。它的含量多少与煤的性质无关，而主要取决于外界条件，如大气温度、湿度等。因而它不是一个固定值，工业分析中不测外在水分。

(2) 内在水分（M_{inh}）。内在水分是吸附在煤颗粒内部小毛细孔（直径小于 10^{-5} cm）中的水分。内在水分在室温下不会失去，需在 100℃ 以上的温度经过一定时间才能蒸发。工业分析中空气干燥煤样在 105～110℃ 的温度条件下失去的水分，称内在水分。由于空气干燥煤样失去的水分不是确定值，因而内在水分也不是一个确定值，它随煤样空气干燥的条件而变，无可比性。但它可作为基准换算的必需参数，因为所有煤质分析的数据都是由空气干燥煤样测定的。

(3) 最高内在水分。当煤颗粒内部毛细孔内吸附的水分达到饱和状态时，这时煤的内在水分达到最高值，称为最高内在水分。理论上是 100% 的湿度条件下煤所能容纳的水分为内在水分，但由于实际测定困难，只能以相对湿度为 96%，温度为 30℃ 下测得的水分来表示，符号为 M_{HC}。最高内在水分与煤的孔隙度有关，而煤的孔隙度又与煤的煤化程度有关，所以，最高内在水分含量在相当程度上能表征煤的煤化程度，尤其能更好地区分低煤化度煤。如年轻褐煤的最高内在水分多在 25% 以上，少数的如云南弥勒褐煤最高内在水分达 31%。最高内在水分小于 2% 的烟煤，几乎都是强黏性和高发热量的肥煤和主焦煤。无烟煤的最高内在水分比烟煤有所下降，因为无烟煤的孔隙度比烟煤增加了。

3. 煤的全水分

全水分是煤炭按灰分计价中的一个辅助指标。煤中全水分是指煤中全部的游离水分，即煤中外在水分和内在水分之和。必须指出的是，化验室里测试煤的全水分时所测的煤的外在水分和内在水分，与上面讲的煤中不同结构状态下的外在水分和内在水分是完全不同的。化验室里所测的外在水分是指煤样在空气中并同空气湿度达到平衡时失去的水分（这时吸附在煤毛细孔中的内在水分也会相应失去一部分，其数量随当时空气湿度的降低和温度的升高而增大），这时残留在煤中的水分为内在水分。显然，化验室测试的外在水分和内在水分，除与煤中不同结构状态下的外在水分和内在水分有关外，还与测试时空气的湿度和温度有关。

(三) 煤中水分测定方法

动力用煤水分的常规分析有收到基煤样的全水分和空气干燥基煤样的内在水分两项。煤中水分的测定方法有直接法和间接法两种。直接法是直接测定煤的含水量；间接法是使煤在一定温度下干燥，根据煤样的减重计算出水分的含量。直接法手续烦琐，但其测定结果准确。间接法简便，其测定结果的重现性也较好，缺点是在干燥过程中，可能使煤中的有机质发生氧化、分解，测定高挥发分的煤种更是如此，因此，测定结果只能是近似值，但能符合工业要求。

1. 全水分的测定

根据 GB 211—2007《煤中全水分的测定方法》的规定，全水分的测定有 A、B、C 三种方法，其方法要点分述如下：

（1）方法 A（两步法）。方法 A1，在氮气流中干燥，适用于各种煤；方法 A2，在空气流中干燥，适用于烟煤、无烟煤。

1）外在水分（方法 A1 和 A2，空气干燥）的测定。用预先干燥和称量过的浅盘迅速称取小于 13mm 的煤样 500g（称准至 0.1g），平摊在浅盘中，于环境温度或不高于 40℃的空气干燥箱中干燥到质量恒定（连续干燥 1h，质量变化不超过 0.5g），称量（称准至 0.1g）。

计算外在水分

$$M_f = \frac{m_1}{m} \times 100 \tag{3-1}$$

式中　M_f——煤样的外在水分，%；

　　　m_1——煤样干燥后失去的质量，g；

　　　m——煤样的质量，g。

2）内在水分的测定。

a）方法 A1，通氮干燥。

①立即将测定外在水分后的煤样破碎到粒度小于 3mm，用预先干燥和称量过的称量瓶迅速称取煤样 10g（称准至 0.001g），平摊在称量瓶中。

②打开称量瓶盖，放入预先通入干燥氮气并已加热到 105～110℃的通氮干燥箱中。烟煤干燥 1.5h，褐煤和无烟煤干燥 2h。

③从干燥箱中取出称量瓶，立即盖上盖，在空气中放置约 5min，然后放入干燥器中冷却至室温（约 20min）后，称量（称准至 0.001g）。

④进行检查性干燥，每次 30min，直到连续两次干燥煤样质量的减少不超过 0.01g 或质量增加时为止。在后一种情况下，要采用质量增加前一次的质量为计算依据。水分在 2%以下时，不必进行检查性干燥。

计算内在水分

$$M_{inh} = \frac{m_3}{m_2} \times 100 \tag{3-2}$$

式中　M_{inh}——煤样的内在水分，%；

　　　m_3——煤样干燥后失去的质量，g；

　　　m_2——煤样的质量，g。

b）方法 A2，空气干燥。除将通氮干燥箱改为空气干燥箱外，其他操作步骤相同。

计算全水分

$$M_t = M_f + \frac{100 - M_f}{100} \times M_{inh} \tag{3-3}$$

式中　M_t——煤样的全水分，%；

　　　M_f——煤样的外在水分，%；

　　　M_{inh}——煤样的内在水分，%。

（2）方法 B（一步法）。

1）方法 B1：在氮气流中干燥，适用于各种煤。

a) 用预先干燥和称量过的称量瓶迅速称取粒度小于 6mm 的煤样 10～12g（称准至 0.001g），平摊在称量瓶中。

b) 打开称量瓶盖，放入预先通入干燥氮气并已加热到 105～110℃的通氮干燥箱中，烟煤干燥 2h，褐煤和无烟煤干燥 3h。

c) 从干燥箱中取出称量瓶，立即盖上盖，在空气中放置约 5min，然后放入干燥器中冷却至室温（约 20min）后称量（称准至 0.001g）。

d) 进行检查性干燥，每次 30min，直到连续两次干燥煤样质量的减少不超过 0.01g 或质量增加时为止。在后一种情况下，要采用质量增加前一次的质量为计算依据。水分在 2% 以下时，不必进行检查性干燥。

2) 方法 B2：在空气流中干燥，适用于烟煤、无烟煤，粒度小于 13mm 或 6mm 的煤样。

a) 粒度小于 13mm 的煤样：

①用预先干燥和称量过的浅盘迅速称取煤样 500g（称准至 0.1g），平摊在浅盘中。

②将浅盘放入预先鼓风并已加热到 105～110℃的干燥箱中。在鼓风条件下，烟煤干燥 2h，无烟煤干燥 3h。

③将浅盘取出，趁热称量（称准至 0.1g）。

④进行检查性干燥，每次 30min，直到连续两次干燥煤样质量的减少不超过 0.5g 或质量增加时为止。在后一种情况下，要采用质量增加前一次的质量为计算依据。

b) 粒度小于 6mm 的煤样：除将通氮干燥箱改为空气干燥箱外，其他操作步骤同方法 B1。

计算全水分

$$M_t = \frac{m_1}{m} \times 100 \tag{3-4}$$

式中　M_t——煤样的全水分，%；

　　　m_1——煤样干燥后失去的质量，g；

　　　m——煤样的质量，g。

(3) 方法 C（微波干燥法）。方法 C 适用于烟煤和褐煤，所用煤样的粒度为小于 6mm 的煤样。

(4) 精密度。两次重复测定结果的差值不得超过表 3-1 的规定。

表 3-1　　　　　　　　　　全水分测定的重复性　　　　　　　　　　%

全水分	重复性
<10	0.4
≥10	0.5

2. 内在水分的测定（空气干燥基水分的测定）

GB 212—2008《煤的工业分析方法》规定，使用粒度小于 0.2mm 的空气干燥基煤样测定煤的内在水分。GB 212 还规定了煤的三种内在水分测定方法，其方法要点分述如下：

(1) 方法 A（通氮干燥法）。方法 A 适用于所有煤种。在仲裁分析中遇到用空气干燥煤样水分进行校正及基的换算时，应用此法测定空气干燥煤样水分。

1）用预先干燥和称量过的称量瓶（见图 3-1）称取粒度 0.2mm 以下的空气干燥煤样（1±0.1）g，精确至 0.0002g，平摊在称量瓶中。

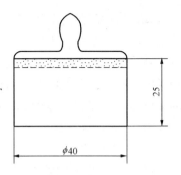

2）打开称量瓶盖，放入预先通入干燥氮气❶并已加热到 105～110℃的干燥箱中。烟煤干燥 1.5h，褐煤和无烟煤干燥 2h。

3）从干燥箱中取出称量瓶，立即盖上盖，放入干燥器中冷却至室温（约 20min）后称量。

图 3-1　玻璃称量瓶
（单位：mm）

4）进行检查性干燥，每次 30min，直到连续两次干燥煤样质量的减少不超过 0.001g 或质量增加时为止。在后一种情况下，要采用质量增加前一次的质量为计算依据。水分在 2% 以下时，不必进行检查性干燥。

（2）方法 B（空气干燥法）。方法 B 仅适用于烟煤和无烟煤。

1）用预先干燥并称量过的称量瓶称取粒度为 0.2mm 以下的空气干燥煤样（1±0.1）g，精确至 0.0002g，平摊在称量瓶中。

2）打开称量瓶盖，放入预先鼓风❷并已加热到 105～110℃的干燥箱中，在一直鼓风的条件下，烟煤干燥 1h，无烟煤干燥 1.5h。

3）从干燥箱中取出称量瓶，立即盖上盖，放入干燥器中冷却至室温（约 20min）后称量。

4）进行检查性干燥，每次 30min，直到连续两次干燥煤样的质量减少不超过 0.001g 或质量增加时为止。在后一种情况下，要采用质量增加前一次的质量为计算依据。水分在 2% 以下时，不必进行检查干燥。

（3）结果计算。即

$$M_{ad} = \frac{m_1}{m} \times 100 \tag{3-5}$$

式中　M_{ad}——空气干燥煤样的水分含量，%；

　　　m_1——煤样干燥后失去的质量，g；

　　　m——煤样的质量，g。

（4）方法 C（微波干燥法）。方法 C 适用于褐煤和烟煤水分的快速测定，所用煤样的粒度为小于 0.2mm。

（5）水分测定的精密度。水分测定的重复性见表 3-2。

表 3-2　　　　　　　　　　　内在水分测定的重复性　　　　　　　　　　%

水分 M_{ad}	重　复　性
＜5.00	0.20
5.00～10.00	0.30
＞10.00	0.40

---

❶　在称量瓶放入干燥箱前 10min 开始通氮气，氮气流量以每小时换气 15 次计算。

❷　预先鼓风是为了使温度均匀。将称好装有煤样的称量瓶放入干燥箱前 3～5min 就开始通风。

二、煤中灰分的测定

煤的灰分是指煤中所有可燃物在 (815±10)℃条件下完全燃烧，其中矿物质在空气中发生一系列分解、化合等复杂反应后所剩余的残渣。煤中灰分来自矿物质，但它的组成和质量与煤中矿物质完全不同，因为这个残渣是煤中可燃物完全燃烧，煤中矿物质（除水分外所有的无机质）在煤完全燃烧过程中经过一系列分解、化合反应后的产物，所以确切地说，灰分应称为灰分产率，一般简称为灰分。

（一）煤中矿物质

煤中矿物质分为内在矿物质和外在矿物质。

1. 内在矿物质

内在矿物质分为原生矿物质和次生矿物质。

原生矿物质是成煤植物本身所含的矿物质，其含量一般不超过 $1\%\sim2\%$；次生矿物质是成煤过程中泥炭沼泽液中的矿物质与成煤植物遗体混在一起成煤而留在煤中的。次生矿物质的含量一般也不高，但变化较大，很难用洗煤的方法除去，只能用化学的方法才能将其从煤中分离出去。

2. 外来矿物质

外来矿物质是在采煤和运输过程中混入煤中的顶、底板和夹石层的矸石，可用洗选的方法将其从煤中分离出去。

（二）煤中矿物质在高温灼烧时的化学变化

煤中矿物质是指煤中除水分以外的所有无机物质，它们由各种硅酸盐、碳酸盐、硫酸盐、氧化亚铁等矿物组成。煤中矿物质在 815℃的灰化温度下灼烧，其中许多组分发生变化。

1. 黏土、石膏等水合物失去结晶水

$$2SiO_2 \cdot Al_2O_3 \cdot 2H_2O \longrightarrow 2SiO_2 + Al_2O_3 + 2H_2O \uparrow$$

$$CaSO_4 \cdot 2H_2O \longrightarrow CaSO_4 + 2H_2O \uparrow$$

2. 碳酸盐受热分解放出 CO_2

$$CaCO_3 \cdot MgCO_3 \longrightarrow CaO + MgO + 2CO_2 \uparrow$$

$$FeCO_3 \longrightarrow FeO + CO_2 \uparrow$$

3. 氧化亚铁和硫化铁发生氧化反应

$$4FeO + O_2 \longrightarrow 2Fe_2O_3$$

$$4FeO + 11O_2 \longrightarrow 2Fe_2O_3 + 8SO_2 \uparrow$$

4. 硫酸钙的生成

$$2CaCO_3 + 2SO_2 + O_2 \longrightarrow 2CaSO_4 + 2CO_2 \uparrow$$

$$2CaO + 2SO_2 + O_2 \longrightarrow 2CaSO_4$$

（三）灰分对电力生产的影响

煤中的灰分是有害成分，它对电力的生产会造成如下影响。

1. 增加发电成本，降低经济性

灰分增加，煤中可燃物质含量相对减少，矿物质燃烧灰化时要吸收热量，大量排渣要带走热量，因而降低了煤的发热量。此外，增加了运输费用和储存场地，增加了制粉时的能量消耗。当煤燃烧时，矿物质转化为灰分并熔融，它要吸收热量，并由排灰带走大量物理热。灰分多的煤，其理论燃烧温度低，煤粒表面往往形成灰分外壳，使煤不易燃尽，还会使炉膛温度下降，燃烧不稳定，造成不完全燃烧热损失。

2. 影响锅炉安全运行

煤燃尽后形成灰粒随烟气流动，当烟气流速过高时，灰粒将磨损受热面；流速低时，灰粒将沉积在受热面上，降低传热效果，并使炉烟温度升高，锅炉热效率也随之降低。若沉积在受热面上的灰粒受热熔化，黏附在水冷壁管上易造成结渣现象，破坏锅炉正常运行。当煤中折算灰分大于 15％时就会影响锅炉运行的安全性。

3. 腐蚀锅炉设备

煤中的 Pb、Bi、V 等沉积在金属表面时，产生颗粒边界脆化作用，使金属损伤；煤中黄铁矿颗粒对锅炉受热面起硫化作用，并使炉墙衬砖损伤；烟气中含硫成分能使过热器、省煤器等外部腐蚀；煤中氯离子是奥氏体钢的一种主要腐蚀剂；Na_2O、K_2O 对锅炉的结焦和侵蚀起重要作用，使管壁上的氧化铁保护层受到侵蚀。

4. 污染环境

煤中的硫化物和微量汞，在燃烧时生成 SO_2、H_2S 等有毒气体和汞蒸气，随烟气排入大气；煤中所含的 As、Cd、Cu、Mo、Sb、Zn 等有害成分，随同飞灰呈颗粒状带出；燃烧后产生大量灰渣，需要排放和堆积，这将侵占大量农田，堵塞河道，污染水体。

（四）煤中灰分的测定方法

按照 GB 212—2008 的规定，测定煤中灰分有两种方法，即缓慢灰化和快速灰化法。缓慢灰化法为仲裁法，快速灰化法可作为例常分析方法。

1. 缓慢灰化法

（1）用预选灼烧至质量恒定的瓷质灰皿（见图 3-2），称取粒度为 0.2mm 以下的空气干燥煤样（1±0.1）g，精确至 0.0002g，均匀地摊平在灰皿中，使其每平方厘米的质量不超过 0.15g。

（2）将灰皿送入温度不超过 100℃的马弗炉中，关上炉门并使炉门留有 15mm 左右的缝隙。在不少于 30min 的时间内将炉温缓慢升至约 500℃，并在此温度下保持 30min。继续升到（815±10）℃，并在此温度下灼烧 1h。

（3）从炉中取出灰皿，放在耐热瓷板或石棉板上，在空气中冷却 5min 左右，移入干燥器中冷却至室温（约 20min）后称量。

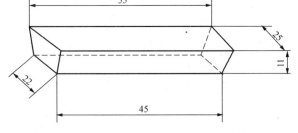

图 3-2　灰皿（单位：mm）

（4）进行检查性灼烧，每次 20min，直到连续两次灼烧的质量变化不超过 0.001g 为止。用最后一次灼烧后的质量为计算依据。灰分低于 15％时，不必进行检查性灼烧。

2. 快速灰化法

快速灰化法分为方法 A 和方法 B。

（1）方法 A。方法提要：将装有煤样的灰皿放在预先加热至（815±10）℃的灰分快速测定仪的传送带上，煤样自动送入仪器内完全灰化，然后送出。以残留物的质量占煤样质量的百分数作为灰分产率。

1）将灰分快速测定仪预先加热至（815±10）℃。

2）开动传送带并将其传送速度调节到17mm/min左右或其他合适的速度。

3）用预先灼烧至质量恒定的灰皿，称取粒度为0.2mm以下的空气干燥煤样（0.5±0.01)g，精确至0.002g，均匀地摊平在灰皿中。

4）将盛有煤样的灰皿放在灰分快速测定仪的传送带上，灰皿即自动送入炉中。

5）当灰皿从炉内送出时，取下，放在耐热瓷板或石棉板上，在空气中冷却5min左右，移入干燥器中冷却至室温（约20min）后称量。

a）灰分快速测定仪如图3-3所示，是一种比较适宜的灰分快速测定仪，由马蹄形管式电炉、传送带和控制仪三部分组成，各部分结构尺寸如下：

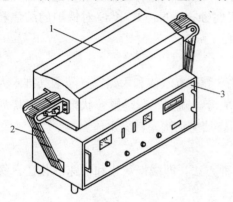

图3-3　灰分快速测定仪

1—管式电炉；2—传送带；3—控制仪

①马蹄形管式电炉：炉膛长约70mm，底宽约75mm，高约45mm，两端敞口，轴向倾斜度为5°左右，恒温带（815℃±10℃）长约140mm，750～825℃温度区长约270mm，出口端温度不高于100℃。

②链式自动传送装置（简称传送带）：用耐高温金属制成，传送速度可调。在1000℃温度下不变形，不掉皮。

③控制仪：主要包括温度控制装置和传送带传送速度控制装置。温度控制装置能将炉温自动控制在（815±10）℃；传送带传送速度控制装置能将传送速度控制在15～50mm/min之间。

b）凡能达到以下要求的其他形式的灰分快速测定仪都可使用：

①高温炉能加热至（815±10）℃并具有足够长的恒温带。

②炉内有足够的空气供煤样燃烧。

③煤样在炉内有足够长的停留时间，以保证灰化完全。

④能避免或最大限度地减少煤中硫氧化生成的硫氧化物和碳酸盐分解生成的氧化钙接触。

（2）方法B。

1）用预先灼烧至质量恒定的灰皿，称取粒度为0.2mm以下的空气干燥煤样（1±0.1）g，精确至0.0002g，均匀地摊平在灰皿中，使其每平方厘米的质量不超过0.15g。将盛有煤样的灰皿预先分排放在耐热瓷板或石棉板上。

2）将马弗炉热到815℃，打开炉门，将放有灰皿的耐热瓷板或石棉板缓慢地推入马弗炉中，先使第一排灰皿中的煤样灰化。待5～10min后，煤样不再冒烟时，以每分钟不大于2mm的速度把二、三、四排灰皿顺序推入炉内炽热部分（若煤样着火发生爆燃，试验应作废）。

3）关上炉门，在（815±10）℃的温度下灼烧40min。

4）从炉中取出灰皿，放在空气中冷却 5min 左右，移入干燥器中冷却至室温（约 20min）后，称量。

5）进行检查性灼烧，每次 20min，直到连续两次灼烧的质量变化不超过 0.001g 为止。用最后一次灼烧后的质量为计算依据。如遇检查灼烧时结果不稳定，应改用缓慢灰化法重新测定。灰分低于 15% 时，不必进行检查性灼烧。

3. 分析结果的计算

空气干燥煤样的灰分按式（3-6）计算

$$A_{\text{ad}} = \frac{m_1}{m} \times 100 \tag{3-6}$$

式中　A_{ad}——空气干燥煤样的灰分，%；

　　　m_1——灼烧后残留物的质量，g；

　　　m——称取的空气干燥基煤样的质量，g。

4. 灰分测定的精密度

灰分测定的重复性和再现性见表 3-3。

表 3-3　　　　　　　　　　　灰分测定的重复性和再现性　　　　　　　　　　　%

灰　　分	重复性 A_{ad}	再现性 A_{d}
<15.00	0.20	0.30
15.00~30.00	0.30	0.50
>30.00	0.50	0.70

三、煤中挥发分的测定

1. 挥发分的定义

煤的挥发分，即煤样在（900±10）℃隔绝空气的条件下，加热 7min，由煤中有机质分解出来的气体或液体（呈蒸汽状态）产物，剩下的残渣叫做焦渣。因为挥发分不是煤中固有的，而是在特定温度下热解的产物，所以确切的说应称为挥发分产率。

煤的挥发分产率与测定时所用的容器、加热温度、加热时间等条件有关。为了得出比较准确便于统一对比的结果，GB 212 规定：使用带有严密盖子的专用坩埚（见图 3-4），在（900±10）℃隔绝空气加热 7min，为测定挥发分的条件。

煤的挥发分不仅是炼焦、气化要考虑的一个指标，也是动力用煤的一个重要指标，是动力煤按发热量计价的一个辅助指标。挥发分也是煤分类的重要指标。煤的挥发分反映了煤的变质程度，挥发分由大到小，煤的变质程度由小到大。所以世界各国和我国都以煤的挥发分作为煤分类的最重要的

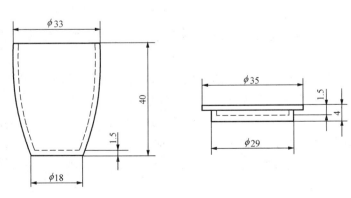

图 3-4　挥发分坩埚（单位：mm）

指标。

用空气干燥基煤样在上述条件下测定挥发分时，热分解析出的物质中包括有机质分解产物、无机矿物质分解产物和水分。根据定义，挥发分产率只限有机挥发分，因此，试验时，试样减少的质量扣除无机气态分解物和水分，才是挥发分。一般情况下无机气态分解物很少，影响不大。只有当煤中碳酸盐二氧化碳含量大于2%时，才需对试验结果加以校正。

2. 煤中挥发分的测定方法

按照GB 212的规定，挥发分的测定如下：

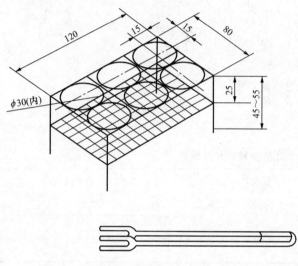

图3-5 坩埚架及坩埚架夹（单位：mm）

（1）用预先在900℃温度下灼烧至质量恒定的带盖瓷坩埚，称取粒度小于0.2mm的空气干燥煤样（1±0.01）g，精确至0.0002g，然后轻轻振动坩埚，使煤样摊平，盖上盖，放在坩埚架（见图3-5）上。

褐煤和长焰煤应预先压饼，并切成约3mm的小块。

（2）将马弗炉预先加热至920℃左右。打开炉门，迅速将放有坩埚的架子送入恒温区并关上炉门，准确加热7min。坩埚及架子刚放入后，炉温会有所下降，但必须在3min内使炉温恢复至（900±10）℃，否则试验作废。加热时间包括温度恢复时间在内。

（3）从炉中取出坩埚，放在空气中冷却5min左右，移入干燥器中冷却至室温（约20min）后，称量。

3. 焦渣特征分类

测定挥发分所得焦渣的特征，按下列规定加以区分：

（1）粉状。全部是粉末，没有相互黏着的颗粒。

（2）黏着。用手指轻碰即成粉末或基本上是粉末，其中较大的团块轻轻一碰即成粉末。

（3）弱黏结。用手指轻压即成小块。

（4）不熔融黏结。以手指用力压才裂成小块，焦渣上表面无光泽，下表面稍有银白色光泽。

（5）不膨胀熔融黏结。焦渣形成扁平的块，煤粒的界线不易分清，焦渣上表面有明显银白色金属光泽，下表面银白色光泽更明显。

（6）微膨胀熔融黏结。用手指压不碎，焦渣的上、下表面均有银白色金属光泽，但焦渣表面具有较小的膨胀沟（或小气泡）。

（7）膨胀熔融黏结。焦渣上、下表面有银白色金属光泽，明显膨胀，但高度不超过15mm。

（8）强膨胀熔融黏结。焦渣上、下表面有银白色金属光泽，焦渣高度大于15mm。

为了简便起见，通常用上列序号作为各种焦渣特征的代号。

试验结果表明，褐煤、烟煤中的长焰煤、贫煤和无烟煤都没有黏结性；烟煤中的肥煤和焦煤的黏结性最好，其焦渣呈熔融、黏结而膨胀。

4. 分析结果的计算

空气干燥煤样的挥发分按式（3-7）计算

$$V_{ad} = \frac{m_1}{m} \times 100 - M_{ad} \tag{3-7}$$

当空气干燥煤样中碳酸盐二氧化碳含量为2％～12％时，则

$$V_{ad} = \frac{m_1}{m} \times 100 - M_{ad} - (CO_2)_{ad} \tag{3-8}$$

当空气干燥煤样中碳酸盐二氧化碳含量大于12％时，则

$$V_{ad} = \frac{m_1}{m} \times 100 - M_{ad} - \left[(CO_2)_{ad} - (CO_2)_{ad(jz)} \right] \tag{3-9}$$

式中　　V_{ad}——空气干燥煤样的挥发分，％；

　　　　m_1——煤样加热后减少的质量，g；

　　　　m——空气干燥煤样的质量，g；

　　　　M_{ad}——空气干燥煤样的水分，％；

　　$(CO_2)_{ad}$——空气干燥煤样中碳酸盐二氧化碳的含量，％；

　$(CO_2)_{ad(jz)}$——焦渣中二氧化碳对煤样量的百分数，％。

5. 挥发分测定的精密度

挥发分测定的重复性和再现性见表3-4。

表3-4　　　　　　　　　　挥发分测定的重复性和再现性　　　　　　　　　　％

挥　发　分	重复性 V_{ad}	再现性 V_d
<20	0.30	0.50
20～40	0.50	1.00
>40	0.80	1.50

6. 固定碳的计算

煤中去掉水分、灰分、挥发分，剩下的就是固定碳。

煤的固定碳与挥发分一样，也是表征煤的变质程度的一个指标，随变质程度的增高而增高，所以一些国家以固定碳作为煤分类的一个指标。

固定碳是煤的发热量的重要来源，所以有的国家以固定碳作为煤发热量计算的主要参数。

空气干燥基固定碳按式（3-10）计算

$$FC_{ad} = 100 - (M_{ad} + A_{ad} + V_{ad}) \tag{3-10}$$

式中　FC_{ad}——空气干燥煤样的固定碳含量，％；

　　　M_{ad}——空气干燥煤样的水分含量，％；

　　　A_{ad}——空气干燥煤样的灰分产率，％；

　　　V_{ad}——空气干燥煤样的挥发分产率，％。

第二节 煤 的 元 素 分 析

煤的元素分析是指对煤中 C、H、O、N 和 S 五种元素的分析,这五种成分组成煤的有机成分。其中以 C、H、O 为主,其总和占有机质的 95% 以上;氮的含量较少,为 0.5%~3%;硫的含量除与原始植物质有关外,主要和成煤时的地质条件有关,其含量变化范围为 0.1%~10%,多数情况为 0.5%~3%。

在锅炉设计和燃烧控制方面都需要掌握煤中的元素组成,以便计算理论空气量、过剩空气量以及排烟量等。煤的低位发热量也必须在已知氢元素含量的基础上计算出来。此外,在煤的分类中,H 元素是无烟煤的分类指标,C 元素是表明煤化程度的指标之一。

一、煤中 C、H 元素含量的测定

(一) 基本原理

一定量的空气干燥煤样在氧气流中燃烧,生成的水和二氧化碳分别用吸水剂和二氧化碳吸收剂吸收,由吸收剂的增重计算煤中碳和氢的含量。

试样的燃烧反应为

$$煤 + O_2 \longrightarrow CO_2 + H_2O + SO_2 + SO_3 + Cl_2 + NO_2 + N_2 + O_2$$

为了确保试样燃烧完全,就必须满足其完全燃烧的条件。因此,要求维持一定的燃烧温度(850℃),控制一定的氧气流速(120mL/min),称取适量的煤粉试样(粒度小于 0.2mm,0.1~0.2g)以及充分的燃烧时间(一般不少于 20min)。同时,为了防止燃烧不完全而产生 CO,要求在燃烧管中加装足够量的针状 CuO(CuO 为针状,目的是为了使它与 CO 充分接触,气流易于通过),使其进一步氧化成 CO_2,即

$$CuO + CO \xrightarrow{800℃} Cu + CO_2$$

煤中除含有 C、H 外,还含有少量的 S、Cl、N 等。为了能确保获得纯净的 CO_2 和 H_2O,在燃烧管(见图 3-6)中装有粒状铬酸铅及银丝卷,以除去 S 和 Cl,即

$$4PbCrO_4 + 4SO_2 \xrightarrow{600℃} 4PbSO_4 + 2Cr_2O_3 + O_2$$

$$4PbCrO_4 + 4SO_3 \xrightarrow{600℃} 4PbSO_4 + 2Cr_2O_3 + 3O_2$$

$$2Ag + Cl_2 \xrightarrow{180℃} 2AgCl$$

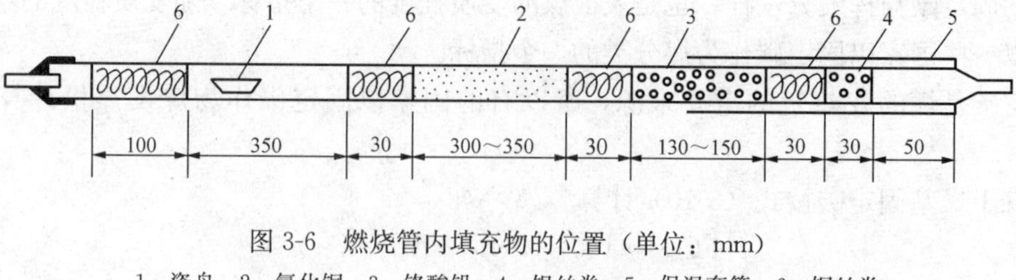

图 3-6 燃烧管内填充物的位置(单位:mm)

1—瓷舟;2—氧化铜;3—铬酸铅;4—银丝卷;5—保温套管;6—铜丝卷

此外,还有一种高锰酸银的热解产物(多孔蓬松状物质),它能同时吸收几种干扰物,并兼有催化、氧化不完全燃烧产物的性能。因而使用它可简化试验过程,通常用于二节炉法(见图 3-7),即

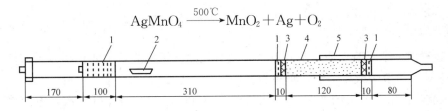

$$AgMnO_4 \xrightarrow{500℃} MnO_2 + Ag + O_2$$

图 3-7 燃烧管内填充高锰酸银热解产物的位置（单位：mm）

1—铜丝卷；2—瓷舟；3—铜丝布圆垫；4—高锰酸银热解产物；5—保温套管

分解出的银原子分散在二氧化锰表面形成活性中心，具有强烈的氧化作用。当不完全燃烧产物 CO 通过时，可使其氧化。同时燃烧过程中产生的 SO_2 及 Cl_2 等干扰物按下列反应除去

$$2SO_2 + 4Ag + 7MnO_2 \longrightarrow 2Ag_2SO_4 + 2Mn_2O_3 + Mn_3O_4$$

$$2Ag + Cl_2 \longrightarrow 2AgCl$$

在 850℃条件下，煤中少部分氮燃烧后生成 NO_2，将会导致 C 含量测定结果偏高。为此，在 CO_2 吸收瓶前要加装除氮管，内装 MnO_2，则

$$2NO_2 + MnO_2 \longrightarrow Mn(CO_3)_2$$

燃烧管内还装有多个铜丝卷，一是氧气通过铜丝卷（由铜丝网卷成）而被分散开，有助于化学反应的进行；二是借助于铜丝卷将燃烧管内各部发试剂分开。

为了使燃烧后的二氧化碳和水被定量吸收，应保持全系统的严密性，并要选用合适的吸收剂。

（二）碳、氢测定仪

碳、氢测定仪包括净化系统、燃烧装置和吸收系统三个主要部分，结构如图 3-8 所示。

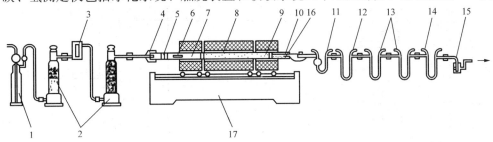

图 3-8 碳氢测定仪

1—鹅头洗气瓶；2—气体干燥塔；3—流量计；4—橡皮帽；5—铜丝卷；6—燃烧舟；

7—燃烧管；8—氧化铜；9—铬酸铅；10—银丝卷；11—吸水 U 形管；12—除氮 U 形管；

13—吸收二氧化碳 U 形管；14—保护用 U 形管；15—气泡计；16—保温套管；17—三节电炉

1. 净化系统

净化系统包括以下部件：

（1）鹅头洗气瓶（GB/T 476—2001《煤的元素分析方法》中无此项）。容量 250～500mL，内装 40%氢氧化钾（或氢氧化钠）溶液。

（2）气体干燥塔。容量 500mL，2 个，一个上部（约 2/3）装无水氯化钙（或无水高氯酸镁），下部（约 1/3）装碱石棉（或碱石灰）。另一个装无水氯化钙（或无水高氯酸镁）。

（3）流量计。量程 0～150mL/min。

2. 燃烧装置

燃烧装置由一个三节（或二节）管式炉及其控温系统构成，主要包括以下部件：

（1）电炉。三节炉或二节炉，炉膛直径约35mm。

1）三节炉：第一节长约230mm，可加热到（800±10）℃，并可沿水平方向移动；第二节长 330～350mm，可加热到（800±10）℃；第三节长 130～150mm，可加热到（600±10）℃。

2）二节炉：第一节长约230mm，可加热到（800±10）℃，并可沿水平方向移动；第二节长 130～150mm，可加热到（500±10）℃。

每节炉装有热电偶、测温和控温装置。

（2）燃烧管。素瓷、石英、刚玉或不锈钢制成，长 1100～1200mm（使用二节炉时，长约800mm），内径 20～22mm，壁厚约 2mm。

（3）燃烧舟。素瓷或石英制成，长约80mm。

（4）橡皮帽（最好用耐热硅橡胶）或铜接头。

3. 吸收系统

吸收系统包括以下部件：

（1）吸水 U 形管。如图3-9所示，装药部分高 100～120mm，直径约 15mm，进口端有一个球形扩大部分，内装无水氯化钙或无水过氯酸镁。

（2）吸收二氧化碳 U 形管 2 个，如图3-10 所示。装药部分高 100～120mm，直径约 15mm，前 2/3 装碱石棉或碱石灰，后 1/3 装无水氯化钙或无水高氯酸镁。

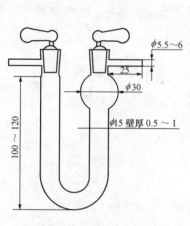

图 3-9　吸水 U 形管
（单位：mm）

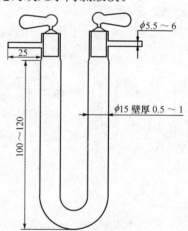

图 3-10　二氧化碳吸收管或
除氮 U 形管（单位：mm）

（3）除氮 U 形管。如图3-10 所示。装药部分高 100～120mm，直径约 15mm，前 2/3 装二氧化锰，后 1/3 装无水氯化钙或无水高氯酸镁。

（4）气泡计。容量约 10mL，内装浓硫酸。

（三）试验条件的检验

为了获得准确可靠的试验结果，应在试验前对试验条件进行检验，确证无误后或者求出校正值后，方能对试样进行测定。

1. 炉温的校正

将工作热电偶插入三节炉（或二节炉）的热电偶孔内，使热端插入炉膛并与高温计连接。将炉温升至规定温度，保温 1h。然后沿燃烧管轴向将标准热电偶依次插到空燃烧管中对应于第一、二、三节炉（或第一、二节炉）的中心处（注意勿使热电偶和燃烧管管壁接触）。根据标准热电偶指示，将管式电炉调节到规定温度并恒温 5min。记下工作热电偶相应的读数，以后即以此为准控制温度。

2. 空白试验

按图 3-7 连接装置，并通电升温。将吸收系统各 U 形管磨口塞选至开启状态，接通氧气，调节氧气流量为 120mL/min，检查整个系统的气密性。在升温过程中，将第一节电炉往返移动几次，通气约 20min 后，取下吸收系统，将各 U 形管磨口塞管壁，用绒布擦净，在天平旁放置 10min 左右，称量。当第一节炉和第二节炉达到并保持在（800±10）℃，第三节炉达到并保持在（600±10）℃后开始作空白试验。此时将第一节移至紧靠第二节炉，接上已经通气并称量过的吸收系统。在一个燃烧舟上加入三氧化钨（数量和煤样分析时相当）。打开橡皮帽，取出铜丝卷，将装有三氧化钨的燃烧舟用镍铬丝推至第一节炉入口处，将铜丝卷放在燃烧舟后面，套紧橡皮帽，接通氧气，调节氧气流量为 120mL/min。移动第一节炉，使燃烧舟位于炉子中心。通气 23min，将炉子移回原位。

2min 后取下吸收系统 U 形管，用绒布擦净，在天平旁放置 10min 后称量。吸水 U 形管的质量增加数即为空白值。重复上述试验，直到连续两次所得空白值相差不超过 0.0010g，除氮管、二氧化碳吸收管最后一次质量变化不超过 0.0005g 为止。取两次空白值的平均值作为当天氢的空白值。在做空白试验前，应先确定保温套管的位置，使其出口端温度尽可能高又不会使橡皮帽热分解，如空白值不易达到稳定，则可适当调节保温管的位置。

3. 试验装置可靠性检验

为了检查测定装置是否可靠，可用标准煤样，按规定的试样步骤进行测定。如实测的 C、H 值与标准煤样 C、H 值的差值在标准煤样规定的不确定度范围内，表明测定装置可靠。否则，须查明原因并纠正后才能进行正式测定。

（四）分析步骤

（1）将第一节和第二节炉温控制在（800±10）℃，第三节炉温控制在（600±10）℃，并使第一节炉紧靠第二节炉，即三节炉法。

第一节炉控温在（800±10）℃，第二节炉控温在（500±10）℃，并使第一节炉紧靠第二节炉。每次空白试验时间为 20min。燃烧舟位于炉子中心时，保温 13min，即二节炉法。

（2）在预先灼烧过的燃烧舟中称取粒度小于 0.2mm 的空气干燥煤样 0.2g，精确至 0.0002g，并均匀铺平。在煤样上铺一层三氧化钨。可把燃烧舟暂存入专用的磨口玻璃管或不加干燥剂的干燥器中。

（3）接上已称量的吸收系统，并以 120mL/min 的流量通入氧气。打开橡皮帽，取出铜丝卷，迅速将燃烧舟放入燃烧管中，使其前端刚好在第一节炉炉口，再将铜丝卷放在燃烧舟后面，套紧橡皮帽。保持 120mL/min 的流量。1min 后向净化系统方向移动第一节炉，使燃烧舟的一半进入炉子。过 2min 后，移炉，使燃烧舟全部进入炉子。再过 2min，使燃烧舟位于炉子中心。保温 18min 后，把第一节炉移回原位。2min 后，取下吸收系统，将磨口塞管壁，用绒布擦净，在天平旁放置 10min 后称量（除氮管不必称量）。第二个吸收二氧化碳 U 形管变化小于 0.0005g，计算时忽略。

（五）分析结果计算

空气干燥煤样的碳、氢按式（3-11）和式（3-12）计算

$$C_{ad} = \frac{0.2729m_1}{m} \times 100 \qquad (3-11)$$

$$H_{ad} = \frac{0.1119(m_2 - m_3)}{m} \times 100 - 0.1119M_{ad} \qquad (3-12)$$

式中 C_{ad}——空气干燥煤样的碳含量，%；

H_{ad}——空气干燥煤样的氢含量，%；

m_1——吸收二氧化碳的 U 形管的增重，g；

m_2——吸收水分的 U 形管的增重，g；

m_3——水分空白值，g；

m——分析煤样的质量，g；

0.2729——将二氧化碳折算成碳的因数；

0.1119——将水折算成氢的因数；

M_{ad}——空气干燥煤样的水分含量，%。

当需要测定有机碳（$C_{O,ad}$）时，按式（3-13）计算有机碳质量分数

$$C_{O,ad} = \frac{0.2729m_1}{m} \times 100 - 0.2729(CO_2)_{ad} \qquad (3-13)$$

式中 $(CO_2)_{ad}$——空气干燥煤样中碳酸盐二氧化碳含量，%。

（六）碳、氢测定的精密度

碳氢测定的重复性和再现性见表 3-5。

表 3-5 　　　　　　　　　　　碳氢测定的重复性和再现性

项　　目	再现性（%）	项　　目	再现性（%）
C_{ad}	0.50	C_d	1.00
H_{ad}	0.15	H_d	0.25

二、煤中氮元素含量的测定

根据 GB/T 476—2001《煤的元素分析方法》，测定煤中氮元素的含量使用开氏法。

1. 测定原理

称取一定量的空气干燥煤样，加入混合催化剂和硫酸，加热分解，氮转化为硫酸氢铵。加入过量的氢氧化钠溶液，把氨蒸出并吸收在硼酸溶液中，用硫酸标准溶液滴定。根据用去的硫酸量，计算煤中氮的含量。

现在所用的催化剂由无水硫酸钠、硫酸汞和硒粉组成的混合试剂研细而成。

试验过程中的化学反应式如下：

（1）消解反应

$$煤 \xrightarrow{\text{浓硫酸、催化剂}} CO_2 + SO_2 + SO_3 + H_2O + NH_4HSO_4 + N_2（微量）$$

（2）蒸馏分解反应

$$NH_4HSO_4 + 2NaOH \xrightarrow{\triangle} NH_3\uparrow + Na_2SO_4 + 2H_2O$$

（3）吸收反应

$$H_3BO_3 + xNH_3 \longrightarrow H_3BO_3 \cdot xNH_3$$

（4）滴定反应

$$H_3BO_3 \cdot xNH_3 + xH_2SO_4 \longrightarrow x(NH_4)_2SO_4 + H_3BO_3$$

2. 试验步骤

（1）在薄纸上称取粒度小于 0.2mm 的空气干燥煤样 0.2g，精确至 0.0002g。把煤样包好，放入 50mL 开氏瓶中，加入混合催化剂 2g［将分析纯无水硫酸钠（HG3-123）32g、分析纯硫酸汞 5g 和分析纯硒粉（HG3-926）0.5g 研细，混合均匀］和浓硫酸（相对密度 1.84）5mL。然后将开氏瓶放入铝加热体的孔中，并用石棉板盖住开氏瓶的球形部分。在瓶口插入一小漏斗，防止硒粉飞溅。在铝加热体中心的小孔中放温度计。接通电源，缓缓加热到 350℃左右，保持此温度，直到溶液清澈透明、漂浮的黑色颗粒完全消失为止。遇到分解不完全的煤样时，可将 0.2mm 的空气干燥煤样磨细至 0.1mm 以下，再按上述方法消化，但必须加入高锰酸钾或铬酸酐 0.2～0.5g。分解后如无黑色粒状物，表示消化完全。

（2）将溶液冷却，用少量蒸馏水稀释后，移至 250mL 开氏瓶中。充分洗净原开氏瓶中的剩余物，洗液并入 250mL 开氏瓶，使溶液体积约为 100mL。然后将盛溶液的开氏瓶放在蒸馏装置上准备蒸馏。蒸馏装置如图 3-11 所示。

（3）把直形玻璃冷凝管的上端连接到开氏球上，下端用橡皮管连上玻璃管，直接插入一个盛有 20mL、3％硼酸溶液和 1～2 滴混合指示剂（甲基红和亚甲基蓝混合指示剂）的锥形瓶中。玻璃管浸入溶液并距瓶底约 2mm。

（4）在 250mL 开氏瓶中注入 25mL 混合碱溶液［将分析纯氢氧化钠（GB 629）37g 和化学纯硫化钠（HG3-905）3g 溶解于蒸馏水中，配制成 100mL 溶液］，然后通入蒸汽进行蒸馏，蒸馏至锥形瓶中溶液的总体积达 80mL 左右为止，此时硼酸溶液由紫色变成绿色。

（5）蒸馏完毕后，拆下开氏瓶并停止供给蒸汽。插入硼酸溶液中的玻璃管内、外用蒸馏水冲洗。洗液收入锥形瓶中，用硫酸标准溶液滴定到溶液由绿色变成钢灰色即为终点。由硫酸用量求出煤中氮的含量。

（6）空白试验采用 0.2g 蔗糖代替煤样，试验步骤与煤样分析相同。

注：每日在煤样分析前，冷凝管须用蒸汽进行冲洗，待馏出物体积达 100～200mL 后，再做正式煤样。

3. 分析结果的计算

空气干燥煤样的氮按式（3-14）计算

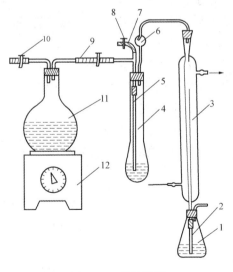

图 3-11 蒸馏装置

1—锥形瓶；2—橡皮管；3—直形玻璃冷凝管；4—开氏瓶；5—玻璃管；6—开氏球；7—橡皮管；8—夹子；9、10—橡皮管和夹子；11—圆底烧瓶；12—万能电炉

$$N_{ad} = \frac{c(V_1 - V_2)0.014}{m} \times 100 \qquad (3\text{-}14)$$

式中　N_{ad}——空气干燥煤样的氮含量，%；

　　　　c——硫酸标准溶液的浓度，mol/L；

　　　　V_1——硫酸标准溶液的用量，mL；

　　　　V_2——空白试验时硫酸标准溶液的用量，mL；

　　0.014——氮的毫摩尔质量，g/mmol；

　　　　m——煤样的质量，g。

4. 氮测定的精密度

氮测定的重复性和再现性见表 3-6。

表 3-6 　　　　　　　　　　　　氮测定的重复性和再现性　　　　　　　　　　　　%

重复性 N_{ad}	再现性 N_d
0.08	0.15

三、煤中硫元素的测定

煤中硫按其存在的形态分为有机硫和无机硫两种，有的煤中还有少量的单质硫。无机硫又分为硫化物硫和硫酸盐硫。硫化物硫绝大部分是黄铁矿硫，少部分为白铁矿硫，两者是同质多晶体，还有少量的 ZnS、PbS 等。硫酸盐硫主要存在于 $CaSO_4$ 中。

煤中硫按其在空气中能否燃烧又分为可燃硫和不可燃硫。有机硫、硫铁矿硫和单质硫都能在空气中燃烧，都是可燃硫；硫酸盐硫不能在空气中燃烧，是不可燃硫。

通常测定煤中硫含量是指全硫的含量。当为某种特殊需要时也可以测定各种形态硫。测定硫的方法很多，GB/T 215—2003《煤中各种形态硫的测定方法》中规定了三种测定全硫的方法，即艾士卡法、库仑法及高温燃烧中和法。

（一）艾士卡法

艾士卡法是测定全硫的经典方法，也是国际上公认的标准方法，准确度高，重现性好，对于仲裁、校核等重要试验，均应采用艾士卡法测定。

1. 测定原理

将煤样与艾士卡试剂混合灼烧，煤中硫生成硫酸盐，然后使硫酸根离子生成硫酸钡沉淀，根据硫酸钡的质量计算煤中全硫的含量。

（1）熔样。反应式为

$$煤 + O_2 \xrightarrow{\triangle} CO_2 + SO_2 + SO_3 + N_2 + H_2O$$

$$2Na_2CO_3 + 2SO_2 + O_2 \longrightarrow 2Na_2SO_4 + 2CO_2$$

$$Na_2CO_3 + SO_3 \longrightarrow Na_2SO_4 + CO_2$$

$$2MgO + SO_2 + O_2 \longrightarrow 2MgSO_4$$

$$MgO + SO_3 \longrightarrow MgSO_4$$

煤中不可燃硫，如硫酸钙在受热条件下，与艾士卡试剂中的无水碳酸钠发生复分解反应，产生硫酸钠

$$Na_2CO_3 + CaSO_4 \longrightarrow Na_2SO_4 + CaCO_3$$

（2）硫酸盐溶解。

（3）硫酸钡沉淀。反应式为

$$Na_2SO_4 + MgSO_4 + 2BaCl_2 \longrightarrow 2BaSO_4 \downarrow + 2NaCl + MgCl_2$$

（4）沉淀物灼烧与结果计算。

2. 试剂和材料

（1）艾士卡试剂（以下简称艾氏剂）。以 2 份质量的化学纯轻质氧化镁（GB/T 9857）与 1 份质量的化学纯无水碳酸钠（GB/T 639）混匀并研细至粒度小于 0.2mm 后，保存在密闭容器中。

（2）盐酸（GB/T 622）溶液。（1+1）水溶液。

（3）氯化钡（GB/T 652）溶液。100g/L。

（4）甲基橙溶液。20g/L。

（5）硝酸银（GB/T 670）溶液。10g/L，加入几滴硝酸（GB/T 626），储于深色瓶中。

（6）瓷坩埚。容量 30mL 和 10~20mL 两种。

3. 测定步骤

（1）于 30mL 坩埚内称取粒度小于 0.2mm 的空气干燥煤样 1g❶（称准至 0.0002g）和艾氏剂 2g（称准至 0.1g），仔细混合均匀，再用 1g（称准至 0.1g）艾氏剂覆盖。

（2）将装有煤样的坩埚移入通风良好的马弗炉中，在 1~2h 内从室温逐渐加热到 800~850℃，并在该温度下保持 1~2h。

（3）将坩埚从炉中取出，冷却到室温。用玻璃棒将坩埚中的灼烧物仔细搅松捣碎（如发现有未烧尽的煤粒，应在 800~850℃ 下继续灼烧 0.5h），然后转移到 400mL 烧杯中。用热水冲洗坩埚内壁，将洗液收入烧杯，再加入 100~150mL 刚煮沸的水，充分搅拌。如果此时尚有黑色煤粒漂浮在液面上，则本次测定作废。

（4）用中速定性滤纸以倾泻法过滤，用热水冲洗 3 次，然后将残渣移入滤纸中，用热水仔细清洗至少 10 次，洗液总体积为 250~300mL。

（5）向滤液中滴入 2~3 滴甲基橙指示剂，加盐酸中和后再加入 2mL，使溶液呈微酸性。将溶液加热到沸腾，在不断搅拌下滴加氯化钡溶液 10mL，在近沸状况下保持约 2h，最后溶液体积为 200mL 左右。

（6）溶液冷却或静置后用致密无灰定量滤纸过滤，并用热水洗至无氯离子为止（用硝酸银检验）。

（7）将带沉淀的滤纸移入已知质量的瓷坩埚中，先在低温下灰化滤纸，然后在温度为 800~850℃ 的马弗炉内灼烧 20~40min，取出坩埚，在空气中稍加冷却后放入干燥器中冷却到室温（约 25~30min），称量。

（8）每配制一批艾氏剂或更换其他任一试剂时，应进行 2 个以上空白试验（除不加煤样外，全部操作按上述步骤进行），硫酸钡质量的极差不得大于 0.0010g，取算术平均值作为空白值。

---

❶　全硫含量超过 8%，称取 0.5g。

4. 结果计算

测定结果按式（3-15）计算

$$S_{t,ad} = \frac{(m_1 - m_2) \times 0.1374}{m} \times 100 \qquad (3\text{-}15)$$

式中　$S_{t,ad}$——空气干燥煤样中全硫含量，%；

$\quad\quad m_1$——硫酸钡质量，g；

$\quad\quad m_2$——空白试验的硫酸钡质量，g；

$\quad$0.1374——由硫酸钡换算为硫的系数；

$\quad\quad m$——煤样质量，g。

5. 精密度

全硫测定的重复性和再现性见表 3-7。

表 3-7　　　　　　　　　全硫测定的重复性和再现性　　　　　　　　　　%

S_t	重复性 $S_{t,ad}$	再现性 $S_{t,d}$
<1	0.05	0.10
$1\sim4$	0.10	0.20
>4	0.20	0.30

（二）库仑滴定法

库仑滴定法是现在电力系统应用最多的一种测硫方法。

1. 测定原理

煤样在催化剂作用下，于空气流中燃烧分解，煤中硫生成二氧化硫并被碘化钾溶液吸收，以电解碘化钾溶液所产生的碘进行滴定，根据电解所消耗的电量计算煤中全硫的含量。

在电解液电解过程中，通入 96500C（1F，即 1 法拉第）电量，则在电极上析出 1mol 的物质，即

$$m = \frac{It}{nF} M_m \qquad (3\text{-}16)$$

式中　m——电极上析出物质的量，g；

$\quad M_m$——物质的摩尔质量，g/mol；

$\quad F$——法拉第电量，96500C；

$\quad I$——通入电解液的电流，A；

$\quad n$——电子转移数；

$\quad t$——通入电流的时间，s。

煤样在 1150℃ 及催化剂的作用下，于空气流中燃烧分解，煤中硫主要转化成 SO_2，并伴有少量 SO_3，它们被空气流带入电解池中，与水反应生成亚硫酸及硫酸，即

$$SO_2 + SO_3 + 2H_2O \longrightarrow H_2SO_4 + H_2SO_3$$

电解 KI 与 KBr 生成溴与碘，即

阳极　　　　　　　　　　　$2I^- - 2e \longrightarrow I_2$

$$2Br^- - 2e \longrightarrow Br_2$$

由电极反应产生的游离碘或溴作为中间滴定剂与 H_2SO_3 发生氧化还原反应

$$I_2 + H_2SO_3 + H_2O \longrightarrow H_2SO_4 + 2HI$$

$$Br_2 + H_2SO_3 + H_2O \longrightarrow H_2SO_4 + 2HBr$$

电解生成的碘和溴所消耗的电量由库仑积分仪显示，然后根据法拉第电解定律计算出煤中全硫含量。

由于煤燃烧时形成少量的 SO_3，并未进行上述氧化还原反应，因而对它的损失应加以校正。

2. 库仑滴定测硫仪

如图 3-12 所示，库仑滴定测硫仪由下列各部分构成：

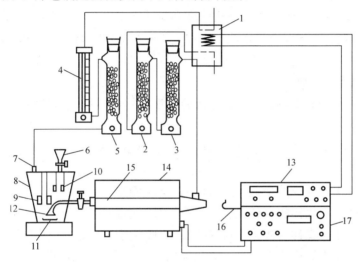

图 3-12　库仑滴定测硫仪结构及流程示意

1—电磁泵；2、5—硅胶过滤塔；3—氢氧化钠过滤塔；4—流量计；6—加液漏斗；7—排气口；8—电解池；9—电解电极；10—指示电极；11—搅拌棒；12—微孔熔板过滤器；13—库仑积分仪；14—燃烧炉；15—石英管；16—进样器；17—程序控温仪

（1）管式高温炉。能加热到 1200℃ 以上并有 90mm 以上长的高温带（1150±5）℃，附有铂铑—铂热电偶测温及控温装置，炉内装有耐温 1300℃ 以上的异径燃烧管。

（2）电解池和电磁搅拌器。电解池高 120～180mm，容量不少于 400mL，内有面积约 150mm² 的铂电解电极对和面积约 15mm² 的铂指示电极对。指示电极响应时间应小于 1s，电磁搅拌器转速约 500r/min 且连续可调。

（3）库仑积分器。电解电流 0～350mA 范围内积分线性误差应在 ±0.1% 以内。配有 4～6 位数字显示器和打印机。

（4）送样程序控制器。可按指定的程序前进、后退。

（5）空气供应及净化装置。由电磁泵和净化管组成。供气量约 1500mL/min，抽气量约 1000mL/min，净化管内装氢氧化钠及变色硅胶。

3. 测定步骤

（1）将管式高温炉升温并控制在（1150±5）℃。

（2）开动供气泵和抽气泵并将抽气流量调节到 1000mL/min。在抽气下，将 250～

300mL 电解液，碘化钾（GB/T 1272）、溴化钾（GB/T 649）各 5g，冰乙酸（GB/T 676）10mL，溶于 250～300mL 水中加入电解池内，开动电磁搅拌器。

（3）于瓷舟中称取粒度小于 0.2mm 的空气干燥煤样 0.05g（称准至 0.0002g），在煤样上盖一薄层三氧化钨。将瓷舟置于送样的石英托盘上，开启送样程序控制器，煤样即自动送进炉内，库仑滴定随即开始。试验结束后，库仑积分器显示出硫的毫克数或百分含量并由打印机打出。

（三）高温燃烧中和法

将试样在高温下（＞1350℃）充足的氧气流中燃烧，煤中各种形态的硫化物被氧化或分解成硫的氧化物，然后用过氧化氢吸收，使其形成硫酸溶液，再用标准氢氧化钠溶液进行中和滴定。根据所消耗标准氢氧化钠溶液的浓度和量计算煤中全硫的含量。高温燃烧中和法测定结果偏低，测试速度不如库仑滴定法，目前电力系统应用高温燃烧中和法测定全硫的单位已经很少了。

四、煤中含氧量的计算

对煤中的含氧量，目前还没有直接分析的方法，一般多用差减法计算。氧的含量按式（3-17）计算，即

$$O_{ad} = 100 - C_{ad} - H_{ad} - N_{ad} - S_{t,ad} - M_{ad} - A_{ad} - (CO_2)_{ad} \tag{3-17}$$

式中 O_{ad}——空气干燥煤样的氧含量，%；

$S_{t,ad}$——空气干燥煤样的全硫含量（按 GB 214 测定），%；

M_{ad}——空气干燥煤样的水分含量（按 GB 212 测定），%；

A_{ad}——空气干燥煤样的灰分含量（按 GB 212 测定），%；

$(CO_2)_{ad}$——空气干燥煤样中碳酸盐二氧化碳的含量（按 GB 218 测定），%。

第三节 煤中碳酸盐二氧化碳含量的测定

当煤中的碳酸盐在 600℃左右时，就会开始分解，析出 CO_2，这一过程可能影响煤的工业分析和元素分析中各项有机组成的分析结果。因此，对碳酸盐含量稍高的煤（CO_2 含量超过 2%时），必须进行 CO_2 含量的测定，以便对工业分析和元素分析中有关测定值进行修正。

1. 测定原理

将一定量的煤样与稀盐酸反应，使煤样中碳酸盐分解出二氧化碳，用碱石棉将其吸收，根据吸收剂的增重，计算出煤中碳酸盐二氧化碳的含量。

2. 二氧化碳测定装置

按照 GB/T 218—1996《煤中碳酸盐二氧化碳含量的测定方法》规定，测定煤中碳酸盐二氧化碳的装置如图 3-13 所示。主要包括以下几部分：

（1）净化系统。由内装浓硫酸的洗气瓶 3 和内装碱石棉的 U 形管 4 组成。

（2）反应系统。由一个 300mL 的平底烧瓶 8、分液斗 7、冷凝器 6 和梨形管 5 组成。

（3）吸收系统。由以下部件组成：

1）U 形管 9，内装无水氯化钙，用以吸收从反应系统出来的水分。

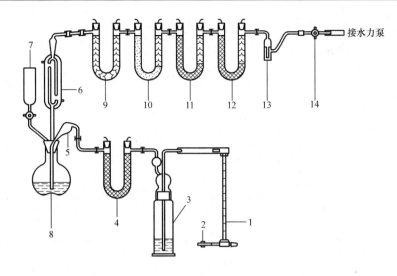

图 3-13 二氧化碳的测定装置图

1—气体流量计；2—弹簧夹子；3—洗气瓶；4、9、10、11、12—U形管；5—梨形进气管；

6—双壁冷凝器；7—管状带活塞漏斗；8—带橡皮管的平底烧瓶；13—10mL气泡计；14—二通玻璃活塞

2）U形管10，前2/3装粒状无水硫酸铜浮石，后1/3装无水氯化钙，用以吸收煤分解的硫化氢。

3）U形管11、12，前2/3装碱石棉，后1/3装无水氯化钙，用以吸收二氧化碳及其与碱石棉反应生成的水分。

3. 测定步骤

（1）准确称量粒度小于0.2mm的空气干燥煤样5g（称准到0.001g），放入平底烧瓶中，加入50mL水，用橡皮塞塞紧，用力摇以润湿煤样。打开瓶塞，再用50mL水将黏附在橡皮塞上的煤样洗入瓶中，若遇到难润湿的煤样，可先加5mL润湿剂再加水。

（2）接通仪器各部件，打开弹簧夹，以(50 ± 5)mL/min的流量抽入空气，约10min后，关闭U形管9、10、11、12及二通活塞，取下U形管11、12，用清洁干燥没有松散纤维的布擦净，在天平室冷却到室温（约15min）后称量。再将其连到仪器上，重复以上操作，直到每个U形管质量变化不超过0.001g时为止。

注：每天开始试验时，进行U形管质量恒定试验。

（3）将质量恒定的U形管重新接好，以(50 ± 5)mL/min的流量抽入空气。打开冷却水，在漏斗中加入25mL盐酸溶液，打开活塞，使盐酸溶液在1～2min内慢慢滴入平底烧瓶中。注意不要太快，尤其对二氧化碳含量高的煤样，以免反应过猛。为了防止空气进入平底烧瓶，应在漏斗中尚存少量盐酸时，便关闭漏斗活塞。慢慢加热平底烧瓶使其中液体在7～8min后沸腾。注意，在溶液即将沸腾之际，要立即降低温度，以免溶液向外喷溅。溶液沸腾后（若煤样往烧瓶壁上爬，可轻轻摇动烧瓶），继续保持微沸30min。停止加热，关闭U形管4、9，10、11、12及二通活塞。然后取下U形管11及12，按（2）所述擦净和称量。

4. 结果计算

空气干燥煤样中碳酸盐二氧化碳含量，按式（3-18）计算

$$(CO_2)_{ad} = \frac{(m_2 - m_1) - m_3}{m} \times 100 \tag{3-18}$$

式中　$(CO_2)_{ad}$——空气干燥煤样中碳酸盐二氧化碳含量，%；

m_1——试验前 U 形管 11、12 的总质量，g；

m_2——试验后 U 形管 11、12 的总质量，g；

m_3——空白值，g；

m——空气干燥煤样的质量，g。

5. 精密度

煤中碳酸盐二氧化碳含量测定的重复性和再现性见表 3-8。

表 3-8　　　　　　　　煤中碳酸盐二氧化碳含量测定的重复性和再现性　　　　　　　　　%

重复性 $(CO_2)_{ad}$	再现性 $(CO_2)_{ad}$
0.10	0.15

第四章

煤的物理化学特性及其测定

对于火电厂的动力煤，除需要了解其化学组成外，还必须了解与其使用有关的物理化学特性，以便在选用燃烧设备、设计燃烧系统、改善或提高燃烧经济性和确保锅炉安全运行等方面提供重要依据。动力煤的主要物理化学特性有密度、着火性、可磨性、煤粉细度和煤灰的熔融性等。

第一节 煤 的 密 度

一、密度的定义及其表示方法

前面已经介绍过，这里不再赘述。

二、密度的测定方法

根据定义，煤的真（相对）密度 TRD 定义为在 20℃时煤（不包括煤的孔隙）的质量与同温度、同体积水的质量之比。因此，测定煤的真（相对）密度时，应使水完全浸入煤的毛细孔内，通常使用浸润剂如十二烷基硫酸钠溶液。视（相对）密度 ARD 定义为在 20℃时煤（包括煤的孔隙）的质量与同温度、同体积水的质量之比。因此，测定煤的视（相对）密度时，应设法封闭煤的毛细孔防止水浸入，通常使用涂蜡的方法，在煤块的表面上涂一层石蜡。堆积密度是在规定条件下测出的，所以只要严格规定装煤容器的体积和装煤方式，准确称出所装煤的质量，就可换算成定义的堆积密度。

1. 真（相对）密度的测定

按照 GD/T 217—2008《煤的真相对密度测定方法》测定。

（1）测定步骤。

1）准确称取粒度小于 0.2mm 空气干燥煤样 2g（称准到 0.0002g），通过无颈小漏斗全部移入密度瓶中，如图 4-1 所示。

2）用移液管向密度瓶中注入浸润剂〔十二烷基硫酸钠（化学纯）溶液 20g/L〕3mL，并将瓶颈上附着的煤粒冲入瓶中，轻轻转动密度瓶，放置 15min 使煤样浸透，然后沿瓶

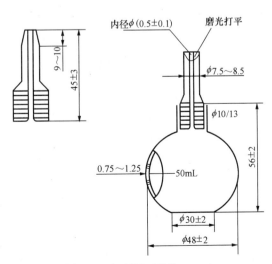

图 4-1 密度瓶（单位：mm）

壁加入约 25mL 蒸馏水。

3）将密度瓶移到沸水浴中加热 20min，以排除吸附的气体。

4）取出密度瓶，加入新煮沸过的蒸馏水至水面低于瓶口约 1cm 处，并冷至室温。然后于（20±0.5)℃的恒温器中（根据室温情况可适当调整恒温器温度）保持 1h（也可在室温下放置 3h 以上，最好过夜），记下室温温度。

5）用吸管沿瓶颈滴加新煮沸过的并冷却到 20℃（或室温）的蒸馏水至瓶口，盖上瓶塞，使过剩的水从瓶塞上的毛细管溢出（这时瓶口和毛细管内不得有气泡存在，否则应重新加水、盖塞）。

6）迅速擦干密度瓶，立即称出密度瓶加煤、浸润剂和水的质量 m_1。

7）空白值的测定：按上述方法，但不加煤样，不在沸水浴中加热，测出密度瓶加浸润剂、水的质量 m_2（在恒温条件下，应每月测空白值一次；在室温条件下，应同时测定空白值）。同一密度瓶重复测定的差值不得超过 0.015g。

（2）结果计算。真相对密度按式（4-1）计算

$$\mathrm{TRD}_{20}^{20} = \frac{m_d}{m_2 + m_d - m_1} \tag{4-1}$$

式中　TRD_{20}^{20}——干燥煤的真相对密度；

　　　m_d——干燥煤样质量，g；

　　　m_2——密度瓶加浸润剂和水的质量，g；

　　　m_1——密度瓶加煤样、浸润剂和水的质量，g。

干燥煤样质量按式（4-2）计算

$$m_d = m \times \frac{100 - M_{ad}}{100} \tag{4-2}$$

式中　m——空气干燥煤样的质量，g；

　　　M_{ad}——空气干燥煤样水分，按 GB 212 的规定测定，％。

在室温下真相对密度按式（4-3）计算

$$\mathrm{TRD}_{20}^{20} = \frac{m_d}{m_2 + m_d - m_1} \times K_t \tag{4-3}$$

其中　　　　　　　　　　$K_t = d_t / d_{20}$

式中　K_t——t℃下的温度校正系数；

　　　d_t——水在 t℃时的真相对密度；

　　　d_{20}——水在 20℃时的真相对密度。

K_t 值由表 4-1 列出。

表 4-1　　　　　　　　　　校 正 系 数 K_t 值

温度（℃）	校正系数 K_t	温度（℃）	校正系数 K_t
6	1.00174	10	1.00150
7	1.00170	11	1.00140
8	1.00165	12	1.00129
9	1.00158	13	1.00117

温度（℃）	校正系数 K_t	温度（℃）	校正系数 K_t
14	1.00100	25	0.99883
15	1.00090	26	0.99857
16	1.00074	27	0.99831
17	1.00057	28	0.99803
18	1.00039	29	0.99773
19	1.00020	30	0.99743
20	1.00000	31	0.99713
21	0.99979	32	0.99682
22	0.99956	33	0.99649
23	0.99953	34	0.99616
24	0.99909	35	0.99582

（3）精密度。真相对密度测定重复性和再现性见表 4-2。

表 4-2　　真相对密度测定重复性和再现性

重　复　性	再　现　性
0.02（绝对值）	0.04（绝对值）

2. 燃煤堆积密度的测定

在电厂应用最多的是堆积密度，一般是将煤样小心地装入或压实于已知质量的容器中称量，根据容器的体积计算堆积密度。煤的堆积密度测定可采用容积大小不同的容器（通常为铁制，结构坚固，内表面光滑），一般来说，容器容积越大，测定准确度越高。

煤场存煤，一般煤堆较大，煤在不同部位所承受的压力不同，因而其堆积密度也不同。煤场盘煤时既要测定不加压堆积密度，用以代表煤层上部的堆积密度，又要测定加压堆积密度，用以代表煤层下部堆积密度。

煤场存煤堆积密度的测定有两种常用方法：

（1）模拟法测定。先将盛煤样容器（一般为 0.8m×0.5m×0.3m）称量，然后装煤至顶部以上，用硬质直板刮平、称量，求出不加压密度，用来表示煤堆上层煤的堆积密度。

在煤堆中先挖一个坑，将上述容器埋入，用推土机堆满煤并往返压实，然后将盛煤容器取出、刮平、称量，求出压实堆积密度，用来表示煤堆下层煤的堆积密度。

（2）煤堆挖坑法测定。在煤堆顶面，挖一个 0.5m×0.5m×0.5m 的小坑，将挖出的煤称量，计算出堆积密度。

第二节　煤的着火点测定

一、着火点的含义及其测定意义

前面已经介绍过，这里不再赘述。

影响煤的着火点变化的关键因素是煤表面氧化，当煤被开采出来后，在运输和储存过程中，与空气接触便会发生氧化反应，即所谓风化。风化后的煤，其着火点下降，同时随着氧化反应释放出来的热，煤的温度会升高，因而当煤严重风化时，会导致煤的自燃。若煤储存在容器中，甚至会发生爆炸。

测定煤的着火点是检验其氧化程度最敏感的方法，它可用以判断煤的自燃倾向。着火点低的煤，其氧化程度深，自燃倾向大。煤的着火点是煤炭开采、储存及动力锅炉设备设计、安装、运行和调节的重要依据。在火电厂中若燃用褐煤和烟煤，在制粉管道或储粉仓中产生积粉时，会因氧化而使温度升高，并有可能使煤达到自燃以至发生爆炸，这将严重影响锅炉的安全运行。

利用着火点判断煤的氧化程度可使用式（4-4）

$$氧化程度(\%) = \frac{还原样着火点(℃) - 原样着火点(℃)}{还原样着火点(℃) - 氧化样着火点(℃)} \times 100 \qquad (4-4)$$

在实验室内可用人为的方法，即用氧化剂处理加速煤氧化的方法，使其着火点下降。已经被氧化的煤（待检煤）也可以用还原剂处理，使已氧化的部分还原，从而提高其着火点，直至恢复到原有的着火点。将其与待检煤（原样）的着火点作比较，通过式（4-4）就不难得出煤的氧化程度的值。

式（4-4）中还原样可用还原剂联苯胺处理，氧化样可用氧化剂过氧化氢处理，原样即未经处理的煤样。三种试样分别用同一方法测出着火点，代入式（4-4）即可计算。

判断煤的自燃倾向也可利用还原样和氧化样着火点的差值。有的研究表明：差值大于40℃的煤是易自燃的煤；差值小于20℃的煤除褐煤和长焰煤外，都是不易自燃的煤。

二、着火点的测定

测定着火点，国内外一般有两种不同类型的方法。一种是恒温法，即试样置于恒温器内，在通入空气和氧气的条件下，观测其着火性能；另一种是恒加热速率法，即试样在适当氧化剂的作用下，置于电炉中以一定速率升温，观测其着火性能。

我国于 2001 年制定的 GB/T 18511—2001《煤的着火温度测定方法》中所规定的着火点测定方法属于恒加热速率法。

（一）人工测定法

1. 煤样处理

原样：真空干燥箱温度调为 55～60℃ ，压力 53kPa，将分析煤样（粒度小于 0.2mm）干燥 2h。

氧化样：分析煤样用 30％过氧化氢处理，即在煤样中滴加过氧化氢（每克煤约加0.5mL），搅匀，在暗处放置 24h；再在日光或白炽灯下照射 2h，与原样同样方法干燥。

试剂处理：将亚硝酸钠于 105～110℃ 的干燥箱中干燥 1h，冷却并保存在干燥器中。

2. 测定步骤

（1）称取已干燥的原样或氧化样(0.1±0.01)g 原样或氧化样和(0.075±0.001)g 亚硝酸钠，使煤样与试剂均匀混和。将混匀后样品倒入试样管，并将试样管放入加热炉内的铜加热体中。

（2）检查测定装置的气密性。旋转测定装置（见图4-2）储水管上的三通管，使储水管与大气接通，向上移动水准瓶将水充满储水管。然后，移动水准瓶使水槽内的水进入量水管；到一定水平时，扭转三通管，使量水管与缓冲球相通。如果量水管水位下降一段距离后即停止下降，证明气密良好。否则表明漏气，须检查纠正。

（3）气密良好后，将各量水管通过缓冲球与试样管连接，使量水管充满水，关闭三通。接通加热炉电源，控制温升为 4.5～5.0℃/min，每5 min记录一次温度；到250℃时，旋转三通使量水管与缓冲球接通，随时观测量水管水位。当其突然下降时，记录所对应的温度，即为煤的着火温度。

（二）自动测定法

1. 测定原理

将煤样与亚硝酸钠按一定比例混合，并以一定速度加热，当升到一定温度时，煤样突然燃烧使温度骤然升高。由测量系统自动记录突增温度，并自动判断终点。

2. 测定仪器

由着火温度自动测定仪（见图4-3）测定。仪器由加热炉、铜加热体和控制测量系统组成，将煤样以匀速加热。加热到一定温度时，煤样突然燃烧，此时温度急剧增加。在升温曲线上出现转折点，计算机则根据温度记录求出转折点温度，以此作为煤的着火温度。

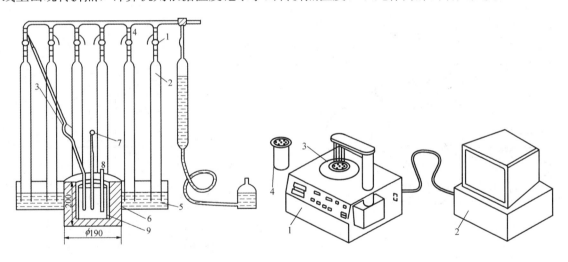

图 4-2　着火温度人工测定装置
1—三通管；2—量水管；3—缓冲球；4—胶皮管；
5—水槽；6—电炉；7—温度计；8—煤样管；9—铜加热器

图 4-3　着火温度自动测定仪
1—测定仪主体；2—微型计算机；
3—加热炉；4—铜加热体

第三节　煤的可磨性

煤的可磨性是指燃煤磨制成粉难易程度的特性指标。因为我国电厂锅炉普遍采用煤粉悬浮燃烧方式，故对煤粉细度有着特定的要求。除俄罗斯及东欧少数国家外，世界上普遍采用哈德格罗夫（Hardgrove）法（简称哈氏法）作为硬煤的可磨性指数测定的标准方法，其测定值用一个无量纲的物理量哈氏可磨性指数来表示，符号为 HGI。

一、可磨性指数及其测定原理

所谓可磨性指数，是指在空气干燥条件下，把试样与标准煤样磨制成规定粒度，并破碎到相同细度时所消耗的能量比，故它的大小反映了不同煤样破碎成粉的相对难易程度，因而是一个无量纲物理量。

煤越软，可磨性指数越大，这意味着相同量规定粒度的煤样磨制成相同细度时所消耗的能量越少。换句话说，在消耗一定能量的条件下，相同量规定粒度的煤样磨制成粉的细度越细，则可磨性指数越大；反之，则越小。

哈氏可磨性测定仪俗称哈氏磨，正是根据上述原理设计的。

二、可磨性指数测定方法——哈氏法

1. 哈氏可磨性测定仪及标准筛

哈氏可磨性测定仪（简称哈氏仪）如图 4-4 所示。电动机通过蜗轮、蜗杆和一对齿轮减速后，带动主轴和研磨环以 (20 ± 1)r/min 的速度运转。研磨环驱动研磨碗内的 8 个钢球转动，从而把置于碗内的煤磨细。钢球直径为 25.4mm，由重块、齿轮、主轴和研磨环施加在钢球上的总垂直力为 (284 ± 2)N。研磨碗与研磨环材质相同，并经过淬火处理，几何形状和尺寸如图 4-5 所示。

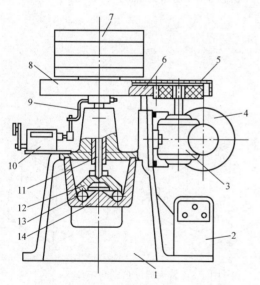

图 4-4 哈氏可磨性测定仪

1—机座；2—电气控制盒；3—蜗轮盒；4—电动机；5—小齿轮；6—大齿轮；7—重块；8—护罩；9—拨杆；10—计数器；11—主轴；12—研磨环；13—钢球；14—研磨碗

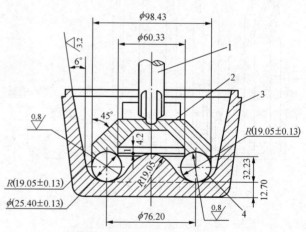

图 4-5 研磨件（单位：mm）

1—主轴；2—研磨环；3—研磨碗；4—钢球

哈氏仪在用于可磨性指数测定之前，应用标准煤样进行校准。

GB/T 2565—1998《煤的可磨性指数测定方法》规定筛分所用的标准筛孔径为 0.071、0.63、1.25mm，直径为 200mm，并配有筛盖和筛底盘。过筛时要用振筛机，要求振筛机的垂直振击频率为 149 次/min，水平回转频率为 221 次/min，回转半径为 12.5mm。

2. 煤样的制备

（1）按照 GB 474 规定的原则，将煤样破碎到 6mm。

（2）将上述煤样缩分出约 1kg，放入盘内摊开至层厚不超过 10mm，空气干燥后称量（称准到 1g）。

（3）用 1.25mm 的筛子，将上述煤样分批过筛，每批约 200g，采用逐级破碎的方法，不断调节破碎机的辊的间距，使其只能破碎较大的颗粒。不断破碎、筛分直至上述煤样全部通过 1.25mm 筛子。留取 0.63～1.25mm 的煤样，弃去筛下物。

（4）称量 0.63～1.25mm 的煤样（称准到 1g），计算这个粒度范围的煤样质量占破碎前煤样总质量的百分数（出样率），若出样率小于 45％，则该煤样作废。再从 6mm 煤样中缩分出 1kg，重新制样。

3. 测定步骤

（1）试运转哈氏仪，检查是否正常，然后将计数器的拨杆调到合适的启动位置，使仪器能在运转(60±0.25)r 时自动停止。

（2）彻底清扫研磨碗、研磨环和钢球，并将钢球尽可能均匀地分布在研磨碗的凹槽内。

（3）将 0.63～1.25mm 的煤样混合均匀，用二分器分出 120g，用 0.63mm 筛子在振筛机上筛 5min，以除去小于 0.63mm 的煤粉；再用二分器缩分为每份不少于 50g 的两份煤样。

（4）称取(50±0.01)g 已除去煤粉的煤样并记作 $m(g)$。将煤样均匀倒入研磨碗内，平整其表面，并将落在钢球上和研磨碗凸起部分的煤样清扫到钢球周围，使研磨环的十字槽与主轴下端十字头方向基本一致时将研磨环放在研磨碗内。

（5）把研磨碗移入机座内。使研磨环的十字槽对准主轴下端的十字头，同时将研磨碗挂在机座两侧的螺栓上，拧紧固定，以确保总垂直力均匀施加在 8 个钢球上。

（6）将计数器调到零位，启动电动机，仪器运转(60±0.25)r 后自动停止。

（7）将保护筛、0.071mm 筛子和筛底盘套叠好，卸下研磨碗，把黏在研磨环上的煤粉刷到保护筛上，然后将磨过的煤样连同钢球一起倒入保护筛，并仔细将黏在研磨碗和钢球上的煤粉刷到保护筛上。再把黏在保护筛上的煤粉刷到 0.071mm 筛子内。取下保护筛并把钢球放回研磨碗内。

（8）将筛盖盖在 0.071mm 筛子上，连筛底盘一起放在振筛机上振筛 10min。取下筛子，将黏在 0.071mm 筛面底下的煤粉刷到筛底盘内，重新放到振筛机上振筛 5min，再刷筛面底下一次，振筛 5min，刷筛面底下一次。

（9）称量 0.071mm 筛上的煤样(称准到 0.01g)，记作 $m_1(g)$。

（10）称量 0.071mm 筛下的煤样(称准到 0.01g)。筛上和筛下煤样质量之和与研磨前煤样质量 $m(g)$相差不得大于 0.5g，否则测定结果作废，应重做试验。

4. 结果处理

（1）按式（4-5）计算出 0.071mm 筛下煤样的质量 m_2（g），即

$$m_2 = m - m_1 \tag{4-5}$$

式中　　m——煤样质量，g；

m_1——筛上物质量，g；

m_2——筛下物质量，g。

（2）根据筛下煤样的质量 $m_2(g)$，查校准图，得出可磨性指数值（HGI）。

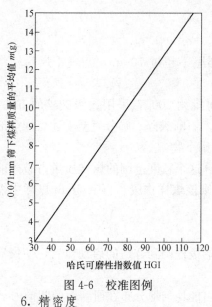

图 4-6　校准图例

（3）取两次重复测定的算术平均值，修约到整数。

5. 校准图的绘制

（1）绘制校准图要使用具有可磨性指数标准值约 40、60、80 和 110，4 个一组的国家可磨性标准煤样。每个标准煤样用本单位的哈氏仪，由同一操作人员按要求和步骤重复测定 4 次。计算出 0.071mm 筛下煤样的质量，取其算术平均值。

（2）在直角坐标纸上以计算出的标准煤样筛下物质量平均值为纵坐标，以其哈氏可磨性指数标准值为横坐标，根据最小二乘法原则对以上 4 个标准煤样的测定数据作图（见图4-6），该直线就是所用哈氏仪的校准图。

6. 精密度

可磨性指数测定的重复性和再现性见表 4-3。

表 4-3　　　　　　　　　　**可磨性指数测定的重复性和再现性**

重复性 HGI	再现性 HGI
2	4

第四节　煤粉细度的测定

电厂锅炉普遍采用煤粉悬浮燃烧，煤粉越细，在锅炉中燃尽越快，机械及化学未完全燃烧损失越小，同时有助于减少锅炉结渣的可能性，但制粉系统耗电增大；煤粉越粗，则出现相反的情况。因此，煤粉也不是越细越好，而是有一个合理的细度要求，即平时所说的经济细度。故对煤粉细度的测定，列为电厂煤粉锅炉运行中的主要监督项目。

一、煤粉细度的表示法

煤粉细度是用筛分分析方法确定的，使煤粉样通过一组一定孔径的标准筛，存留在某筛子上面的煤粉质量占全部煤粉质量的百分数即表示煤粉细度，符号为 R_x，符号下标 x 代表煤粉粒径或筛网孔径（μm），R_x 又称为某筛的筛余。

DL／T 567.5—1995《煤粉细度的测定》规定，在火电厂中测定煤粉细度所用的标准筛有孔径 90μm 和 200μm 的两种，其筛余分别用 R_{90} 和 R_{200} 表示。R_{90} 表示直径大于 90μm 的煤粉质量占全部煤粉质量的百分数；R_{200} 表示直径大于 200μm 的煤粉质量占全部煤粉质量的百分数。

二、煤粉细度的测定

1. 测定步骤

（1）将底盘、孔径 90μm 和 200μm 的筛子自下而上依次重叠在一起。

（2）称取煤粉样 25g（称准到 0.01g），置于孔径 200μm 的筛子内，盖好筛盖。

（3）将上述已叠置好的筛子装入振筛机的支架上。振筛 10min，取下筛子，刷孔径为 90μm 筛的筛底一次，装上筛子再振筛 5min。若再振筛 2min，筛下煤粉量不超过 0.1g 时，则认为筛分完全。

（4）取下筛子，分别称量孔径 200μm 和 90μm 筛上残留的煤粉量，称准到 0.01g。

2. 结果计算

煤粉细度按式（4-6）和式（4-7）计算

$$R_{200} = \frac{A_{200}}{G} \times 100 \tag{4-6}$$

$$R_{90} = \frac{A_{200} + A_{90}}{G} \times 100 \tag{4-7}$$

式中　R_{200}——未通过 200μm 筛上的煤粉质量占试样质量的百分数，%；

R_{90}——未通过 90μm 筛上的煤粉质量占试样质量的百分数，%；

A_{200}——200μm 筛上的煤粉质量，g；

A_{90}——90μm 筛上的煤粉质量，g；

G——煤粉试样质量，g。

3. 测定精密度

煤粉细度测定重复性规定为：重复性小于 0.5%。

第五节　煤灰熔融性的测定

煤灰熔融性的测定是电力用煤特性检测的最重要组成部分之一。煤灰熔融性的高低，直接关系到锅炉是否结渣（俗称结焦）及其严重程度，因而它对锅炉安全经济运行关系极大。

一、煤灰熔融性的含义

煤灰的主要成分为矿物质，通常它包括各种硅酸盐、碳酸盐、磷酸盐、金属矿化物、氧化亚铁等。煤灰中含有多种元素，它不是纯化合物，因而没有固定的熔点，而是在一定温度范围内熔融，煤灰熔融温度（俗称灰熔点）的高低不仅取决于煤灰的化学组成及其结构，同时还与测定试样所处的气氛条件有关。煤灰熔融性的测定，国内外普遍采用角锥法，即测定灰锥试样在熔融过程中的 4 个特征温度（见图 4-7）。

| 原形 | DT | ST | HT | FT |

图 4-7　灰锥熔融特征示意

（1）变形温度（DT）。灰锥尖端或棱开始变圆或弯曲时的温度。

注：如灰锥保持原形，则锥体收缩和倾斜不算变形温度。

（2）软化温度（ST）。灰锥弯曲至锥尖触及托板或灰锥变成球形时的温度。

（3）半球温度（HT）。灰锥形变至近似半球形，即高约等于底长的一半时的温度。

（4）流动温度（FT）。灰锥熔化展开成高度在 1.5mm 以下的薄层时的温度。

在这 4 个特征点温度中，最重要的为软化温度 ST，往往用来表示煤灰熔融性。

二、影响煤灰熔融性的因素

影响煤灰熔融性的因素主要是煤灰的化学组成和煤灰受热时所处环境介质的性质，前者是内因，后者是外因，但两者又是相互影响的。

（一）煤灰的化学组成

煤灰的化学组成是比较复杂的，通常以各种氧化物的百分含量来表示。其组成的百分含量可按下列顺序排列：SiO_2、Al_2O_3、$Fe_2O_3 + FeO$、CaO、MgO、$Na_2O + K_2O$。

这些氧化物在纯净状态时，除 KNaO 外，其熔点都较高（见表 4-4）。在高温下，由于各种氧化物相互作用，生成了有较低熔点的共熔体。熔化的共熔体还有溶解灰中其他高熔点矿物质的性能，从而改变共熔体的成分，使其熔化温度更低。

表 4-4　　　　　　　　　　　　　　灰中氧化物的熔点

氧化物名称	熔点（℃）	氧化物名称	熔点（℃）
SiO_2	1625	Fe_2O_3	1565
Al_2O_3	2050	FeO	1420
MgO	2800	KNaO	800~1000
CaO	2570		

各种氧化物对煤灰熔融性的影响，说法很多。但一般认为，可将上列氧化物分为三类，此三类氧化物对煤灰的熔融性的影响如下：

（1）Al_2O_3 能提高灰熔点。根据经验，煤灰中 Al_2O_3 含量大于 40％时，ST 一般都超过 1500℃；大于 30％时，ST 也多在 1300℃以上。

（2）SiO_2 对灰熔点的影响较为复杂。主要看它是否与 Al_2O_3 合成黏土 $Al_2O_3 \cdot 2SiO_2$。黏土熔点较高，如煤灰中 SiO_2 和 Al_2O_3 的含量比值为 1.18（即黏土 $Al_2O_3 \cdot 2SiO_2$ 的组成比）时，灰熔点一般较高（$Al_2O_3 \cdot 2SiO_2$ 的熔点为 1850℃）。随着该比值的增加，灰熔点逐渐下降，这是因为灰中存在游离氧化硅。游离氧化硅在高温下可能与碱性氧化物结合成低熔点的共晶体，因而使灰熔点下降。游离氧化硅过剩较多时，却可使灰熔点升高。因为大多数煤灰的 Al_2O_3 和 SiO_2 的含量比值在 1~4 范围内，所以煤灰中碱性氧化物的存在会降低灰熔点。

（3）碱性氧化物。碱性氧化物是指灰中的 Fe_2O_3、CaO、MgO、$NaKO$，一般认为此类氧化物能降低灰熔点，其中 Fe_2O_3 的影响较为复杂，灰渣所处的介质性质不同而有不同影响。CaO 和 MgO 有降低灰熔点的助熔作用（如 $CaO \cdot Al_2O_3 \cdot SiO_2$ 的熔点为 1170℃），且有利于形成短渣，但其含量超过一定值时（25％~30％），却可以提高灰熔点。K_2O 和 Na_2O 能促进熔点很低的共熔体的形成，因而使 DT 降低。

（二）煤灰所处环境介质的性质

这里所说的介质是指在高温下煤灰周围气体的组成。在锅炉炉膛中介质的性质可分两种：

（1）弱还原性介质。即气体中氧量很少，主要由完全燃烧产物和不完全燃烧产物组成。

这种还原性气体组分主要产生在链条炉和煤粉炉前部的局部部位。

（2）氧化性介质。即气体中含有氧和完全燃烧产物，这种氧化性气体组分主要产生在煤粉炉的后部。

介质的性质不同时，灰渣中的铁具有不同价态。在弱还原性气体介质中，铁呈氧化亚铁（FeO 熔点为 1420℃）；在还原性气体介质中，铁呈金属状态（Fe 熔点为 1535℃）；在氧化介质中铁呈氧化铁（Fe_2O_3 的熔点为 1565℃）。氧化亚铁最容易与灰渣中的氧化硅形成低熔点共熔体（$2FeO \cdot SiO_2$），其熔点仅为 1065℃，所以在弱还原性的介质中，灰熔点最低。氧化铁可形成较高熔点的共熔体，因而在氧化性气体介质中，灰熔点较高。

由于灰熔点随测定时的介质条件而异，因而在标准试验方法中严格规定了测定时煤灰所处的气氛条件。

三、煤灰熔融性的测定

（一）试验设备

根据 GB/T 219—2008《煤灰熔融性的测定方法》，凡满足下列条件的高温炉都可使用：

（1）能加热到 1500℃以上；

（2）有足够的恒温带（各部位温差小于 5℃）；

（3）能按规定的程序加热；

（4）炉内气氛可控制为弱还原性和氧化性；

（5）能在试验过程中观察试样形态变化。

图 4-8 所示为一种适用的管式硅碳管高温炉。

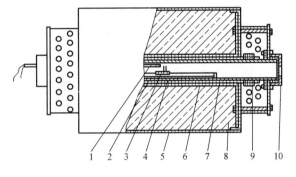

图 4-8 管式硅碳管高温炉

1—热电偶；2—硅碳管；3—灰锥；4—刚玉舟；
5—炉壳；6—刚玉外套管；7—刚玉内套管；
8—泡沫氧化铝保温砖；9—电极片；10—观察孔

（二）灰、灰锥和灰锥托板的制备

1. 灰的制备

取粒度小于 0.2mm 的空气干燥煤样，按 GB 212 的规定将其完全灰化，然后研细至 0.1mm 以下。

2. 灰锥的制备

取 1～2g 煤灰放在瓷板或玻璃板上，用数滴糊精溶液（100g/L）润湿并调成可塑状，然后用小尖刀铲入灰锥模（见图 4-9）中挤压成型。用小尖刀将模内灰锥小心地推至瓷板或玻璃板上，于空气中风干或于 60℃下干燥备用。

3. 灰锥托板的制备

灰锥托板可购置或按下述方法制作：取适量氧化镁（工业品，研细至粒度小于 0.1mm），用糊精溶液润湿成可塑状。将灰锥托板模（见图 4-10）的垫片放入模座，用小刀将镁砂铲入模中，用小锤轻轻锤打成型。用顶板将成型托板轻轻顶出，先在空气中干燥，然后在高温炉中逐渐加热到 1500℃。除氧化镁外，也可用三氧化二铝或用等质量比的高岭土和氧化铝粉混合物制作托板。

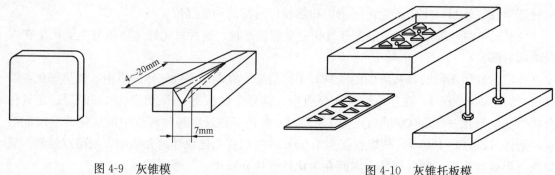

图 4-9 灰锥模   图 4-10 灰锥托板模

（三）试验气氛及其控制

GB/T 219—1996《煤灰熔融性的测定方法》中规定，煤灰熔融性测定时的气氛条件为弱还原性或氧化性，之所以规定这样的气氛条件，是力求模拟炉内实际的气体组成，同时也是从宏观的角度上考虑气体组成对煤灰熔融性的影响。

1. 弱还原性气氛

可用下述两种方法之一控制：

（1）炉内通入（50±10）%（体积百分数）的氢气和（50±10）%（体积百分数）的二氧化碳混合气体，或（40±5）%（体积百分数）的一氧化碳和（60±5）%（体积百分数）的二氧化碳混合气体。

（2）炉内封入碳物质（灰分低于15%，粒度小于1mm的无烟煤、石墨或其他碳物质）。

2. 氧化性气氛

炉内不放任何含碳物质，并使空气自由流通。

（四）测定步骤

1. 在弱还原性气氛中测定

（1）用糊精水溶液（100g/L溶液）将少量氧化镁（粒度小于0.1mm）调成糊状，用它将灰锥固定在灰锥托板的三角坑内，并使灰锥垂直于底面的侧面与托板表面垂直。

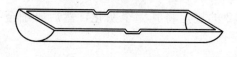

图 4-11 刚玉舟

（2）将带灰锥的托板置于刚玉舟（见图4-11）上。如用封碳法来产生弱还原性气氛，则预先在舟内放置足够量的碳物质（灰分低于15%，粒度小于1mm的无烟煤、石墨或其他碳物质）❶。

（3）打开高温炉炉盖，将刚玉舟徐徐推入炉内，至灰锥位于高温带并紧邻电偶热端（相距2mm左右）。

（4）关上炉盖，开始加热并控制升温速度为：900℃以下，15~20℃/min；900℃以上，（5±1）℃/min。

如用通气法产生弱还原性气氛，则从600℃开始通入氢气或一氧化碳和二氧化碳混合气体，通气速度以能避免空气渗入为准。

---

❶ 一般在刚玉舟中央放置石墨粉15~20g，两端放置无烟煤40~50g（对气疏高刚玉管炉膛）或在刚玉舟中央放置石墨粉5~6g（对气密刚玉管炉膛）。

（5）随时观察灰锥的形态变化（高温下观察时，需戴上墨镜），记录灰锥的四个熔融特征温度——变形温度、软化温度、半球温度和流动温度。

（6）待全部灰锥都达到流动温度或炉温升至 1500℃时断电、结束试验。

（7）待炉子冷却后，取出刚玉舟、拿下托板，仔细检查其表面，如发现试样与托板作用，则另换一种托板重新试验。

2. 在氧化性气氛下测定

测定手续与上述相同，但刚玉舟内不放任何含碳物质，并使空气在炉内自由流通。

（五）试验气氛性质的检查

定期或不定期地用下述方法之一检查炉内气氛性质。

1. 参比灰锥法

用参比灰制成灰锥并测定其熔融特征温度（ST、HT 和 FT），如其实际测定值与弱还原性气氛下的参比值相差不超过 50℃，则证明炉内气氛为弱还原性；如超过 50℃，则根据它们与强还原性或氧化性气氛下的参比值的接近程度以及刚玉舟中碳物质的氧化情况来判断炉内气氛。

参比灰：含三氧化二铁 20%～30% 的煤灰，预先在强还原性（100% 的氢气或一氧化碳或它们与惰性气体的混合物构成的气氛）、弱还原性和氧化性气氛中分别测出其熔融特征温度，在强还原性和氧化性气氛中的软化温度、半球温度和流动温度约比还原性气氛者高100～300℃。

2. 取气分析法

用一根气密刚玉管从炉子高温带以一定的速度（以不改变炉内气体组成为准，一般为 6～7mL/min)取出气体并进行成分分析。如在 1000～1300℃ 范围内，还原性气体（一氧化碳、氢气和甲烷等）的体积百分含量为 10%～70%，同时 1100℃ 以下它们的总体积和二氧化碳的体积比不大于 1:1 且氧含量低于 0.5%，则炉内气氛为弱还原性。

（六）精密度

煤灰熔融性测定的重复性和再现性见表 4-5。

表 4-5 煤灰熔融性测定的重复性和再现性

特性温度	精密度	
	重复性（℃）	再现性（℃）
DT	≤60	
ST	≤40	≤80
HT	≤40	≤80
FT	≤40	≤80

第五章

煤 发 热 量 的 测 定

火电厂是利用煤炭等燃料燃烧产生热量来生产电能的企业。发热量的高低是煤炭计价的主要依据，是计算电厂经济指标标准煤耗的主要参数，故发热量的测定在发电厂煤质检测中占有特殊重要的地位。

第一节　有关发热量的基础知识

一、发热量的单位

煤的发热量指单位质量的煤完全燃烧所发出的热量，单位为 J（焦耳）。

$$1J=1N \cdot m（牛顿 \cdot 米）$$

注：我国过去惯用的热量单位为 20℃卡，以下简称卡（cal），即 1cal（20℃）=4.1816J。

发热量测定结果以 MJ/kg（兆焦/千克）或 J/g（焦/克）表示。

二、发热量的表示方法

煤的发热量的高低，主要取决于可燃物质的化学组成，同时也与燃烧条件有关。根据不同的燃烧条件，可将煤的发热量分为弹筒发热量、高位发热量及低位发热量。同时，还有恒容与恒压发热量之分。

（一）弹筒发热量（Q_b）（GB/T 213—2003《煤的发热量测定方法》中定义）

单位质量的试样在充有过量氧气的氧弹内燃烧，其燃烧产物组成为氧气、氮气、二氧化碳、硝酸和硫酸、液态水以及固态灰时放出的热量称为弹筒发热量。

注：任何物质（包括煤）的燃烧热，随燃烧产物的最终温度而改变，温度越高，燃烧热越低。因此，一个严密的发热量定义，应对燃烧产物的最终温度有所规定。但在实际发热量测定时，由于具体条件的限制，把燃烧产物的最终温度限定在一个特定的温度或一个很窄的范围内都是不现实的。温度每升高 1K，煤和苯甲酸的燃烧热约降低 0.4~1.3J/g。当按规定在相近的温度下标定热容量和测定发热量时，温度对燃烧热的影响可近于完全抵消，而无需加以考虑。

在此条件下，煤中碳燃烧生成二氧化碳，氢燃烧后生成水汽，冷却后又凝结成水；而煤中硫在高压氧气中燃烧生成三氧化硫，少量氮转变为氮氧化物，它们溶于水，分别生成硫酸和硝酸。由于上述反应均为放热反应，因而弹筒发热量要高于煤在实际燃烧时的发热量。

（二）高位发热量（Q_{gr}）

单位质量的试样在充有过量氧气的氧弹内燃烧，其燃烧产物组成为氧气、氮气、二氧化碳、二氧化硫、液态水以及固态灰时放出的热量称为高位发热量。

高位发热量即由弹筒发热量减去硝酸生成热和硫酸校正热后得到的发热量。由于氧弹的容积是恒定的，在此条件下算出的发热量称为恒容高位发热量（$Q_{gr,v}$）。高位发热量是煤在空气中完全燃烧时所放出的热量，能表征煤作为燃料使用时的主要质量，故电厂中在评价煤质时常用高位发热量。

（三）低位发热量（Q_{net}）

单位质量的试样在充有过量氧气的氧弹内燃烧，其燃烧产物组成为氧气、氮气、二氧化碳、二氧化硫、气态水以及固态灰时放出的热量称为恒容低位发热量。

低位发热量也即由高位发热量减去水（煤中原有的水和煤中氢燃烧生成的水）的气化热后得到的发热量。在此条件下算出的发热量称为恒容低位发热量（$Q_{net,v}$）。煤在锅炉中燃烧，燃烧产物（炉烟）温度较高，其中水分呈蒸汽状态，并随其他燃烧产物一起排出炉外，故低位发热量是真正可以被利用的煤的有效发热量。

（四）恒容与恒压发热量

煤在不同条件下的燃烧装置中燃烧，又可分为恒容与恒压发热量。

1. 恒容发热量

恒容发热量是指单位质量的煤样在恒定体积的容器中完全燃烧（如煤样在氧弹中燃烧），无膨胀做功时的发热量。如空气干燥基恒容高位发热量，可用 $Q_{gr,v,ad}$ 来表示。

2. 恒压发热量

恒压发热量是指单位质量的煤样在恒定压力下完全燃烧（如煤样在电厂锅炉中燃烧），有膨胀做功时的发热量。如收到基恒压低位发热量，可用 $Q_{net,p,ar}$ 来表示。

恒容发热量略高于恒压发热量，不过二者相差甚微，一般计算中则可以忽略不计。

三、不同表示方法发热量的计算

（一）高位发热量的计算

$$Q_{gr,ad} = Q_{b,ad} - (94.1 S_{b,ad} + a Q_{b,ad}) \tag{5-1}$$

式中　$Q_{gr,ad}$——空气干燥基煤样的高位发热量，J/g；

　　　$Q_{b,ad}$——空气干燥基煤样的弹筒发热量，J/g；

　　　$S_{b,ad}$——由弹筒洗液测得的煤的含硫量，当全硫含量低于 4％时，或发热量大于 14.60MJ/kg 时，可用全硫或可燃硫代替 $S_{b,ad}$，％；

　　　94.1——煤中每 1％硫的校正值，J；

　　　a——硝酸校正系数，当 $Q_b \leqslant 16.70$MJ/kg，$a=0.001$；当 16.70MJ/kg$<Q_b \leqslant 25.10$MJ/kg，$a=0.001\,2$；当 $Q_b>25.10$MJ/kg，$a=0.001\,6$。

在需要用弹筒洗液测定 $S_{b,ad}$ 的情况下，把洗液煮沸 2～3min，取下稍冷后，以甲基红（或相应的混合指示剂）为指示剂，用氢氧化钠标准溶液滴定，以求出洗液中的总酸量，然后按式（5-2）计算出 $S_{b,ad}$（％），即

$$S_{b,ad} = (c \times V/m - a Q_{b,ad}/60) \times 1.6 \tag{5-2}$$

式中　c——氢氧化钠溶液的物质的量浓度，mol/L；

　　　V——滴定用去的氢氧化钠溶液体积，mL；

　　　60——相当 1mmol 硝酸的生成热，J；

m——称取的试样质量，g；

1.6——将每摩尔硫酸转换为硫的质量分数的转换因子。

注：这里规定的对硫的校正方法中，略去了对煤样中硫酸盐的考虑。这对绝大多数煤来说影响不大，因煤的硫酸盐硫含量一股很低。但有些特殊煤样，含量可达 0.5% 以上。根据实际经验，煤样燃烧后，由于灰的飞溅，一部分硫酸盐硫也随之落入弹筒，因此无法利用弹筒洗液来分别测定硫酸盐硫和其他硫。遇此情况，为准确求高位发热量，只有另行测定煤中的磷酸盐硫或可燃硫，燃后做相应的校正。关于发热量大于 14.60MJ/kg 的规定，在用包纸或掺苯甲酸的情况下，应按包纸或添加物放出的总热量来掌握。

（二）低位发热量的计算

工业上是根据煤的收到基低位发热量进行计算和设计，即

$$Q_{net,ar} = (Q_{gr,ad} - 206H_{ad}) \times \frac{100 - M_t}{100 - M_{ad}} - 23M_t \tag{5-3}$$

式中 $Q_{net,ar}$——收到基煤的低位发热量，J/g；

$Q_{gr,ad}$——煤的空气干燥基高位发热量，J/g；

M_t——收到基全水分，%；

M_{ad}——煤的空气干燥基水分，%；

H_{ad}——煤的空气干燥基氢含量，%。

（三）恒压低位发热量的计算

由弹筒发热量计算出的高位发热量和低位发热量都属于恒容状态，在实际工业燃烧中则是恒容状态，严格地讲，工业计算中应使用恒压低位发热量，即

$$Q_{net,p,ar} = [Q_{gr,V,ad} - 212H_{ad} - 0.8(O_{ad} + N_{ad})] \times \frac{100 - M_t}{100 - M_{ad}} - 24.4M_t \tag{5-4}$$

式中 $Q_{net,p,ar}$——煤的收到基恒压低位发热量，J/g；

O_{ad}——煤的空气干燥基氧含量，%；

N_{ad}——煤的空气干燥基氮含量，%。

O_{ad} 及 N_{ad} 的计算方法为

$$(O_{ad} + N_{ad}) = 100 - M_{ad} - A_{ad} - C_{ad} - H_{ad} - S_{t,ad}$$

（四）各种不同基的煤的发热量换算

1. 高位发热量基的换算

煤的不同基的高位发热量按式（5-5）～式（5-7）计算

$$Q_{gr,ar} = Q_{gr,ad} \times \frac{100 - M_t}{100 - M_{ad}} \tag{5-5}$$

$$Q_{gr,d} = Q_{gr,ad} \times \frac{100}{100 - M_{ad}} \tag{5-6}$$

$$Q_{gr,daf} = Q_{gr,ad} \times \frac{100}{100 - M_{ad} - A_{ad}} \tag{5-7}$$

2. 低位发热量基的换算

煤的不同基的低位发热量按式（5-8）计算

$$Q_{net,V,M} = (Q_{gr,V,ad} - 206H_{ad}) \times \frac{100 - M}{100 - M_{ad}} - 23M \tag{5-8}$$

式中 $Q_{net,V,M}$——水分为 M 的煤的恒容低位发热量，J/g；

M——煤样的水分，干燥基时 $M=0$，空气干燥基时 $M=M_{ad}$，收到基时 $M=M_t$，%。

四、以低位发热量为基准的计算

在工业上为核算企业对能源的消耗量，统一计算标准，便于比较和管理，规定以收到基的低位发热量 29.27MJ/kg 作为统一的换算单位，称为标准煤的发热量，即每 29.27MJ 的热量可换算成 1kg 的标准煤。火电厂的煤耗就是按每发 1kWh 的电能所消耗的标准煤的量计算的。例如甲电厂每发 1kWh 的电，要燃用 $Q_{net,ar}$ 为 14.64MJ/kg 的煤 0.8kg；乙电厂每发 1kWh 的电，要燃用 $Q_{net,ar}$ 为 21.37MJ/kg 的煤 0.6kg，则

甲电厂的煤耗为 $\qquad 0.8 \times \dfrac{14.64}{29.27} = 0.400 \text{kg/kWh}$

乙电厂的煤耗为 $\qquad 0.6 \times \dfrac{21.37}{29.27} = 0.440 \text{kg/kWh}$

虽然甲电厂耗用煤的数量比乙电厂多，但由于甲电厂所燃用煤的发热量低，当换算成标准煤时，就可以评价出甲电厂的经济性比乙电厂好。

另外，为了比较煤中各成分对锅炉燃烧的影响，常以煤的单位发热量对有关成分进行换算，称此换算后各项成分的百分含量为折算成分。例如为了估算和对比煤中水分、灰分、硫分等有害成分对锅炉燃烧的影响，常用 $Q_{net,ar}$ 为 4.18MJ/kg（1000kcal/kg）作为基本计算单位，对以上成分进行换算，即

$$折算水分 = \frac{M_{ar}}{Q_{net,ar}} \times 4.18 \quad （\%）$$

$$折算灰分 = \frac{A_{ar}}{Q_{net,ar}} \times 4.18 \quad （\%）$$

$$折算硫分 = \frac{S_{ar}}{Q_{net,ar}} \times 4.18 \quad （\%）$$

这样，同一台锅炉当燃用不同煤时，用折算成分就能比较出两种煤对锅炉燃烧影响的大小。例如 $Q_{net,ar}$ 为 22.16MJ/kg 和 12.54MJ/kg 两种煤的含硫量都是 0.85%，但对于

第一种煤的折算硫分为 $\qquad \dfrac{0.85}{22.16} \times 4.18 = 0.16 （\%）$

第二种煤的折算硫分为 $\qquad \dfrac{0.85}{12.54} \times 4.18 = 0.28 （\%）$

显然，第二种煤中的硫分比第一种煤中的硫分对锅炉燃烧的影响大。

第二节 测定发热量的基本原理

煤的发热量在氧弹热量计中进行测定的，一定量的分析试样在氧弹热量计中，在充有过量氧气的氧弹内燃烧。燃烧所释放出的热量被氧弹周围一定量的水（内筒水）所吸收，其水的温升与试样燃烧所释放出的热量成正比，即

$$Q = \frac{E(t_n - t_0)}{m} \tag{5-9}$$

式中 Q——燃料发热量，J/g；

$\quad\quad m$——试样量，g；

$\quad\quad t_0$——量热系统的起始温度，℃；

$\quad\quad t_n$——量热系统吸收试样放出的热量后的最终温度，℃；

$\quad\quad E$——热量计的热容量，J/℃。

量热系统是指在发热量测定过程中，接收试样所放出热量的各个部件。除了内筒水外，还包括内筒、氧弹及搅拌器、量热温度计等浸没于水中的部分。对于一台热量计来说，当内筒水量、搅拌器与量热温度计等在水中的浸没深度及环境温度等试验条件确定时，热容量 E 为一常数。

氧弹热量计的热容量通过在相似条件下燃烧一定量的基准量热物苯甲酸来确定，即

$$E = \frac{Qm}{t_n - t_0} \tag{5-10}$$

根据试样点燃前后量热系统产生的温升，并对点火热等附加热进行校正后即可求得试样的弹筒发热量。

第三节　发热量测定仪器——热量计

热量计由燃烧氧弹、内筒、外筒、搅拌器温度传感器和试样点火装置、温度测量装置和控制系统以及水构成。

通用热量计有恒温式和绝热式两种，它们的量热系统被包围在充满水的双层夹套（外筒）中，它们的差别只在于外筒及附属的自动控温装置，其余部分无明显区别。

我国电力系统中普遍使用各种型号的恒温式热量计。下面将主要介绍传统使用的恒温式热量计。

一、热量计的主体

热量计的主体由氧弹、内筒、外筒和搅拌器四个部件组成。

1. 氧弹

氧弹由耐热、耐腐蚀的镍铬或镍铬铝合金钢制成，它是供燃烧试样用的，由弹筒、弹头和盖圈组成。需要具备三个主要性能：

（1）不受燃烧过程中出现的高温和腐蚀性产物的影响而产生热效应；

（2）能承受充氧压力和燃烧过程中产生的瞬时高压；

（3）试验过程中能保持完全气密。

弹筒容积为 $250\sim350\text{mL}$，弹盖上应装有供充氧和排气的阀门以及点火电源的接线电极。

新氧弹和新换部件（杯体、弹盖、连接环）的氧弹应经 20.0MPa 的水压试验，证明无问题后方能使用。此外，应经常注意观察与氧弹强度有关的结构，如杯体和连接环的螺纹、氧气阀、出气阀和电极同弹盖的连接处等，如发现显著磨损或松动，应进行修理，并经水压试验后再用。

另外，还应定期对氧弹进行水压试验，每次水压试验后，氧弹的使用时间不得超过 2 年。

2. 内筒（或称量热筒）

内筒为盛水和放置氧弹用的，它是量热体系的主要部分，试样在氧弹内燃烧放出的热量即被内筒的水所吸收而使水温上升。内筒用紫铜、黄铜或不锈钢制成，断面可为圆形、菱形或其他适当形状。筒内装水 2000～3000mL，以能浸没氧弹（进、出气阀和电极除外）为准。内筒外面应电镀抛光，以减少与外筒间的辐射作用。

3. 外筒

外筒用来保持测热体系环境温度的恒定（与室温一致），为金属制成的双壁容器，并有上盖。外壁为圆形，内壁形状则依内筒的形状而定；原则上要保持两者之间有 10～12mm 的间距，外筒底部有绝缘支架，以便放置内筒。

（1）恒温式外筒。恒温式热量计配置恒温式外筒。盛满水的外筒的热容量应不小于热量计热容量的 5 倍，以便保持试验过程中外筒温度基本恒定。外筒外面可加绝缘保护层，以减少室温波动的影响。用于外筒的温度计应有 0.1K 的最小分度值。

（2）绝热式外筒。绝热式热量计配置绝热式外筒。外筒中装有加热装置，通过自动控温装置，外筒水温能紧密跟踪内筒的温度。外筒的水还应在特制的双层盖中循环。自动控温装置的灵敏度应能达到使点火前和终点后内筒温度保持稳定（5min 内温度变化平均不超过 0.0005K/min）；在一次试验的升温过程中，内外筒间热交换量应不超过 20J。

4. 搅拌器

在内筒中配有一个搅拌器，以保证内筒水温均匀一致。螺旋桨式或其他形式，转速 400～600r/min 为宜，并应保持稳定。搅拌效率应能使热容量标定中由点火到终点的时间不超过 10min，同时又要避免产生过多的搅拌热（当内、外筒温度和室温一致时，连续搅拌 10min 所产生热量不应超过 120J）。

5. 量热温度计

内筒温度测量误差是发热量测定误差的主要来源，对温度计的正确使用具有特别重要的意义。以下两种类型的温度计可用于此目的。

（1）玻璃水银温度计。常用的玻璃水银温度计有两种：一种是固定测温范围的精密温度计；一种是可变测温范围的贝克曼温度计。两者的最小分度值应为 0.01K，使用时应根据计量机关检定证书中的修正值做必要的校正，两种温度计都应进行刻度修正（贝克曼温度计称为孔径修正）。贝克曼温度计除这个修正值外还有一个称为平均分度值的修正值。

（2）数字式量热温度计。需经过计量机关的检定，证明其分辨率为 0.001K，测温准确度至少达到 0.002K（经过校正后），以保证测温的准确性。

二、热量计的附属装置

1. 温度计读数放大镜和照明灯

为了使温度计读数能估计到 0.001K，需要一个大约 5 倍的放大镜来观测温度。通常放大镜装在一个镜筒中，筒的后部装有照明灯，用以照明温度计的刻度。镜筒借适当装置可沿垂直方向上、下移动，以便跟踪观察温度计中水银柱的位置。

2. 振荡器

电动振荡器用以在读取温度前振动温度计，以克服水银柱和毛细管间的附着力，如无此装置，也可用套有橡皮管的细玻璃棒等敲击。

3. 燃烧皿

燃烧皿用来燃烧试样，铂制品最理想，一般可用镍铬钢制品。规格可采用高 17～18mm，底部直径 19～20mm，上部直径 25～26mm，厚 0.5mm。其他合金钢或石英制的燃烧皿也可使用，但以能保证试样燃烧完全而本身又不受腐蚀和产生热效应为原则。

4. 压力表和氧气导管

压力表由两个表头组成，一个指示氧气瓶中的压力，一个指示充氧时氧弹内的压力。表头上应装有减压阀和保险阀。压力表通过内径 1～2mm 的无缝钢管与氧弹连接，或通过高强度尼龙管与充氧装置连接，以便导入氧气。

压力表每 2 年应经计量机关检定一次，以保证指示正确和操作安全。

压力表和各连接部分禁止与油脂接触或使用润滑油，如不慎沾污，必须依次用苯和酒精清洗，并待风干后再用。

5. 点火装置

点火采用 12～24V 的电源，可由 220V 交流电源经变压器供给。线路中应串接一个调节电压的变阻器和一个指示点火情况的指示灯或电流计。

点火电压应预先试验确定，方法：接好点火丝，在空气中通电试验。在熔断式点火的情况下，调节电压使点火丝在 1～2s 内达到亮红；在棉线点火的情况下，调节电压使点火丝在 4～5s 内达到暗红。电压和时间确定后，应准确测出电压、电流和通电时间，以便计算电能产生的热量。

如采用棉线点火，则在遮火罩以上的两电极柱间连接一段直径约 0.3mm 的镍铬丝，丝的中部预先绕成螺旋数圈，以便发热集中。根据试样点火的难易，调节棉线搭接的多少。

6. 压饼机

螺旋式或杠杆式压饼机，能压制直径 10mm 的煤饼或苯甲酸饼。模具及压杆应用硬质钢制成，表面光洁，易于擦拭。

第四节　测定发热量的误差校正

用氧弹量热计测定发热量的公式 $Q = \dfrac{E(t_n - t_0)}{m}$，仅是理论上的公式，在实践中有许多误差因素影响试验结果的准确度，这些误差因素主要是仪器的系统误差。为此，需要做出相应的校正。

一、冷却校正

绝热式热量计的热量损失可以忽略不计，因而无需冷却校正。恒温式热量计的内筒在试验过程中与外筒间始终发生热交换，对此散失的热量应予校正，办法是在温升中加上一个校正值 C，这个校正值称为冷却校正值，GB/T 213—2003《煤的发热量测定方法》中规定的计算方法如下：

首先根据点火时和终点时的内外筒温差$(t_0 - t_j)$和$(t_n - t_j)$从 $v \sim (t - t_j)$关系曲线（下面详细讲述）中查出相应的 v_0 和 v_n 或根据预先标定出的下面两个公式计算出 v_0 和 v_n

$$v_0 = K(t_0 - t_j) + A$$

$$v_n = K(t_n - t_j) + A \tag{5-11}$$

式中　v_0——在点火时内外筒温差的影响下造成的内筒降温速度，K/min；

$\quad\quad v_n$——在终点时内外筒温差的影响下造成的内筒降温速度，K/min；

$\quad\quad K$——热量计的冷却常数，min^{-1}；

$\quad\quad A$——热量计的综合常数，K/min；

$\quad\quad t_0$——点火时的内筒温度；

$\quad\quad t_n$——终点时的内筒温度；

$\quad\quad t_j$——外筒温度。

然后按式（5-11）计算冷却校正值

$$C = (n-a)v_n + av_0 \tag{5-12}$$

式中　C——冷却校正值，K；

$\quad\quad n$——由点火到终点的时间，min；

$\quad\quad a$——当 $\Delta/\Delta_{1'40''} \leqslant 1.20$ 时，$a = \Delta/\Delta_{1'40''} - 0.10$，当 $\Delta/\Delta_{1'40''} > 1.20$ 时，$a = \Delta/\Delta_{1'40''}$。

Δ 为主期内总温升（$\Delta = t_n - t_0$），$\Delta_{1'40''}$ 为点火后 $1'40''$ 时的温升（$\Delta_{1'40''} = t_{1'40''} - t_0$）。

在自动量热仪中，或在特殊需要的情况下，可使用瑞一方公式，即

$$C = nv_0 + \frac{v_n - v_0}{t_n - t_0}\left(\frac{t_n + t_0}{2} + \sum_{i=1}^{n-1} t_i - n\overline{t_0}\right) \tag{5-13}$$

式中　t_i——主期内第 $i\,\text{min}$ 时的内筒温度。

应用瑞一方公式时，不必标定热量计的相关常数，根据温度观测值就可直接求出冷却校正值。使用瑞一方公式，在操作步骤上要求点火后每分钟读温一次，直至终点。瑞一方公式应用范围广，准确性高，但公式比较复杂，手工计算时间较长，现在由于电子计算机的普遍使用，这已不是该法的主要不足之处了。无论是普通型还是自动型热量计，均应更多地采用瑞一方公式。

注：当内筒使用贝克曼温度计，外筒使用普通温度计时，应从实测的外筒温度中减掉贝克曼温度计的基点温度后再当做外筒温度 t_j，用来计算内、外筒温差 $(t_0 - t_j)$ 和 $(t_n - t_j)$。如内、外筒都使用贝克曼温度计，则应对实测的外筒温度校正内、外筒温度计基点温度之差，以便求得内、外筒的真正温差。

二、温度计校正

（一）贝克曼温度计

贝克曼温度计为温度可调的精密水银温度计，测温量程为 $-20 \sim 155℃$，测温精度为 $1/100℃$，分辨率为 $1/1000℃$，它可用来测量 $5℃$ 内的温度差。

贝克曼温度计有感温泡和备用泡两个储液泡，感温泡是温度计底部的主水银泡，为温度计的感温部分，它的水银量在不同温度间隔内可以调整；备用泡用来储存或补给感温泡内多余或不足的水银量。贝克曼温度计有两个温度标尺：一个是用来测量温度差的主标尺；一个是备用泡处的副标尺。副标尺上的示值可以粗略指示贝克曼温度计的基点温度。所谓基点温度就是水银柱指在 0 分度时的实测温度。

测定发热量时，温升一般只有 $2 \sim 3℃$。因此，在调节基点温度时，应是水银柱指在被测温度下某一合适的刻度上。当温度指示值偏低时，就要将上部备用泡中的水银部分转移到下部的感温

泡中去；当温度指示值偏高时，就要将感温泡中的水银部分转移到上部的备用泡中去。

（二）温度校正

使用玻璃温度计时，应根据检定证书对点火温度和终点温度进行校正。

1. 温度计刻度校正

刻度校正又称毛细管孔径校正。由于装水银的毛细管内径不可能均匀一致，同一长度（如 $0.5℃$ 相应的长度）内的水银量不可能完全相等，因此使得每一个温度读数都有一定的误差，对这一误差的校正称为刻度校正。

根据检定证书中所给的孔径修正值校正点火温度 t_0 和终点温度 t_n，再由校正后的温度 (t_0+h_0) 和 (t_n+h_n) 求出温升，其中 h_0 和 h_n 分别代表 t_0 和 t_n 的孔径修正值。

2. 平均分度值的校正

若使用贝克曼温度计，需进行平均分度值的校正。

贝克曼温度计的平均分度值，是指主标尺上的每一等分刻度（称分度）所代表的真实温度，用符号 H 表示。由于感温泡中的水银量是随基点温度（测温范围）而变的，因而在不同的基点温度下，每 1 个分度所代表的实际温差不是恰好为 $1.000℃$，而是随基点温度不同而变的。在对贝克曼温度计的主标尺进行分度时，常选用某一温度作为分度的起始温度，例如标准贝克曼温度计是以 $0℃$ 作为分度的起始温度，称此温度为该温度计的基准温度。国产贝克曼温度计的基准温度大致为 $20℃$，即以 $20℃$ 为起点（基准），$25℃$ 为终点，把起点与终点之间平均分成 5 个等分，则每个等分所代表的温度恰为 $1.000℃$。此时的基准温度也就是基点温度，但一个指定的温度计，其基准温度只有一个，而基点温度则随水银量的变动而有无数个。只有当基准温度与基点温度一致时，平均分度值 H 才等于 $1.000℃$。

当基点温度高于基准温度时，$H>1.000$；基点温度低于基准温度时，$H<1.000$。这是因为感温泡的体积是固定的，若其中的水银量不同时，温度每变化 $1.000℃$，则水银体积的伸缩不会都恰为 1 个分度。

平均分度值不仅受基点温度的影响，而且还与露出柱温度有关。所谓露出柱温度，是指温度计露出水面上的水银柱所处的温度。当露出柱所处环境温度高于被测温度时，水银柱指示值将高于被测温度；反之，示值将低于被测温度。

调定基点温度后，应根据检定证书中所给的平均分度值计算该基点温度下的对应于标准露出柱温度（根据检定证书所给的露出柱温度计算而得）的平均分度值 H。

在试验中，当试验时的露出柱温度 t_e 与标准露出柱温度相差 $3℃$ 以上时，按式（5-14）计算平均分度值 H

$$H = H^0 + 0.00016(t_s - t_e) \qquad (5\text{-}14)$$

式中　H^0——该基点温度下对应于标准露出柱温度时的平均分度值；

$\quad\quad t_s$——该基点温度所对应的标准露出柱温度，$℃$；

$\quad\quad t_e$——试验中的实际露出柱温度，$℃$；

0.00016——水银对玻璃的膨胀系数。

（三）点火丝的热量校正

试样在氧弹内燃烧是通过点火装置引燃的，国内热量计普遍采用熔断式点火。在熔断式点火法中，根据点火丝的实际消耗量（原用量减掉残余量）和点火丝的燃烧热计算试验中点火丝放出的热量。

在棉线点火法中，首先算出所用一根棉线的燃烧热（剪下一定数量适当长度的棉线，称出它们的质量，然后算出一根棉线的质量，再乘以棉线的单位热值），然后确定每次消耗的电能热，两者放出的总热量即为点火热。

注：电能产生的热量（J）＝电压（V）×电流（A）×时间（s）。

三、弹筒发热量的计算

考虑以上各种校正值后，煤的弹筒发热量 $Q_{b,ad}$ 按式（5-15）和式（5-16）计算。

1. 恒温式热量计

$$Q_{b,ad} = \frac{EH[(t_n + h_n) - (t_0 + h_0) + C] - (q_1 + q_2)}{m} \tag{5-15}$$

式中　$Q_{b,ad}$——分析试样的弹筒发热量，J/g；

E——热量计的热容量，J/K；

C——冷却校正值，K；

q_1——点火热，J；

q_2——添加物如包纸等产生的总热量，J；

m——试样质量，g；

H——贝克曼温度计的平均分度值。

2. 绝热式热量计

$$Q_{b,ad} = \frac{EH[(t_n + h_n) - (t_0 + h_0)] - (q_1 + q_2)}{m} \tag{5-16}$$

第五节　热容量和仪器常熟的标定

热容量 E 是热量计的主要参数，它是决定发热量测定准确性的关键。GB/T 213 中指出，发热量的测定由两个独立的试验组成，即在规定的条件下基准量热物质的燃烧试验（热容量的标定）和试样的燃烧试验。为了消除未受控制的热交换引起的系统误差，要求两种试验的条件尽量相近。

仪器常数 K 和 A，是计算冷却校正值的主要参数，按照 GB/T 213 的规定，热容量和仪器常数应由同一个试验同时标定。

一、试验的准备工作

1. 标准物质的准备

试验时，所用具有标准热值的标准物质为标准苯甲酸。苯甲酸应预先研细并在盛有浓硫酸的干燥器中干燥 3 天或在 60～70℃烘箱中干燥 3～4h，冷却后压饼。

苯甲酸也可在燃烧皿中熔融后使用。熔融可在 121～126℃的烘箱中放置 1h，或在酒精灯的小火焰上进行，放入干燥器中冷却后使用。熔体表面出现的针状结晶，应用小刷刷掉，以防燃烧不完全。

在不加衬垫的燃烧皿中称取经过干燥和压饼的苯甲酸，苯甲酸片的质量以 0.9～1.1g 为宜。

2. 氧弹的准备

将盛有试样的燃烧皿放置在弹头的环行支架上，取一段已知质量的点火丝，把两端分别接在两个电极柱上，注意与试样保持良好接触或保持微小的距离（对易飞溅和易燃的煤），并注意勿使点火丝接触燃烧皿，以免形成短路而导致点火失败，甚至烧毁燃烧皿。同时还应注意防止两电极间以及燃烧皿与另一电极之间的短路。

往氧弹中加入 10mL 蒸馏水（此水用于溶解燃烧后所形成的氮氧化物，以便校正硝酸形成热。氮氧化物由弹筒内空气中的氮与高压氧气在高温下形成），小心拧紧氧弹盖，注意避免燃烧皿和点火丝的位置因受振动而改变，往氧弹中缓缓充入氧气，直到压力为 2.8～3.0MPa，充氧时间不得小于 15s；如果不小心充氧压力超过 3.3MPa，停止试验，放掉氧气后，重新充氧至 3.2MPa 以下。当钢瓶中氧气压力降到 5.0MPa 以下时，充氧时间应酌量延长，压力降到 4.0MPa 以下时，应更换新的钢瓶氧气。

3. 内筒的准备

往内筒中加入足够的蒸馏水，使氧弹盖的顶面（不包括突出的氧气阀和电极）淹没在水面下 10～20mm。标定热容量时与每次试验时用水量应一致（相差 1g 以内）。

水量最好用称量法测定，如用容量法，则需对温度变化进行补正。注意恰当调节内筒水温，使终点时内筒比外筒温度高 1K 左右，以使终点时内筒温度出现明显下降。外筒温度应尽量接近室温，相差不得超过 1.5K。

4. 仪器的安装

把氧弹放入装好水的内筒中，如氧弹中无气泡漏出，则表明气密性良好，即可把内筒放在外筒的绝缘架上，如有气泡出现，则表明漏气，应找出原因，加以纠正，重新充氧。然后接上点火电极插头，装上搅拌器和量热温度计，并盖上外筒的盖子。温度计的水银球对准氧弹主体（进、出气阀和电极除外）的中部，温度计和搅拌器均不得接触氧弹和内筒。靠近量热温度计的露出水银柱的部位，应另悬一个普通温度计，用以测定露出柱的温度。

二、试验步骤

试验过程分为初期、主期（反应期）和末期。

1. 初期

初期是试样在燃烧前，内筒与外筒进行热量交换的阶段。此时，因内筒水温低于外筒水温，内筒受到外筒辐射热的影响，所以内筒水温均匀缓慢的上升。

初期温度的记录方法是：开始搅拌 5min 后准确读取一次内筒温度 (T_0)，经 10min 后再读取一次内筒温度 (t_0)，立即通电点火。随后记下外筒温度 (t_j) 和露出柱温度 (t_e)。外筒温度至少读到 0.05K，内筒温度借助放大镜读到 0.001K。读取温度时，视线与放大镜中线和水银柱顶端应位于同一水平上，以避免视差对读数的影响。每次读数前，应开动振荡器振动 3～5s。

注：上述 t_j 为对实测温度按下述方法校正贝克曼温度计基点所得的数值：当内筒使用贝克曼温度计，外筒使用普通温度计，应从实测的外筒温度中减掉贝克曼温度计的基点温度后再当作外筒温度 t_j，用来计算内、外筒温差 ($t_0 - t_j$) 和 ($t_n - t_j$)。如内、外筒都使用贝克曼温度计，则应对实测的外筒温度校正内、外筒温度计基点温度之差，以便求得内、外筒的真正温差。

记录初期温度的目的，是为了求得量热体系在点火温度 t_0 时，单位时间的冷却校正值，其值相当于初期的平均冷却速度 v_0，即

$$v_0 = \frac{T_0 - t_0}{10} (℃/min) \tag{5-17}$$

由于点火时，内筒水温通常低于外筒水温，所以 v_0 在大多数情况下都是负值。

2. 主期

主期是试样在氧弹内燃烧、释放热量、内筒温度迅速上升到最高温度的阶段。

观察内筒温度（注意：点火后 20s 内不要把身体的任何部位伸到热量计上方）。如在 30s 内温度急剧上升，则表明点火成功。点火后 1′40″ 读取一次内筒温度（$t_{1′40″}$），读到 0.01K 即可。接近终点时，开始按 1min 间隔读取内筒温度。读温前开动振荡器，要读到 0.001K。以第一个下降温度作为终点温度（t_n）。

注：一般热量计由点火到终点的时间为 8～10min，对一台具体热量计，可根据经验恰当掌握。

主期中的三个温度值（t_0、$t_{1′40″}$ 和 t_n）是计算热交换过程中总效应，即冷却校正值 C 的依据。

3. 末期

末期是试样燃烧终了，温度达到最高值后逐渐冷却的阶段。

得出终点温度（t_n）后再继续搅拌 10min 并记下内筒温度（T_n），试验即告结束。

末期记录温度的目的是为了求得终点温度 t_n 时，单位时间内的冷却校正值，其值相当于末期的平均冷却速度 v_n，即

$$v_n = \frac{T_n - t_n}{10} (℃/min) \tag{5-18}$$

三、结尾工作

停止搅拌，取出内筒和氧弹，开启放气阀，放出燃烧废气，打开氧弹，仔细观察弹筒和燃烧皿内部，如果有试样燃烧不完全的迹象或有炭黑存在，试验应作废。

量出未烧完的点火丝长度，以便计算实际消耗量。

四、数据处理及测定结果的计算

1. 仪器常数 K 和 A 的计算

GB/T 213 规定，标准热容量 E 和仪器常数 K、A 是同时进行的，而计算热容量又必须先测知 K 和 A，或者先作出 $v\sim(t-t_j)$ 关系曲线以求出冷却校正值 C。因此，标准规定，标定热容量的试验次数应不少于 5 次，用 5 次试验数据作如下统计处理：

根据观测数据，计算出 v_0、v_n 和对应的内、外筒温差（$t-t_j$），见表 5-1。

表 5-1　　　　　　　　v_0、v_n 及对应的内外筒温度差（$t-t_j$）

v	$t-t_j$
$v_0 = \dfrac{T_0 - t_0}{10}$	$\dfrac{T_0 + t_0}{2} - t_j$
$v_n = \dfrac{t_n - T_n}{10}$	$\dfrac{T_n + t_n}{2} - t_j$

以 v 为纵坐标，以 $t-t_j$ 为横坐标，作出 $v\sim(t-t_j)$ 关系曲线如图 5-1 所示或用一元线性回归的方法计算出 K 和 A。

2. 热容量的计算

热量计的热容量 E 按式（5-19）计算

$$E = \frac{Qm + q_1 + q_n}{H[(t_n + h_n) - (t_0 + h_0) + C]}$$

（5-19）

其中 　　$q_n = Qm \times 0.0015$

式中 　Q——苯甲酸的热值，J/g；

　　　　m——苯甲酸的用量，g；

　　　　q_n——硝酸的生成热，J；

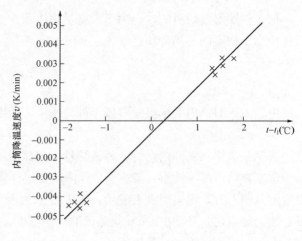

图 5-1 $v\sim(t-t_j)$ 关系曲线

0.0015——苯甲酸燃烧时的硝酸生成热校正系数。

C 的计算中所用的 v_0 和 v_n 应是根据每次试验中实测的 (t_0-t_j)、(t_n-t_j) 从 $v\sim(t-t_0)$ 关系曲线中查得的值；或是由公式 $v_0 = K(t_0 - t_j) + A$、$v_n = K(t_n - t_j) + A$ 计算，然后代入冷却校正公式以求出 C 值。

在绝热式热量计的情况，式（5-19）中的冷却校正值 C 应取零。

热容量标定一般应进行 5 次重复试验，计算 5 次重复试验的平均值（$\overline{E}$）和标准差 S。其相对标准差不应超过 0.20%；若超过 0.20%，再补做一次试验，取符合要求的 5 次结果的平均值（修约至 1J/K）作为该仪器的热容量。如果任何 5 次结果的相对标准差都超过 0.20%，则应对试验条件和操作技术仔细检查并纠正存在问题后，再重新进行标定，而舍弃已有的全部结果。

注：原先的标准中规定热容量标定以极差 40J/℃来判断是否合格。

【例 5-1】 某量热计用已知热值为 26465J/g 的标准苯甲酸作热容量和仪器常数标定，5 次试验数据列入表 5-2 中，试用线性回归法求出计算仪器常数 K 和 A，做出 $v\sim(t-t_j)$ 关系曲线并计算出该量热计的热容量 E。

表 5-2　　　　　　　　　　　　　　　5 次重复试验的数据

顺序	苯甲酸重 G (g)	初　期	主　　　期			末　期	外筒温度	露出柱温度	主期中的分钟数目
		T_0	t_0	t_1	t_n	T_n	t_j	t_s	n
1	1.0711	0.787	0.802	1.717	2.725	2.708			9
2	1.0633	0.872	0.844	1.778	2.753	2.637			11
3	0.9388	1.235	1.252	2.125	2.934	2.916	18.05	20	9
4	0.8997	1.346	1.362	2.436	2.972	2.954			10
5	0.9390	0.934	0.948	1.862	2.636	2.620			10

注　温度已作刻度校正。

贝克曼温度计的基点温度为 16.45℃，贝克曼温度计检定证书上所列数据见表 5-3 和表 5-4。

表 5-3 　　　　　　　　　　　贝克曼温度计的刻度校正值

刻度值	0	1	2	3	4	5
校正值（℃）	0	+0.001	+0.002	+0.004	−0.002	0

表 5-4 　　　　　　　　　　　贝克曼温度计的平均分度值

测温范围（℃）	0～5	10～15	20～25	30～35
露出柱温度（℃）	16	18	20	22
平均分度值（℃）	0.999	1.004	1.008	1.012

3. 计算仪器常数 K 和 A

先将外筒温度 t_j 折算为贝克曼温度计读数

$$t_j = 18.05 - 16.45 = 1.60$$

计算初期平均冷却速度 v_0 和末期平均冷却速度 v_n 及其对应的 $t - t_j$。

第一次试验所得结果为

$$v_0 = \frac{T_0 - t_0}{10} = \frac{0.787 - 0.802}{10} = -0.0015$$

$$\overline{t_0} - t_j = \frac{T_0 + t_0}{2} - t_j = \frac{0.787 + 0.802}{2} - 1.60 = -0.806$$

$$v_n = \frac{T_n - t_n}{10} = \frac{2.725 - 2.708}{10} = 0.0017$$

$$\overline{t_n} - t_j = \frac{T_n + t_n}{2} - t_j = \frac{2.725 + 2.708}{2} - 1.60 = 1.116$$

依此计算其他各次试验的结果，记录于表 5-5 内。

表 5-5 　　　　　　　　　　　5 次重复试验的结果统计

阶　段	顺　序	X $(t-t_j)$	Y (v)	X^2	Y^2	XY
主期	1	−0.806	−0.0015	0.651	2.25×10^{-6}	0.0012
	2	−0.764	−0.0017	0.584	2.89×10^{-6}	0.0013
	3	−0.356 t_n-t_j	−0.0013 V_0	0.127	1.69×10^{-6}	0.0005
	4	−0.246	−0.0012	0.061	1.44×10^{-6}	0.0003
	5	−0.659	−0.0014	0.434	1.96×10^{-6}	0.0009
末　期	1	1.116	0.0017	1.245	2.89×10^{-6}	0.0019
	2	1.095	0.0016	1.199	2.56×10^{-6}	0.0018
	3	1.325 t_n-t_j	0.0018 v_n	1.756	3.24×10^{-6}	0.0024
	4	1.363	0.0018	1.863	3.24×10^{-6}	0.0025
	5	1.018	0.0016	1.057	2.56×10^{-6}	0.0016
Σ		3.055	0.0014	8.977	2.47×10^{-5}	0.014 4

4. 根据一元线性回归法计算仪器常数 K 和 A

$$K = \frac{l_{xy}}{l_{xx}} = \frac{n \sum XY - \sum X \sum Y}{n \sum X^2 - (\sum X)^2} = 0.0017$$

$$A = \overline{Y} - k\overline{X} = \frac{1}{n}\sum Y - k \times \frac{1}{n}\sum X = -0.0004$$

根据计算出的 K、A 值得出一元线性回归方程式为

$$Y = 0.0017X - 0.0004$$

5. 热容量的计算

用表 5-2 的数据计算各次试验的 v_0 和 v_n。

第一次试验：$\overline{t_0} - t_j = -0.806$，$\overline{t_n} - t_j = 1.116$，根据一元线性回归方程式计算得出

$$v_0 = 0.0017 \times (-0.806) - 0.0004 = -0.0018$$

$$v_n = 0.0017 \times 1.116 - 0.0004 = 0.0015$$

$$\frac{\Delta}{\Delta_{1'40''}} = \frac{2.725 - 0.802}{1.717 - 0.802} = 2.10$$

因为 $\dfrac{\Delta}{\Delta_{1'40''}} > 1.20$，所以 $a = \dfrac{\Delta}{\Delta_{1'40''}} = 2.10$；试验共进行 9min，$n=9$。

冷却校正值 $C = (n-a)v_n + av_0 = 2.10 \times (-0.0018) + (9 - 2.10) \times 0.0015 = 0.007$℃/min。

贝克曼温度计的基点温度为 16.45℃，查表 5-4，按内插法计算此温度计的平均分度值为：

$$H_0 = 1.004 + (16.45 - 10) \times \frac{1.008 - 1.004}{10} = 1.006$$

基点温度为 16.45℃时的标准露出柱温度按内插法计算应为

$$t_s = 20 - (20 - 16.45) \times \frac{20 - 18}{10} = 19.29℃$$

现露出柱温度为 20℃，故不需要作露出柱温度的校正。其平均分度值 $H=1.006$，刻度校正根据表 5-3，按内插法计算，$t_0 = 0.802$，$h_0 = 0.001$；$t_n = 2.725$，$h_n = 0.003$。

已知点火丝热值 $q_1 = 70$J，硝酸校正热 $q_n = 26465 \times 1.0711 \times 0.0015 = 42$J。则热容量 E 为

$$E = \frac{Q \times m + q_1 + q_n}{H[(t_n + h_n) - (t_0 + h_0) + C]}$$

$$= \frac{26465 \times 1.0711 + 70 + 42}{1.006[(2.725 + 0.003) - (0.802 + 0.001)0.007]} = 14673(\text{J}/℃)$$

依照上述方法，其他 4 次试验的热容量计算结果为 14641、14650、14638、14639J/℃。

6. 结果检验

GB/T 213 规定，热容量标定一般应进行 5 次重复试验。计算 5 次重复试验的平均值（$\overline{E}$）和标准差 S，其相对标准差不应超过 0.20%。

相对标准差 $= (S/\overline{X}) \times 100$

$$S = \sqrt{\frac{\sum X_i^2 - \frac{1}{n}(\sum X_i)^2}{n-1}}$$

计算得 5 次测定的相对标准差＝0.1＜0.2。

所以，可用这 5 次结果的平均值 14648J/℃作为此热量计的热容量。

第六节　煤的发热量的测定

测定煤的发热量与标定热容量的步骤相同，只是不需要作初期和末期的温度记录。此外，试样的准备工作也有所不同。煤试样量的多少是根据其发热量的大小来确定的，最好在标定热容量和测定发热量时，试样所放出的热量能使量热体系的温升值大致相同，这样可以使试验过程中的一些不易消除的或不作校正的误差在计算时相互抵消，从而增加测定的精确度。

一、试样的准备

在燃烧皿中精确称取分析试样（＜0.2mm）0.9～1.1g（称准到 0.0002g）。

对于一些特殊试样，可按下述方法处理：燃烧时易于飞溅的试样，先用已知质量的擦镜纸包紧再进行测试，或先在压饼机中压饼并切成 2～4mm 的小块使用。不易燃烧完全的试样，可先在燃烧皿底铺上一个石棉垫，或用石棉绒做衬垫（先在皿底铺上一层石棉绒，然后以手压实），石英燃烧皿不需任何衬垫。如加衬垫仍燃烧不完全，可提高充氧压力至 3.2MPa，或用已知质量和热值的擦镜纸包裹称好的试样并用手压紧，然后放入燃烧皿中。

二、发热量的测定

1. 应用国标公式计算冷却校正时的发热量测定

按照上述标定热容量的操作手续，测定煤的发热量，此时不需要安排初期和末期。当开启搅拌器 5min 后，即开始记时并读取内筒温度 t_0，立即点火。以下相同于标定热容量的主期操作。

在需要用弹筒洗液测定 $S_{b,ad}$ 的情况下，把洗液煮沸 2～3min，取下稍冷后，以甲基红（或相应的混合指示剂）为指示剂，用 0.1mol/L 氢氧化钠标准溶液滴定，以求出洗液中的总酸量，然后计算出 $S_{b,ad}$（%），即

$$S_{b,ad} = (c \times V/m - aQ_{b,ad}/60) \times 1.6$$

2. 应用瑞—方公式计算冷却校正时发热量测定

应用瑞—方公式计算冷却校正作发热量测定时，准备工作及结尾工作都与上述步骤相同，不同的地方是：接通电源，搅拌器启动，约 5min 后内筒水搅拌均匀，则正式计时开始。借助放大镜读取温度，每隔 1min，读取一次温度值，读至 0.001℃，初期为 5min。随即点火，温度速升，当出现第 1 个下降温度时则为终点温度，它标志着主期结束。随之进入末期，再过 5min，仍然每分钟读取一次温度，发热量测定结束。

当例常测定中采用瑞—方公式计算冷却校正值时，热容量计算也必须采用同一公式。

【例 5-2】　分别用图标公式和瑞—方公式计算冷却校正测定发热量。

（一）应用国标公式计算冷却校正测定发热量

某次测定的试验记录见表 5-6～表 5-8。

表 5-6 煤 质 分 析 数 据 %

M_{ad}	M_t	C_{ad}	H_{ad}	$S_{t,ad}$	A_{ad}
2.56	10.8	74.10	4.56	1.20	13.88

表 5-7 试 验 记 录

试样质量 m	热容量 E	点火热 q_1	贝克曼温度计的基点温度	露出柱温度 t_e
1.0051g	10053J/K	79J	22.22℃	24.20℃

表 5-8 读 温 记 录

时间（min）	内筒温度（℃）	外筒温度（℃）
0（点火）	0.254（t_0）	
1′40″	2.82（$t_{1'40''}$）	
⋮		
⋮		24.05
6		
7	3.281	
8	3.279（t_n）	

注 $n=8min$。

结果计算：

1. 弹筒发热量的计算

（1）冷却校正：

校正后的外筒温度：$t_j=24.5-22.22=1.83$

$v_0=-0.0042$（根据 $t_n-t_j=3.279-1.83=1.45$ 查得）

$v_n=0.0030$（根据 $t_n-t_j=3.279-1.83=1.45$ 查得）

$t_n-t_0=3.279-0.254=3.025$

$\Delta_{1'40''}=2.82-0.245=2.566$

$\Delta/\Delta_{1'40''}=1.18<1.20$

$a=1.18-0.10=1.08$

$C=(8-1.08)\times0.0030-4.08\times0.0042=0.0162$

（2）温度计读数校正。

根据温度计检定证书，做出孔径修正值与平均分度值表，见表 5-9 和表 5-10。

表 5-9 孔 径 修 正 值

分度线	0	1	2	3	4	5
孔径修正值 h	0.000	−0.003	−0.001	−0.004	−0.001	0.000

表 5-10 平 均 分 度 值 表

测温范围（℃）	露出柱温度（℃）	平均分度值
0~5	16	0.990
10~15	18	0.995
20~25	20	0.999
30~35	22	1.003
⋮	⋮	⋮

根据检定证书做出孔径修正值与分度值关系曲线，如图 5-2 所示。

由图 5-2 中查得：$h_0 = -0.0008$，$h_n = -0.0032$。

然后根据平均分度值表计算

$$H^0 = 0.999 + (22.22 - 20)$$

$$\times \frac{1.003 - 0.999}{10}$$

$$= 0.9999$$

$$t_s = 20 + \frac{22 - 20}{10} \times (22.22 - 10)$$

$$= 20.44$$

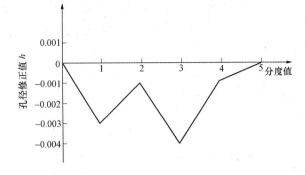

图 5-2 孔径修正值与分度值关系图

$$H = 0.9999 + 0.00016 \times (20.44 - 24.20) = 0.9993$$

（3）弹筒发热量计算。将已知各数据代入弹筒发热量计算公式，则

$$Q_{b,ad} = \frac{EH[(t_n + h_n) - (t_0 + h_0) + C] - (q_1 + q_2)}{m}$$

$$= \frac{10053 \times 0.993 \times \{[3.279 + (-0.0032)] - [0.254 + (-0.0008)] + 0.0162\} - 79}{1.0051}$$

$$= 30294 (\text{J/g})$$

2. 恒容高位发热量计算

因为 $S_{t,ad} < 4\%$，用 $S_{t,ad}$；又因 $Q_{b,ad} > 25.10 \text{MJ/kg}$，$a$ 取 0.0016，则

$$Q_{gr,ad} = Q_{b,ad} - (94.1 S_{b,ad} + a Q_{b,ad})$$

$$= 30294 - (94.1 \times 1.20 + 30294 \times 0.0016) = 30133 \text{J/g} = 30.13 \text{MJ/kg}$$

3. 恒容低位发热量计算

将计算所得的恒容高位发热量 $Q_{gr,ad}$ 和煤质分析数据代入公式，得

$$Q_{net,ar} = (Q_{gr,ad} - 206 H_{ad}) \times \frac{100 - M_t}{100 - M_{ad}} - 23 M_t$$

$$= (30133 - 206 \times 4.56) \times \frac{100 - 10.8}{100 - 2.45} - 23 \times 10.8$$

$$= 26446 \text{J/g}$$

$$= 26.45 \text{MJ/kg}$$

4. 恒压低位发热量计算

$$(O_{ad} + N_{ad}) = 100 - M_{ad} - A_{ad} - C_{ad} - H_{ad} - S_{t,ad}$$

$$= 100 - 2.45 - 13.88 - 74.10 - 4.56 - 1.20 = 3.81$$

$$Q_{net,p,ar} = [Q_{gr,V,ad} - 212 H_{ad} - 0.8(O_{ad} + N_{ad})] \times \frac{100 - M_t}{100 - M_{ad}} - 24.4 M_t$$

$$= (30133 - 212 \times 4.56 - 0.8 \times 3.81) \times \frac{100 - 10.8}{100 - 2.45} - 24.4 \times 10.8$$

$$= 26403 \text{J/g}$$

$$= 26.40 \text{MJ/kg}$$

（二）应用瑞—方公式计算冷却校正测定发热量

某次测定的试验记录见表 5-11 和表 5-12。

表 5-11 试 验 记 录

试样质量 m	热容量 E	点火热 q_1	h_0	h_n	H
0.9987g	14875J/K	86J	$-0.003℃$	0.004℃	1.0001

表 5-12 测 温 记 录

初 期	主 期		末 期
0.736	1.09	2.609	2.630
0.737	1.82	2.631	2.628
0.738	2.26	2.633	2.626
0.739	2.47	2.632	2.624
0.740	2.533		2.622
0.741			

1. 计算冷却校正系数 C

$$v_0 = \frac{0.736 - 0.741}{5} = -0.001℃/\min$$

$$v_n = \frac{2.632 - 2.622}{5} = 0.002℃/\min$$

$$n = 9\min; t_0 = 0.741℃; t_n = 2.632℃; \overline{t_0} = 0.739℃; \overline{t_n} = 2.626℃$$

$$\sum_i^{n-1}(t_i) = 1.09 + \cdots + 2.632 = 18.046℃$$

冷却校正值 C 为

$$C = nv_0 + \frac{v_n - v_0}{t_n - t_0}\left(\frac{t_n + t_0}{2} + \sum_{i=1}^{n-1} t_i - n\overline{t_0}\right)$$

$$= 9 \times (-0.001) + \frac{0.002 - (-0.001)}{2.626 - 0.739} \times \left(\frac{0.741 + 2.632}{2} + 18.046 - 9 \times 0.739\right)$$

$$= 0.0188℃$$

2. 计算弹筒发热量

$$Q_{b,ad} = \frac{EH[(t_n + h_n) - (t_0 + h_0) + C] - (q_1 + q_2)}{m} = 26545J/g$$

第七节 燃料分析数据的处理和质量控制

一元线性回归和标准差计算方法

1. 一元线性回归法求 K 和 A

按照以下步骤求 $v = K(t - t_j) + A$ 中的 K 和 A

试验数据［以 v 为 Y，以 $(t - t_j)$ 为 X］：

$$\begin{array}{cc} Y_i & X_i \\ v_1 & (t-t_j)_1 \\ v_2 & (t-t_j)_2 \\ \vdots & \vdots \\ v_n & (t-t_j)_n \end{array}$$

$$L_{XX} = \sum_{i=1}^{n}(X_i - \overline{X})^2 = \sum_{i=1}^{n}X_i^2 - \frac{1}{n}\left(\sum_{i=1}^{n}X_i\right)^2$$

$$L_{XY} = \sum_{i=1}^{n}(X_i - \overline{X})(Y_i - \overline{Y})$$

$$= \sum_{i=1}^{n}X_iY_i - \frac{1}{n}\left(\sum_{i=1}^{n}X_i\right)\left(\sum_{i=1}^{n}Y_i\right)$$

$$K = \frac{L_{XY}}{L_{XX}}\cdots\cdots\cdots\cdots$$

$$A = \overline{Y} - K\overline{X} = \frac{1}{n}\sum_{i=1}^{n}Y_i - K \times \frac{1}{n}\sum_{i=1}^{n}X_i$$

2. 一元线性回归法求热容量 E 与温升 Δt 的关系

（1）以试验数据中的热容量 E 值为 Y，以温升值 Δt 为 X，按上述步骤求出 $E=a+b\Delta t$ 中的 a 和 b。

（2）计算相关系数

$$r = \frac{L_{XY}}{\sqrt{L_{XX}L_{YY}}}$$

（3）计算一元线性回归方程 $E=a+b\Delta t$ 的估计方差（剩余方差）S_1^2

$$S_1^2 = \frac{L_{YY} - bL_{XY}}{n-2}$$

（4）回归方程的相对标准差（％）为

$$相对标准差 = (S_1/\overline{E}) \times 100$$

式中　S_1——剩余标准差，$S_1 = \sqrt{S_1^2}$；

　　　$\overline{E}$——n 个热容量标定的平均值。

3. 重复测定相对标准差的计算

$$S = \sqrt{\frac{\sum X_i^2 - \frac{1}{n}(\sum X_i)^2}{n-1}}$$

$$相对标准差 = (S_1/\overline{X}) \times 100$$

式中　X_i——苯甲酸燃烧试验中（热容量或热值）的计算结果；

　　　$\overline{X}$——苯甲酸燃烧试验的平均值。

第二篇

脱 硫 及 脱 硝

第六章

烟　气　脱　硫

第一节　概　述

中国能源资源以煤炭为主。煤在一次能源中占 75%，约相当于年耗煤 1Gt，其中 84% 以上是通过燃烧方法利用的。在能源结构方面，煤炭仍然是我国的主要一次能源，因此今后相当长的时间内，火力发电厂仍以燃煤发电机组为主，由此造成了严重的环境污染。特别是由于燃煤后 SO_2 的排放所造成的酸雨污染。据 1998 年国家环境监测总站公布的数据，酸雨造成的各项污染损失超过 1100 亿元，已接近当年国民生产总值的 2.0%，成为制约我国经济和社会发展的重要因素。另外，SO_2 是一个重要且急需的资源。SO_2 是生产硫酸的必要原料，而硫酸又是生产化肥的必要原料。我国是人口、粮食和化肥大国，硫的需求量每年超过 2000 万 t，与 SO_2 排放量相当，每年带动相关产业 200 亿元。所以对我国而言，SO_2 既是巨大的负担和挑战，又是巨大的资源和机遇。烟气脱硫是目前世界唯一大规模商业化应用的脱硫方式，是控制酸雨和 SO_2 污染的主要技术手段。

一、二氧化硫污染控制标准与措施

随着国家对环境保护的重视，对火电厂锅炉排放的烟气中的 SO_2 控制越来越严，GB 13223—2003《火电厂大气污染物排放准》已于 2004 年 1 月起正式实施，火力发电锅炉二氧化硫最高允许排放浓度见表 6-1。到 2004 年底，全国约有 $2\times10kW$ 装机的烟气脱硫设施投运或建成，约 $3\times10kW$ 装机的烟气脱硫设施正在施工建设。2008 年底，我国火电厂烟气脱硫装机容量超过 3.79 亿 kW，约占煤电装机总容量的 66%，当年投运 10 万 kW 及以上火电机组脱硫装置 1.10 亿 kW。"十一五"期间，全国电力装机容量投产规模为 2.8 亿 kW，平均每年投产接近 6000 万 kW，到"十一五"期末，装机容量达到 7.8 亿 kW，其中火电装机容量达到 5.6 亿 kW，占全国总容量的 72.0%。

表 6-1　　　　　　　　火力发电锅炉二氧化硫最高允许排放浓度　　　　　　　　mg/m³

时　　段	第 1 时段		第 2 时段		第 3 时段
实施时间	2005 年 1 月 1 日	2010 年 1 月 1 日	2005 年 1 月 1 日	2010 年 1 月 1 日	2004 年 1 月 1 日
燃煤锅炉及燃油锅炉	2100 *	1200 *	2100 1200 *	400 1200 * *	400 800 * * * 1200 * * * *

*　该限值为全厂第 1 时段火力发电锅炉平均值。

* *　在 GB 13223—2003 实施前，环境影响报告书已批复的脱硫机组，以及位于西部非两控区的燃用特低硫煤（入炉燃煤收到基硫分小于 0.5%）的坑口电厂锅炉执行该限值。

* * *　以煤矸石等为主要燃料（入炉燃煤收到基低位热值小于或等于 12550kJ/kg）的资源综合利用火力发电锅炉执行该限值。

* * * *　位于西部非两控区内的燃用特低硫煤（入炉燃煤收到基硫分小于 0.5%）的坑口电厂锅炉执行该限值。

　　控制燃煤火电厂二氧化硫排放，除大力推进老机组脱硫设施建设外，控制工艺过程中的二氧化硫排放也是有效措施之一，淘汰各类二氧化硫污染严重的生产工艺和设备，以实行清洁生产为主要的控制措施，在生产工艺过程中加强硫的回收，并使之资源化。例如，控制工业锅炉和工业炉窑的二氧化硫排放，逐步淘汰高能耗、重污染的燃煤锅炉；城市市区内逐步淘汰小型燃煤锅炉，重点城市建成区内应停止使用小型燃煤锅炉；因地制宜发展以热定电的热电联产和集中供热，取代分散的中小型燃煤锅炉；在城市市区积极改建燃气锅炉及蓄能式电锅炉；燃煤锅炉优先使用清洁能源、优质低硫煤和洗后动力煤；分期分批淘汰高能耗、重污染的各类工业炉窑，优先考虑使用电、气体燃料、低硫油、优质低硫煤，积极发展清洁煤燃烧技术。另外，国家对重点火电企业总量控制工作实行统一管理，以及全面实施排污许可证制度，加强环保管理制度等措施。

二、烟气脱硫技术发展历程

　　早在英国产业革命后的 19 世纪末，人们就开始应用含碱性物质的泰晤士河河水，洗涤燃煤烟气净化 SO_2。在 20 世纪 30 年代，人们开始应用 CaO 作吸收剂，湿法脱除烟气中的 SO_2。20 世纪 70 年代初，第一套湿法洗涤烟气脱硫装置诞生于美国，从 20 年代初到 20 世纪末的 30 年里，针对湿法烟气脱硫洗涤系统，尤其是脱硫塔易结垢、堵塞、腐蚀以及机械故障等一系列的弊病，日本、美国及德国对湿法烟气脱硫开展了深入不间断的研究，在脱硫效率、运行可靠性和成本方面有了很大的改进，运行可靠性可达 99%。到目前为止，湿法烟气脱硫技术已经成熟，并步入实用化阶段。在最近 30 年内，湿法烟气脱硫技术每隔 10 年就攀升一个新的台阶，取得了新的进展。

　　1. 起步阶段——第一代烟气脱硫（20 世纪 70 年代初～70 年代末）

　　1970 年美国颁布了空气净化法，要求新建燃煤发电厂 SO_2 的排放量控制在 $516mg/m^3$（标态）以下，以法律手段强制燃煤发电厂安装烟气脱硫装置，削减 SO_2 排放量。70 年代初，以湿法石灰石为代表的第一代湿法烟气脱硫技术开始在电厂应用。从 70 年代初到 70 年代末，主要湿法烟气脱硫技术有湿法石灰石/石灰法、湿法氧化镁法、双碱法、钠基洗涤、碱性飞灰洗涤、柠檬酸盐清液洗涤、威尔曼—洛德法等。第一代烟气脱硫多安装在美国和日本，技术的主要特点是：吸收剂和吸收装置种类众多，投资和运行费用很高，设备可靠性和系统可用率较低，设备结垢、堵塞和腐蚀最为突出，脱硫效率不高，通常为 70%～85%，大多数烟气脱硫的副产物被抛弃。

　　2. 发展阶段——第二代烟气脱硫（20 世纪 80 年代初～80 年代末）

　　在 80 年代初，西方发达国家 SO_2 排放标准日趋严格，批准了执行 SO_2 削减计划，促使烟气脱硫技术进一步发展，烟气脱硫出现了第二代高峰，烟气脱硫技术得到了迅速推广。1979 年美国国会通过了《清洁空气法修正案》（AAA1979），确立了以最小脱硫效率和最大 SO_2 排放量为评价指标的新标准，由此，80 年代第二代烟气脱硫系统进入商业化应用。第二代烟气脱硫以干法、半干法为代表，主要有喷雾干燥法、LIFAC、CFB、管道喷射法等。在这个阶段，湿法石灰石/石灰法得到了显著的改进和完善。在解决结垢、堵塞、腐蚀、机械故障等方面取得了显著的进展。第二代湿法烟气脱硫技术的主要特点是：湿法石灰石洗涤法得到了进一步发展，特别在使用单塔、塔型设计和总体布局上有较大的进展。脱硫副产品根据不同国情可生产石膏或亚硫酸该混合物，德国、日本的烟气脱硫大多利用强制氧化使脱硫副产品转化为石膏，而美国烟气脱硫副产品大多堆放处理；基本上都采用钙基吸收剂，如石灰石、石灰和消石灰等；湿法石灰石洗涤法脱硫效率提高到 90％以上；随着对工艺理解的深入，设备可靠性提高，系统可用率达到 97％；由于脱硫副产品是含有 $CaSO_3$、$CaSO_4$、飞灰和未反应吸收剂的混合物，故脱硫副产品的处置和利用，成为 80 年代中期发展干法、半干法烟气脱硫的重要课题。喷雾干燥法在发展初期，脱硫效率仅为 70％～80％，经过不断完善，到后期通常能达到 90％，系统可用效率较好，副产品商业用途少。烟道内或炉内喷钙的脱硫效率只有 30％～50％，系统简单，负荷跟踪能力强，但脱硫吸收剂的消耗量大。

3. 成熟阶段——第三代烟气脱硫（20 世纪 90 年代初～90 年代末）

1990 年美国国会再次修订了《清洁空气法》（CAAA1990），新的修正案要求现有电厂减少 SO_2 的排放量，到 2002 年 1 月 1 日，SO_2 总排放量比 1990 年 SO_2 排放量减少 900 万 t。1990 年以来，美国燃煤发电厂使用的第三代湿法烟气脱硫，均为脱硫效率大于或等于 95％的石灰石湿法工艺，脱硫副产品石膏实现商业化应用。第三代烟气脱硫技术的主要特点如下：投资和运行费用大幅度降低，性能价格比高，喷雾干燥法烟气脱硫需要量大大减少，各种有发展前景的新工艺不断出现，如 LIFAC、CFB、电子束辐照工艺、NID 工艺以及一些结构简化、性能较好的烟气脱硫工艺等。这些工艺的性能均好于第二代，而且商业化、容量大型化的速度十分迅速；湿法、半干法和干法脱硫工艺同步发展。

第三代湿法烟气脱硫通过工艺、设备及系统多余部分的简化、采用就地氧化、单一吸收塔技术等，不仅提高了系统的可靠性（95％）和脱硫效率，而且初期投资费用降低了 30％～50％。同时脱硫副产物回收利用的研究开发，也拓展了商业应用的途径。

到 1995 年，世界各国使用的烟气脱硫装置总共大约有 760 套（250GW）。其中湿法是应用最普遍的烟气脱硫系统，占总量的 84％，特别是石灰石/石灰湿法占 70％，安装湿法烟气脱硫装置最多的国家是美国，大约为 200 多套；其次是德国，大约为 150 套；日本居第三位，大约为 45 套。

湿法烟气脱硫技术经过 30 年的研究发展和大量使用，一些工艺由于技术和经济上的原因被淘汰，而主流工艺石灰石/石灰—石膏法，得到进一步改进、发展和提高，并且日趋成熟。其特点是脱硫效率高，可达 95％以上，可利用率高，可达到 98％以上。可保证与锅炉同步运行；工艺过程简化；系统电耗降低，投资和运行费用降低了 30％～50％。

三、我国烟气脱硫的现状和发展

我国对烟气脱硫技术的研究与开发，始于 20 世纪 70 年代，到 90 年代，已进行了 4 种烟气脱硫的试验研究（活性炭磷铵肥法、旋转喷雾干燥法、简易石灰喷雾法和石灰石三相硫化床法的中试规模）。90 年代，我国先后从国外引进了各种类型的烟气脱硫技术，在 6 个电厂建造了烟气脱硫示范工程，并已投入工业化运行。近年来，我国也加大烟气脱硫国产化的力度，并已取得了突破性进展；国家对于烟气脱硫装置国产化持支持态度。目前国内火电厂烟气脱硫工程绝大多数是从国外进口设备，国内负责土建和安装。对于石灰石—石膏湿法脱硫工艺，利用国外设备和技术，平均造价高达 1000 元/kW，若实现国产化，工程造价可控制在 600 元/kW 以下。目前，国内有些企业在生产一些烟气脱硫设备，但总量少，技术方面不先进。因此，开发出烟气脱硫关键技术与加快设备国产化步伐十分必要。我国政府在最近 10 年内，颁布了一系列有关燃煤发电厂 SO_2 污染控制法规、条例及排放标准。严格的法规和排放标准，是治理 SO_2 污染和控制的重要推动力。

第二节　二氧化硫脱除技术的分类及基本原理

世界各国研究开发和商业应用的烟气脱硫技术估计超过 200 种，按照脱硫过程相对煤燃烧过程的先后顺序，脱硫方法一般可划分为燃烧前脱硫、燃烧中脱硫和燃烧后脱硫等三类。按脱硫产物是否回收，烟气脱硫可分为抛弃法和再生回收法，前者脱硫混合物直接排放，后者将脱硫副产物以硫酸或硫磺等形式回收。

一、燃烧前脱硫

燃烧前脱硫就是在煤燃烧前把煤中的硫分脱除掉，燃烧前脱硫技术主要有物理洗选煤法、化学洗选煤法、煤的气化和液化、水煤浆技术等。

洗选煤是采用物理、化学或生物方式对锅炉使用的原煤进行清洗，将煤中的硫部分除掉，使煤得以净化并生产出不同质量、规格的产品。微生物脱硫技术从本质上讲也是一种化学法，它是把煤粉悬浮在含细菌的气泡液中，细菌产生的酶促进硫氧化成硫酸盐，从而达到脱硫的目的。微生物脱硫技术目前常用的脱硫细菌有属硫杆菌的氧化亚铁硫杆菌、氧化硫杆菌、古细菌、热硫化叶菌等。

煤的气化，是指用水蒸气、氧气或空气作氧化剂，在高温下与煤发生化学反应，生成 H_2、CO、CH_4 等可燃混合气体（称作煤气）的过程。煤炭液化是将煤转化为清洁的液体燃料（汽油、柴油、航空煤油等）或化工原料的一种先进的洁净煤技术。水煤浆（coal water mixture，CWM）是将灰分小于 10％、硫分小于 0.5％、挥发分高的原料煤，研磨成 250～300μm 的细煤粉，按 65％～70％的煤、30％～35％的水和约 1％的添加剂的比例配制而成，水煤浆可以像燃料油一样运输、储存和燃烧，燃烧时水煤浆从喷嘴高速喷出，雾化成 50～70μm 的雾滴，在预热到 600～700℃的炉膛内迅速蒸发，并伴有微爆，煤中挥发分析出而着火，其着火温度比干煤粉还低。

燃烧前脱硫技术中物理洗选煤技术已成熟，应用最广泛、最经济，但只能脱除无机硫。生物、化学法脱硫不仅能脱无机硫，也能脱除有机硫，但生产成本昂贵，距工业应用尚有较大距离。煤的气化和液化还有待于进一步研究完善，微生物脱硫技术正在开发。水煤浆是一种新型低污染代油燃料，它既保持了煤炭原有的物理特性，又具有石油一样的流动性和稳定性，被称为液态煤炭产品，市场潜力巨大，目前已具备商业化条件。

煤的燃烧前脱硫技术尽管还存在着种种问题，但其优点是能同时除去灰分，减轻运输量，减轻锅炉的沾污和磨损，减少电厂灰渣处理量，还可回收部分硫资源。

二、燃烧中脱硫（炉内脱硫）

目前某些电厂采用的 LIMB 炉内喷钙技术和 LIFAC 烟气脱硫工艺均属炉内脱硫技术。

1. 炉内喷钙多段燃烧脱硫技术（LIMB）

早在 20 世纪 60 年代末 70 年代初，炉内喷固硫剂脱硫技术的研究工作已开展，但由于脱硫效率低于 10％～30％，既不能与湿法 FGD 相比，也难以满足高达 90％的脱除率要求，一度被冷落。但在 1981 年美国国家环保局 EPA 研究了炉内喷钙多段燃烧降低氮氧化物的脱硫技术，简称 LIMB，并取得了一些经验。

炉内喷钙多段燃烧脱硫技术是在燃烧过程中，向炉内加入固硫剂如 $CaCO_3$ 等，使煤中硫分转化成硫酸盐，随炉渣排除，其基本原理是

$$CaCO_3 \longrightarrow CaO + CO_2$$

$$CaO + SO_2 \longrightarrow CaSO_3$$

$$CaSO_3 + \frac{1}{2}O_2 \longrightarrow CaSO_4$$

当 Ca/S 在 2 以上时，用石灰石或消石灰作吸收剂，脱硫率分别可达 40% 和 60%，适用于燃用中、低含硫量的燃煤电厂的脱硫。炉内喷钙脱硫工艺简单，投资费用低，特别适用于老厂的改造。

2. 炉内喷钙加尾部增湿活化工艺（LIFAC）

炉内喷钙加尾部增湿活化工艺，简称 LIFAC，是在炉内喷钙脱硫工艺的基础上在锅炉尾部增设了增湿段，以提高脱硫效率。该工艺多以石灰石粉为吸收剂，石灰石粉由气力喷入炉膛 850~1150℃ 温度区，石灰石受热分解为氧化钙和二氧化碳，氧化钙与烟气中的二氧化硫反应生成亚硫酸钙。由于反应在气固两相之间进行，受到传质过程的影响，反应速度较慢，吸收剂利用率较低。在尾部增湿活化反应内，增湿水以雾状喷入，与未反应的氧化钙接触生成 $Ca(OH)_2$ 进而与烟气中的二氧化硫反应，进而再次脱除二氧化硫。当 Ca/S 为 2.5 及以上时，系统脱硫率可达到 65%~80%。该工艺的反应机理分为两个阶段。

第一阶段反应（炉内喷钙）为

$$CaCO_3 \longrightarrow CaO + CO_2$$

$$CaO + SO_2 \longrightarrow CaSO_3$$

$$CaSO_3 + \frac{1}{2}O_2 \longrightarrow CaSO_4$$

第二阶段反应（尾部增湿）为

$$CaO + H_2O \longrightarrow Ca(OH)_2$$

$$SO_2 + H_2O \longrightarrow H_2SO_3$$

$$Ca(OH)_2 + H_2SO_3 \longrightarrow CaSO_3 + 2H_2O$$

烟气脱硫后，增湿水的加入使活化器出口烟温下降至 55~60℃，为防止除尘器、吸风机及烟囱的结露腐蚀，须在活化器出口设置再热器，使进入除尘器的烟温高于烟气露点 10℃ 以上，确保设备安全运行。增湿水由于烟温加热被迅速蒸发，未反应的吸收剂、反应产物呈干燥态随烟气排出，被除尘器收集下来。由于脱硫过程对吸收剂的利用率很低，脱硫副产物是以不稳定的亚硫酸钙为主的脱硫灰，副产物的综合利用受到一定的影响。

芬兰 Tampella 和 IVO 公司开发的这种脱硫工艺，于 1986 年首先投入商业运行。LIFAC 工艺的脱硫效率一般为 60%~85%。加拿大最先进的燃煤电厂 Shand 电站采用 LIFAC 烟气脱硫工艺，8 个月的运行结果表明，其脱硫工艺性能良好，脱硫率和设备可用率都达到了一些成熟的 SO_2 控制技术相当的水平。我国南京下关发电厂 2×125MW 机组全套引进芬兰 IVO 公司的 LIFAC 工艺技术，锅炉的含硫量为 0.92%，设计脱硫效率为 75%。目前，两台脱硫试验装置已投入商业运行，运行的稳定性及可靠性均较高。该工艺的流程图见图 6-1。

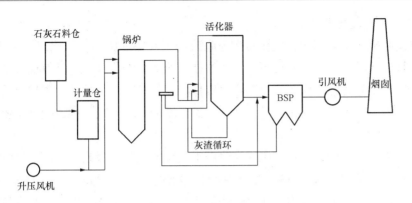

图 6-1 南京下关发电厂 LIFAC 工艺流程图

三、燃烧后脱硫（烟气脱硫，FGD）

燃烧后脱硫，又称烟气脱硫（flue gas desulfurization，FGD），是当前应用最广、效率最高的脱硫技术。对燃煤电厂而言，在今后一个相当长的时期内，FGD 将是控制 SO_2 排放的主要方法。

FGD 技术按脱硫剂的种类，可分为以 $CaCO_3$（石灰石）为基础的钙法、以 MgO 为基础的镁法、以 Na_2SO_3 为基础的钠法、以 NH_3 为基础的氨法和以有机碱为基础的有机碱法。世界上普遍使用的商业化技术是钙法，所占比例在 90% 以上。

按脱硫过程是否加水和脱硫产物的干湿形态，烟气脱硫分为湿法、半干法、干法三大类脱硫工艺。湿法脱硫技术较为成熟，效率高，操作简单；但脱硫产物的处理较难，烟气温度较低，不利于扩散，设备及管道防腐蚀问题较为突出。半干法、干法脱硫技术的脱硫产物为干粉状，容易处理，工艺较简单；但脱硫效率较低，脱硫剂利用率低。

（一）湿法 FGD 烟气脱硫工艺

湿法 FGD 技术是用含有吸收剂的溶液或浆液在湿状态下脱硫和处理脱硫产物，该法具有脱硫反应速度快、设备简单、脱硫效率高等优点，但普遍存在腐蚀严重、运行维护费用高及易造成二次污染等问题。湿法烟气脱硫技术按使用脱硫剂种类可分为石灰石—石膏法、简易石灰石—石膏法、双碱法、石灰液法、钠碱法、氧化镁法、有机胺循环法和海水脱硫法等，按脱硫设备采用的技术种类可分为旋流板技术、气泡雾化技术、填料塔技术、静电脱硫技术和文丘里脱硫技术等。湿法烟气脱硫工艺绝大多数采用碱性浆液或溶液作吸收剂，其中石灰石或石灰为吸收剂的强制氧化湿式脱硫方式是目前使用最广泛的脱硫技术，这部分内容将在后面作单独详细描述。其他湿式脱硫工艺包括用钠基、镁基、海水和氨作吸收剂，一般用于小型电厂和工业锅炉。

石灰石或石灰洗涤剂与烟气中 SO_2 反应，反应产物硫酸钙在洗涤液中沉淀下来，经分离后即可抛弃，也可以石膏形式回收。目前的系统大多数采用了大处理量洗涤塔，300MW 机组可用一个吸收塔，从而节省了投资和运行费用。系统的运行可靠性已达 99% 以上，通过添加有机酸可使脱硫效率提高到 95% 以上。

以海水为吸收剂的工艺具有结构简单、不用投加化学品、投资小和运行费用低等特点。氨洗涤法可达很高的脱硫效率，副产物硫酸铵和硝酸铵是可出售的化肥。湿法烟气脱硫的优点是脱硫效率高，设备小，投资省，易操作，易控制，操作稳定，以及占地面积小。

1. 氢氧化镁脱硫技术

氢氧化镁脱硫技术是利用氢氧化镁作为脱硫剂吸收烟气中的二氧化硫，生成亚硫酸镁，并通入空气将亚硫酸镁生成溶解度更大的硫酸镁。氢氧化镁作脱硫剂具有反应活性大、脱硫效率高、液气比小等优点，因此具有综合投资低，运行费用低等特点。该技术受脱硫剂产地的限制，在我国山东半岛及辽宁一带菱镁矿资源丰富的地区，是一种比较有竞争力的脱硫技术。

氢氧化镁法脱硫机理如下：在湿式吸收塔中使用氢氧化镁吸收 SO_2，吸收塔底部吹送空气生成 $MgSO_4$，控制塔内 $MgSO_3$，防止逆反应及堵塞。添加 $Mg(OH)_2$ 调整塔内 pH 值，达到最佳脱硫设计。在氧化塔内，亚硫酸镁氧化为溶解度大的硫酸镁，经脱水处理后可直接达标排放。吸收反应化学式为

$$Mg(OH)_2 + SO_2 \longrightarrow MgSO_3 + H_2O$$

$$MgSO_3 + H_2O + SO_2 \longrightarrow Mg(HSO_3)_2$$

$$Mg(HSO_3)_2 + Mg(OH)_2 \longrightarrow 2MgSO_3 + 2H_2O$$

$$MgSO_3 + \frac{1}{2}O_2 \longrightarrow MgSO_4$$

氢氧化镁脱硫工艺流程见图 6-2，经除尘后的烟气经引风机导入脱硫塔，上升的烟气与从上部喷下的氢氧化镁溶液逆流接触并发生反应，吸收烟气中的 SO_2、SO_3、HCl、HF 等酸性气体，经脱硫净化后的烟气排入烟囱。在脱硫塔底部用鼓风机鼓入氧气，将脱硫产物亚硫酸镁氧化成溶解度更大的硫酸镁。整个吸收过程采取塔内及塔外双循环，脱硫剂氧化镁加入熟化槽内生成氢氧化镁溶液打入氢氧化镁溶液储罐，然后用氢氧化镁进料泵打入塔底参与塔内循环。脱硫循环溶液定量打入氧化槽氧化，一部分继续返回塔内循环脱硫，一部分则进入废水处理系统处理后达标排放，或生产成七水硫酸镁销售。

氧化镁脱硫工艺具有以下特点：①脱硫剂原料廉价易得；②脱硫设备简单，操作简单，

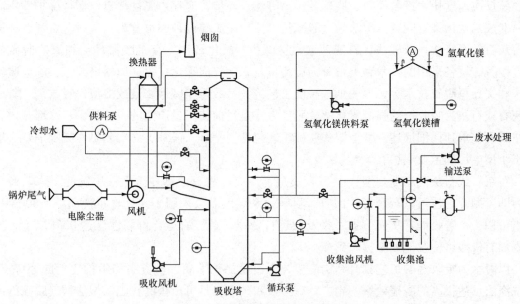

图 6-2 氧化镁脱硫工艺流程示意图

成本低；③循环液呈溶液状，不易结垢，不会堵塞；④脱硫后溶液，脱水后可直接达标排放，无二次污染等。

2. 海水烟气脱硫工艺

海水烟气脱硫工艺是利用海水的碱度达到脱除烟气中的二氧化硫的一种脱硫方法。烟气经除尘器除尘后，由增压风机送入气—气换热器中的热侧降温，然后送入吸收塔。在脱硫吸收塔内，与来自循环冷却系统的大量海水接触，烟气中的二氧化硫被吸收反应脱除。脱除二氧化硫后的烟气经换热器升温，由烟道排放。洗涤后的海水经处理后排放。该工艺的反应机理为

$$SO_2 + H_2O \longrightarrow H_2SO_3$$
$$H_2SO_3 \longrightarrow H^+ + HSO_3^-$$
$$HSO_3^- \longrightarrow H^+ + SO_3^{2-}$$
$$SO_3^{2-} + \frac{1}{2}O_2 \longrightarrow SO_4^{2-}$$
$$H^+ + CO_3^{2-} \longrightarrow HCO_3^-$$
$$HCO_3^- + H^+ \longrightarrow H_2CO_3 \longrightarrow CO_2 + H_2O$$

此工艺是最近几年才发展起来的新技术。在我国，深圳西部电厂的一台 300MW 机组海水脱硫工艺，作为海水脱硫试验示范项目已投入商业运行，运行的可靠性高。图 6-3 为该工艺的流程图。

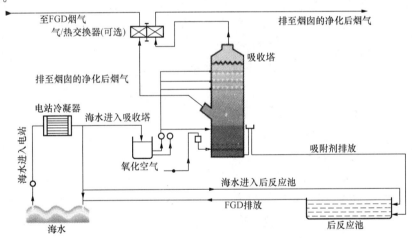

图 6-3 深圳西部电厂海水烟气脱硫工艺流程图

3. 氨法脱硫工艺

氨法脱硫工艺是基于氨与 SO_2、水反应成脱硫产物而进行的，主要有湿式氨法、电子束氨法、脉冲电晕氨法、简易氨法等。

湿式氨法是目前较成熟的、已工业化的氨法脱硫工艺，并兼有脱氮功能。湿式氨法工艺过程一般分成脱硫吸收、中间产品处理、副产品制造三大步骤。

（1）吸收过程。

脱硫吸收过程是氨法烟气脱硫技术的核心，它以水溶液中的 SO_2 和 NH_3 的反应为基础

$$SO_2 + H_2O + xNH_3 \longrightarrow (NH_4)_x H_{2-x} SO_3$$

得到亚硫酸铵中间产品，其中，$x=1.2\sim1.4$。直接将亚硫酸铵制成产品即为亚硫酸铵法。

（2）中间产品处理。

中间产品的处理主要分为直接氧化和酸解两大类。

在直接氧化—氨—硫酸铵肥法中，空气被鼓入多功能脱硫塔中，将亚硫酸铵氧化成硫酸铵，其反应为

$$(NH_4)_xH_{2-x}SO_3+(2-x)NH_3+\frac{1}{2}O_2\longrightarrow(NH_4)_2SO_4$$

在酸解—氨酸法中，用硫酸、磷酸、硝酸等酸将脱硫产物亚硫酸铵酸解，生成相应的铵盐和气体二氧化硫，其反应为

$$(NH_4)_xH_{2-x}SO_3+\frac{x}{2}H_2SO_4\longrightarrow\frac{x}{2}(NH_4)_2SO_4+SO_2+H_2O$$

$$(NH_4)_xH_{2-x}SO_3+xHNO_3\longrightarrow xNH_4NO_3+SO_2+H_2O$$

$$(NH_4)_xH_{2-x}SO_3+\frac{x}{2}H_3PO_4\longrightarrow\frac{x}{2}(NH_4)_2HPO_4+SO_2+H_2O$$

（3）副产品制造。

中间产品经处理后形成铵盐及气体二氧化硫。铵盐送制肥装置制成成品氮肥或复合肥；气体二氧化硫既可制造液体二氧化硫又可送硫酸制酸装置生产硫酸。而生产所得的硫酸又可用于生产磷酸、磷肥等。

湿式氨法在脱硫的同时，又可起一定的脱氮作用，其脱氮反应式为

$$2NO+O_2\longrightarrow2NO_2$$

$$2NO_2+H_2O\longrightarrow HNO_3+HNO_2$$

$$NH_3+HNO_3\longrightarrow NH_4NO_3$$

$$NH_3+HNO_2\longrightarrow NH_4NO_2$$

$$4(NH_4)_2SO_3+2NO_2\longrightarrow N_2+4(NH_4)_2SO_4$$

氨法脱硫工艺根据过程和副产物的不同，湿式氨法又可分为氨—硫酸铵肥法、氨—磷酸铵肥法、氨—酸法、氨—亚硫酸铵法等。氨—硫酸铵肥法设备主要由脱硫洗涤系统、烟气系统、氨储存系统、硫酸铵生产系统等组成，核心设备是脱硫洗涤塔。湿式氨法脱硫工艺流程如图6-4所示。由锅炉引风机（或脱硫增压风机）来的烟气，经换热降温至100℃左右进入脱硫塔，用氨化液循环吸收生产亚硫酸铵；脱硫后的烟气经除雾净化入再热器（可用蒸汽加

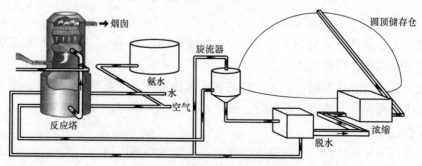

图6-4　湿式氨法脱硫工艺流程

热器或气气换热器）加热至 70℃左右后进入烟囱排放。脱硫塔为喷淋吸收塔，是在湿式—石灰石/石膏脱硫常用的吸收塔结构基础上，在反应段、除雾段增加了相应的构件从而增大反应接触时间。吸收剂氨水（或液氨）与吸收液混合进入吸收塔。吸收形成的亚硫酸铵在吸收塔底部氧化成硫酸铵溶液，再将硫酸铵溶液泵入过滤器，除去溶液中的烟尘送入蒸发结晶器。硫酸铵溶液在蒸发结晶器中蒸发结晶，生成的结晶浆液流入过滤离心机分离得到固体硫酸铵（含水量 2%～3%），再进入干燥器，干燥后的成品入料仓进行包装，即可得到商品硫酸铵化肥。

目前国内外典型的湿式氨法脱硫工艺有 Walther 氨法工艺、AMASOX 氨法工艺、GE 氨法工艺和 NKK 氨法等。

（1）Walther 氨法工艺。

Walther 氨法工艺是由克卢伯（Krupp Kroppers）公司于 20 世纪七八十年代开发的最早的湿法氨水脱硫工艺。除尘后的烟气先经过热交换器，从上方进入洗涤塔，与氨气（25%）并流而下，氨水落入池中，用泵抽入吸收塔内循环喷淋烟气。烟气则经除雾器后进入一座高效洗涤塔，将残存的盐溶液洗涤出来，最后经热交换器加热后的清洁烟气排入烟囱。

（2）AMASOX 氨法工艺。

传统的氨法工艺遇到的主要问题之一，是净化后的烟气中存在难以解决的气溶胶问题。能捷斯—比晓夫公司将传统氨法改造、完善为 AMASOX 法，主要改进是将传统的多塔改为结构紧凑的单塔，并在塔内安置湿式电除雾器解决气溶胶问题。

（3）GE 氨法工艺。

GE 氨法工艺是美国 GE 公司 20 世纪 90 年代开发的工艺，已在威斯康辛州的 Kenosha 电厂建成一个 500MW 的工业性示范装置。该工艺流程为：除尘后的烟气从电厂锅炉后引出，经换热器后，进入冷却装置高压喷淋水雾降温、除尘（去除残存的烟尘），冷却到接近饱和露点温度的洁净烟气再进入到吸收洗涤塔内。吸收塔内布置有两段吸收洗涤层，使洗涤液和烟气得以充分地混合接触，脱硫后的烟气经塔内的湿式电除尘器除雾后，再进入换热器升温，达到排放标准后经烟囱排入大气。脱硫后含有硫酸铵的洗涤液经结晶系统形成副产品硫酸铵。

（4）NKK 氨法。

NKK 氨法是日本钢管公司开发的工艺。该吸收塔具有一定的特点，分三段，从下往上依次为：下段是预洗涤除尘和冷激降温，在这一段，没有吸收剂的加入；中段是第一吸收段，吸收剂从此段加入；上段作为第二吸收段，不加吸收剂，只加工艺水。吸收处理后的烟气经加热器升温后排向烟囱。亚硫酸铵氧化在单独的氧化反应器中进行，需要的氧由压缩空气补充，氧化剩余气体排向吸收塔。

（二）干法脱硫技术

干法 FGD 技术的脱硫吸收和产物处理均在干态下进行，该法具有无污水废酸排出、设备腐蚀程度较轻，烟气在净化过程中无明显降温、净化后烟温高、利于烟囱排气扩散、二次污染少等优点，但存在脱硫效率低、反应速度较慢、设备庞大等问题。干法脱硫工艺用于电厂烟气脱硫始于 20 世纪 80 年代初，与常规的湿式洗涤工艺相比有以下优点：投资费用较低；脱硫产物呈干态，并和飞灰相混；无需装设除雾器及再热器；设备不易腐蚀，不易发生结垢及堵塞。其缺点是：吸收剂的利用率低于湿式烟气脱硫工艺；用于高硫煤时经济性差；飞灰与脱硫产物相混可能影响综合利用；对干燥过程控制要求很高。

1. 喷雾干式烟气脱硫工艺

喷雾干式烟气脱硫（简称干法 FGD），最先由美国 JOY 公司和丹麦 Niro Atomier 公司共同开发的脱硫工艺，20 世纪 70 年代中期得到发展，并在电力工业迅速推广应用。该工艺用雾化的石灰浆液在喷雾干燥塔中与烟气接触，石灰浆液与 SO_2 反应后生成一种干燥的固体反应物，最后连同飞灰一起被除尘器收集。我国曾在四川省白马电厂进行了旋转喷雾干法烟气脱硫的中间试验，取得一些经验，为在 200～300MW 机组上采用旋转喷雾干法烟气脱硫优化参数的设计提供了依据。

2. 粉煤灰干式烟气脱硫技术

日本从 1985 年起，研究利用粉煤灰作为脱硫剂的干式烟气脱硫技术，到 1988 年底完成工业实用化试验，1991 年初投运了首台粉煤灰干式脱硫设备，处理烟气量 644000m³/h（标态）。粉煤灰干式烟气脱硫技术的特点是：脱硫率高达 60% 以上，性能稳定，达到了一般湿式法脱硫性能水平；脱硫剂成本低；用水量少，无需排水处理和排烟再加热，设备总费用比湿式法脱硫低 1/4；煤灰脱硫剂可以复用；没有浆料，维护容易，设备系统简单可靠。干法脱硫技术采用湿态吸收剂，反应生成干粉脱硫产物。干法工艺较简单，但脱硫效率和脱硫剂的利用率较低。

3. 等离子体烟气脱硫技术（脱硫脱硝一体化）

等离子体烟气脱硫技术研究始于 20 世纪 70 年代，目前世界上已开展较大规模研究的方法有电子束辐照法（EB）和脉冲电晕法（PPCP）两类。

（1）电子束辐照法。电子束烟气脱硫工艺是一种物理方法和化学方法相结合的高新技术。电子束辐照含有水蒸气的烟气时，会使烟气中的分子如 O_2、H_2O 等处于激发态、离子或裂解，产生强氧化性的自由基如 O、OH、HO_2 和 O_3 等。这些自由基对烟气中的 SO_2 和 NO 进行氧化，分别变成 SO_3 和 NO_2 或相应的酸。在有氨存在的情况下，生成较稳定的硫酸铵和硝酸铵固体，它们被除尘器捕集下来从而达到脱硫脱硝的目的。

电子束烟气脱硫工艺的流程是由排烟预除尘、烟气冷却、氨的冲入、电子束照射和副产品捕集工序组成。锅炉所排出的烟气，经过集尘器的粗滤处理之后进入冷却塔，在冷却塔内喷射冷却水，将烟气冷却到适合于脱硫、脱硝处理的温度（约 70℃）。烟气的露点通常约为 50℃，被喷射呈雾状的冷却水在冷却塔内完全得到蒸发，因此，不产生任何废水。通过冷却塔后的烟气流进反应器，在反应器进口处将一定的氨气、压缩空气和软水混合喷入，加入氨的量取决于 SO_x 和 NO_x 浓度，经过电子束照射后，SO_x 和 NO_x 在自由基的作用下生成中间物硫酸和硝酸。然后硫酸和硝酸与共存的氨进行中和反应，生成粉状颗粒硫酸铵和硝酸铵的混合体。

该工艺的反应机理为

$$N_2、O_2、H_2O \longrightarrow \cdot OH、\cdot O，H_2O \cdot、N \cdot$$

$$2SO_2 + 2 \cdot OH \longrightarrow H_2SO_4$$

$$SO_2 + \cdot O + H_2O \cdot \longrightarrow H_2SO_4$$

$$NO_x + \cdot O + \cdot OH \longrightarrow NNO_3$$
$$H_2SO_4 + 2NH_3 \longrightarrow (NH_4)_2SO_4$$
$$HNO_3 + NH_3 \longrightarrow NH_4NO_3$$

反应所生成的硫酸铵和硝酸铵混合微粒被副成品集尘器所分离和捕集，经过净化的烟气升压后向大气排放。

成都热电厂和日本荏原制作所合作建造了电子束脱硫工艺装置，该装置的处理烟气量为 $3 \times 10^5 m^3/h$（标态），二氧化硫的浓度为 $5148mg/m^3$，设计脱硫率为 80%。目前，该工艺装置已投入运行，运行的稳定性及设备状况均较佳。该工艺的流程见图 6-5。

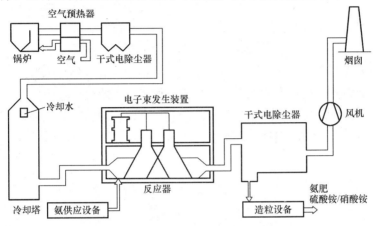

图 6-5 电子束脱硫工艺流程示意图

（2）脉冲电晕法。脉冲电晕放电脱硫脱硝的基本原理和电子束辐照脱硫脱硝的基本原理基本一致，世界上许多国家进行了大量的实验研究，并且进行了较大规模的中间试验，但仍然有许多问题待于研究解决。

（三）半干法烟气脱硫技术

半干法 FGD 技术是指脱硫剂在干燥状态下脱硫、在湿状态下再生（如水洗活性炭再生流程），或者在湿状态下脱硫、在干状态下处理脱硫产物（如喷雾干燥法）的烟气脱硫技术。特别是在湿状态下脱硫、在干状态下处理脱硫产物的半干法，以其既有湿法脱硫反应速度快、脱硫效率高的优点，又有干法无污水废酸排出、脱硫后产物易于处理的优势而受到人们广泛的关注。

半干法工艺较简单，反应产物易于处理，无废水产生，但脱硫效率和脱硫剂的利用率低。目前常见的半干法烟气脱硫技术有喷雾干燥脱硫技术和循环流化床烟气脱硫技术等。

1. 旋转喷雾半干法烟气脱硫工艺

喷雾干燥脱硫技术利用喷雾干燥的原理，在吸收剂（氧化钙或氢氧化钙）用固定喷头喷入吸收塔后，一方面吸收剂与烟气中发生化学反应，生成固体产物；另一方面烟气将热量传递给吸收剂，使脱硫反应产物形成干粉，反应产物在布袋除尘器（或电除尘器）处被分离，同时进一步去除 SO_2。

旋转喷雾半干法烟气脱硫工艺是目前应用较广的一种烟气脱硫技术，其工艺原理是以石灰为脱硫吸收剂，石灰经消化并加水制成消石灰乳，消石灰乳由泵打入位于吸收塔内的雾化装置，在吸收塔内，被雾化成细小液滴的吸收剂与烟气混合接触，与烟气中的二氧化硫发生化学反应生成 $CaSO_3$，烟气中的二氧化硫被脱除。该工艺有关反应包括：

（1）$CaSO_3$ 在微滴中过饱和沉淀析出

$$SO_2 + H_2O \longrightarrow H_2SO_3$$
$$Ca(OH)_2 + H_2SO_3 \longrightarrow CaSO_3 + 2H_2O$$
$$CaSO_3(l) \longrightarrow CaSO_3(s) \downarrow$$

（2）$CaSO_3$ 氧化成 $CaSO_4$

$$CaSO_3(l) + \frac{1}{2}O_2 \longrightarrow CaSO_4(l)$$

（3）$CaSO_4$ 溶解度极低会迅速析出

$$CaSO_4(l) \longrightarrow CaSO_4(s) \downarrow$$

与此同时，吸收剂带入的水分迅速被蒸发而干燥，烟气温度随之降低。脱硫产物及未被利用的吸收剂以干燥的颗粒物形式随烟气带出吸收塔，进入除尘器被收集下来，脱硫后的烟气经除尘器除尘后排放。为了提高脱硫吸收剂的利用率，一般将部分脱硫灰加入制浆系统进行循环利用。旋转喷雾半干法烟气脱硫工艺流程见图 6-6。

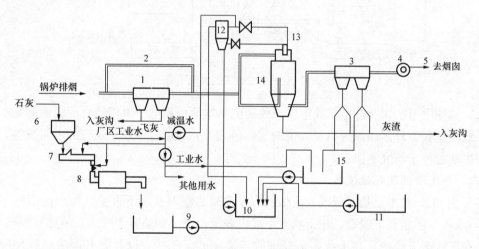

图 6-6 旋转喷雾半干法烟气脱硫工艺

1、3—除尘器；2—旁路烟道；4—引风机；5—烟囱；6—石灰石仓；7—消化器；8—湿式钢球磨石机；9—石灰石浆泵；10—配浆泵；11—添加剂溶液槽；12—高位料箱；13—离心喷雾器；14—吸收塔；15—再循环渣槽

我国于 1984 年在四川内江白马电厂建成第一套旋转喷雾半干法烟气脱硫小型试验装置，处理气量为 3400m^3/h（标态），于 1990 年 1 月在白马电厂建成了一套中型试验装置，处理气量 70000m^3/h（标态），进口 SO_2 浓度 3000×10^{-6}。经连续运行考核，Ca/S 为 1.4 时，脱硫率可达到 80％以上。

1993 年，日本开始援助山东黄岛电厂 4 号机组引进三菱重工旋转喷雾干燥脱硫工艺，装置于 1994 安装制造完毕，1995 年开始试车，处理气量为 30 万 m^3/h，入口 SO_2 浓度为 2000×10^{-6}，设计效率为 70％。该套设备曾因喷雾干燥脱硫吸收塔内壁出现沉积结垢而造成系统运行故障。通过采取降低处理烟气量等措施，使系统运行恢复正常。

旋转喷雾干燥脱硫装置日常运行管还应注意以下问题：① 石灰储藏注意防潮，储量需满足运行要求；② 注意检查石灰投加量是否达到设计要求；③ 定期检查石灰输送系统及其他处理设施运行是否正常；④ 注意喷雾器使用寿命及维护。

2. 循环流化床锅炉脱硫工艺（锅炉CFB-FGD工艺）

循环流化床锅炉脱硫工艺是近年来迅速发展起来的一种新型煤燃烧脱硫技术，它利用流化床原理，将脱硫剂流态化，烟气与脱硫剂在悬浮状态下进行脱硫反应，燃料和作为吸收剂的石灰石粉送入燃烧室中部，气流使燃料颗粒、石灰石粉和灰一起在循环流化床强烈扰动并充满燃烧室，石灰石粉在燃烧室内裂解成氧化钙，氧化钙和二氧化硫结合成亚硫酸钙，锅炉燃烧室温度控制在850℃左右，使反应效果达到最佳，其工艺流程如图6-7所示。该工艺的反应机理为

$$S+O_2 \longrightarrow SO_2$$
$$CaCO_3 \longrightarrow CaO+CO_2$$
$$Ca+SO_2 \longrightarrow CaSO_3$$

反应的Ca/S达到2.0左右时，脱硫率可达90%以上。四川内江高坝电厂引进了芬兰的410t/h循环流化床锅炉，目前已投入运行。

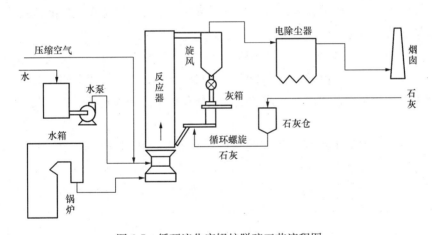

图6-7 循环流化床锅炉脱硫工艺流程图

3. 电子束氨法（EBA法）与脉冲电晕氨法（PPCPA法）（脱硫脱硝一体化）

电子束氨法与脉冲电晕氨法分别是用电子束和脉冲电晕照射喷入水和氨的温度已降至70℃左右的烟气，在强电场作用下，部分烟气分子电离，成为高能电子，高能电子激活、裂解、电离其他烟气分子，产生OH、O、HO_2等多种活性粒子和自由基。在反应器里，烟气中的SO_2和NO被活性粒子和自由基氧化为高价氧化物SO_3和NO_2，与烟气中的H_2O相遇后形成H_2SO_4和HNO_3，在有NH_3或其他中和物注入情况下生成$(NH_4)_2SO_4$和NH_4NO_3的气溶胶，再由收尘器收集。脉冲电晕放电烟气脱硫脱硝反应器的电场本身同时具有除尘功能。这两种方法的能耗和效率尚要改进，主要设备如大功率的电子束加速器和脉冲电晕发生装置还在研制阶段。

（四）其他脱硫工艺——烟气生物脱硫

烟气生物脱硫过程可分为 SO_2 吸收过程和含硫吸收液的生物脱硫过程两个阶段。烟气中的 SO_2 通过水膜除尘器或吸收塔溶解于水并转化为亚硫酸盐、硫酸盐；在厌氧环境及有外加碳源的条件下，硫酸盐还原菌（SRB）将亚硫酸盐、硫酸盐还原成硫化物；然后在好氧的条件下通过好氧微生物的作用将硫化物转化为单质硫，从而将硫从系统中去除。

SO_2 吸收原理如下：利用微小水滴的巨大表面积完成对烟气的吸收，从而使 SO_2 由气相转入液相，且主要以亚硫酸根和硫酸根的形式存在。吸收效果与吸收液的比表面积、pH值、碱度和温度等有关，但主要取决于吸收液的比表面积。该过程的主要反应为

$$SO_2(g) \longrightarrow SO_2(l)$$
$$SO_2(l) + H_2O \longrightarrow H^+ + HSO_3^-$$
$$HSO_3^- \longrightarrow H^+ + SO_3^{2-}$$
$$SO_3^{2-} + \frac{1}{2}O_2 \longrightarrow SO_4^{2-}$$

从反应方程式可以看出，在 SO_2 吸收过程产生了 H^+。因此，吸收液必须有足够的碱度来中和 H^+，以保障吸收反应的持续进行。

含硫吸收液生物脱硫原理为：在厌氧环境下，富含亚硫酸盐、硫酸盐的水在硫酸盐还原菌（SRB）的作用下，亚硫酸盐和硫酸盐被还原成硫化物。以甲醇作为硫酸盐还原的电子供体，其主要反应为

$$HSO_3^- + CH_3OH \longrightarrow HS^- + CO_2 + H_2O$$
$$3SO_4^{2-} + 4CH_3OH \longrightarrow 3HS^- + 3HCO_3^- + CO_2 + 5H_2O$$

在好氧条件下利用细菌将厌氧形成的硫化氢氧化成单质硫颗粒并予以回收

$$2HS^- + O_2 \longrightarrow 2S + H_2O$$

很显然，该反应增加了系统循环液的碱性，与吸收过程导致吸收液酸性增加的反应互逆，从而维持整个系统 pH 值的稳定，减少系统运行时的药剂投加量。

1992 年荷兰 HTSE&E 公司和 Paques 公司开发出了烟道气生物脱硫工艺（Bio-FGD），标志着烟气生物脱硫技术达到的实用技术水平。

20 世纪 90 年代初荷兰 Wageningen 农业大学在厌氧处理硫酸盐废水领域进行了大量研究，并开发了回收单质硫的生物脱硫工艺。荷兰的 HTSE&E 公司和 Paques 公司将这一新技术应用于烟气生物脱硫工程，1992 年 5 月开始实验室运行，1993 年将其应用于 50MW 电厂的烟气治理，在该处理系统顺利运转的基础上，Bio-FGD 工艺被进一步放大在荷兰南部 Geertruidenberg 的 600MW 火力发电站，建立了烟道气生物脱硫中试工厂，积累了不少经验，使工艺的发展日趋成熟。目前 Bio-FGD 工艺对于中小型锅炉烟气治理已进入实用化的阶段，其示范工程处理电厂废气量达 200 万 m^3/h。

Bio-FGD 工艺主要设计通过一个吸附器和两个生物反应器去除气体中的 SO_2。吸附器首先吸附烟气中的 SO_2，并且是唯一与气体接触的单元。在第一个反应器通过厌氧生物处理形成硫化物，在第二个反应器通过好氧生物处理将硫化物氧化成高质量的单质硫，其工艺流程如图 6-8 所示。

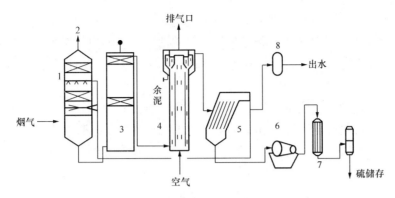

图 6-8　Bio-FGD工艺流程

1—吸附器；2—净化器；3—厌氧反应器；4—好氧反应器；5—板式分离器；

6—转鼓过滤机；7—热交换器；8—砂滤

第三节　湿法 FGD 烟气脱硫存在的问题及故障处理

湿法 FGD 烟气脱硫是目前国内外应用最普遍的烟气脱硫系统，从国内、外产品的使用看，湿法脱硫占 80%～85% 的市场份额。下面重点介绍湿法烟气脱硫存在的问题及其解决方法。

湿法烟气脱硫通常存在脱硫效率低、GGH 堵塞、除雾器结垢堵塞、石膏品质差、浆液泵的腐蚀与磨损、机械密封损坏、吸收塔浆液起泡、吸收塔"中毒"、富液难以处理等棘手的问题。这些问题如解决不好，将会引起二次污染、运转效率低下或不能运行等问题。

一、湿法 FGD 烟气脱硫存在的问题及处理

(一) 脱硫效率低

1. 脱硫效率低的原因分析

(1) 设计因素。设计是基础，包括 L/G、烟气流速、浆液停留时间、氧化空气量、喷淋层设计等。应该说，目前国内脱硫设计已经非常成熟，而且都是程序化，各家脱硫公司设计大同小异。

(2) 烟气因素。其次考虑烟气方面，包括烟气量、入口 SO_2 浓度、入口烟尘含量、烟气含氧量、烟气中的其他成分等，是否超出设计值。

(3) 脱硫吸收剂。石灰石的纯度、活性等，石灰石中的其他成分，包括 SiO_2、镁、铝、铁等，特别是白云石等惰性物质。

(4) 运行控制因素。运行中吸收塔浆液的控制运行参数对脱硫效率影响的关键因素包括吸收塔 pH 值控制、吸收塔浆液浓度、吸收塔浆液过饱和度、循环浆液量、Ca/S、氧化风量、废水排放量、杂质等。

(5) 水。水的因素相对较小，主要是水的来源以及成分。

(6) 其他因素。包括旁路状态、GGH 泄漏等。

2. 改进措施及运行控制要点

从上面的分析看出，影响 FGD 系统脱硫率的因素很多，这些因素又相互关联，以下提

出改进 FGD 系统脱硫效率的一些原则措施，供参考。

（1）FGD 系统的设计是关键。根据具体工程来选定合适的设计和运行参数是每个 FGD 系统供应商在工程系统设计初期所必须面对的重要课题。特别是设计煤种的问题，太高造价大，低了风险大。

特别是目前国内煤炭品质不一，供需矛盾突出，造成很多电厂燃烧煤种严重超出设计值，脱硫系统无法长期稳定运行，同时对脱硫系统造成严重的危害。

（2）控制好锅炉的燃烧和电除尘器的运行，使进入 FGD 系统的烟气参数在设计范围内。必须从脱硫的源头着手，方能解决问题。

（3）选择高品位、活性好的石灰石作为吸收剂。

（4）保证 FGD 工艺水水质。

（5）合理使用添加剂。

（6）根据具体情况，调整好 FGD 各系统的运行控制参数。特别是 pH 值、浆液浓度、Cl^-/Mg^{2+} 离子等。

（7）做好 FGD 系统的运行维护、检修、管理等工作。

（二）GGH 堵塞

1. GGH 堵塞的原因分析

GGH 的结垢、腐蚀、堵塞是 FGD 系统运行中常见问题。堵塞使得 GGH 压损大大增大，系统阻力增加，电耗增大，严重时 FGD 旁路烟气挡板被迫打开；在一些电厂出现过增压风机喘振现象，甚至威胁到锅炉的安全运行。造成 GGH 结垢堵塞的因素是多方面的，有设备、运行、设计等各方面的原因。

（1）GGH 吹扫/冲洗不正常或故障。吹扫空气/蒸汽压力不足；吹扫周期太长；高压水压力不足。

（2）净烟气携带浆液的沉积结垢。除雾效果不好，或除雾器堵塞都会造成烟气中携带的浆液颗粒过多；pH 值过高，造成浆液中 $CaCO_3$ 过多，在 GGH 内部与 SO_2 发生反应；氧化不好，烟气中携带过多亚硫酸钙，易黏附；特别是 GGH 净烟气侧，实际是一个干湿界面，尽量减少烟气中的水分携带。

（3）烟气中的烟尘引起的堵塞。因吸收塔出口烟气处于饱和状态，并携带一定量的水分，GGH 加热原件表面比较潮湿，在 GGH 原烟气侧特别是冷端，烟气中烟尘会黏附在换热原件的表面。另外，飞灰具有水硬性，飞灰中的 CaO 可以激活飞灰的特性，烟气中的 SO_3 以及塔内浆液等与飞灰相互反应生成类似水泥的硅酸盐，随着运行时间的累积硬化，即使高压水也难以清除，这同样引起堵塞问题，在烟尘量大时堵塞更快。

（4）设计不合理引起的 GGH 堵塞。包括 GGH 本身因素，如换热面高度、间距、换热片类型、吹灰方式、布置形式、吹灰器数量、吹灰器喷头吹扫位置、覆盖范围等，对 GGH 积灰、结垢均有影响。

总的来说，压缩空气不如蒸汽，1 个吹灰枪不如上、下两个，夹板式的换热元件应该优于波纹板式。另外，GGH 前后直管道设计，导流板布置，均影响堵塞。

（5）其他。另外，GGH 堵塞与煤种有很大的关系，特别是灰分特性，有些煤种的灰分黏性大，极易黏附，堵塞的可能性就大。

2. GGH 堵塞的改进措施

（1）改进设计。

1）改进 GGH 本体的设计，如合理的换热面高度、换热片间距、换热片形式等。

2）改进 GGH 吹灰的设计。包括吹灰枪的布置以及吹扫周期。在 GGH 上下都设置吹灰器比只设一个吹灰枪效果要好，可以延缓 GGH 堵塞的趋势。

3）吹枪改设计为蒸汽吹灰。蒸汽吹扫时，必须先进行蒸汽疏水。

4）改进烟道设计。合理布置烟道导流板，使气流分布均匀。

5）改进喷淋层、除雾器系统的设计。喷淋覆盖率小、除雾器效果不好或其叶片冲洗不净而积石膏等，使吸收塔出口烟气携带浆液，其下游的受害者就是 GGH。所以喷嘴合理布置和选择、除雾器的选型和注意除雾器的清洗效果尤为重要。

（2）正常运行时应采取措施。

1）加强正常吹灰。用压缩空气或蒸汽至少应 4h 一次，也可增加频率。同时确保吹扫压力，压缩空气要求喷头处大于 0.8MPa；蒸汽要求大于 1MPa。

2）在线高压水冲洗。正常压力 1.5 倍时投入。GGH 清洗工艺流程见图 6-9。

3）离线高压水清洗。机组停运，利用专用高压清洗工具，

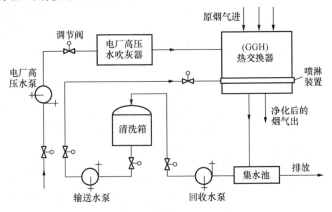

图 6-9 GGH 清洗工艺流程图

50～100MPa 压力进行彻底清洗。必要时，拆除换热片，逐片进行。

4）化学清洗。机组停运时，首先利用专用化学药品浸泡，然后进行冲洗。

5）加强吸收塔浆液控制，包括 pH 值、浓度等。同时确保除雾器正常工作。

6）提高电除尘效率，控制烟尘含量。

（3）其他。对于部分堵塞严重的电厂，如果采取各种措施后，仍然无法解决，应尝试取消 GGH，同时对于净烟道及烟囱采取相应的防腐措施。

（三）除雾器结垢堵塞

湿法吸收塔在运行过程中，易产生粒径为 10～60μm 的雾。雾不仅含有水分，还溶有硫酸、硫酸盐、SO_2 等，如不妥善解决，任何进入烟囱的雾，实际就是把 SO_2 排放到大气中，造成 SO_2 的二次污染，同时也造成引风机的严重腐蚀。因此，在工艺上应对吸收设备提出除雾的要求，目前，我国相当一部分吸收塔尚未设置除雾器。

脱硫塔顶部净化后烟气的出口，应设有除雾器，通常为二级除雾器，安装在塔的圆筒顶部（垂直布置）或塔出口的弯道后的平直烟道上（水平布置）。后者允许烟气流速高于前者。除雾器应设置冲洗水，以间歇冲洗除雾器。净化除雾后烟气中残余的水分一般不得超过 100mg/m³，否则会沾污和腐蚀热交换器、烟道和风机。

1. 除雾器结垢堵塞的原因分析

经过脱硫后的净烟气中含有大量的固体物质，在经过除雾器时多数以浆液的形式被捕捉

下来，黏结在除雾器表面上，如果得不到及时的冲洗，会迅速沉积下来，逐渐失去水分而成为石膏垢。由于除雾器材料多数为PP，强度一般较小，在黏结的石膏垢达到其承受极限的时候，就会造成除雾器坍塌事故。除雾器结构原理图见图6-10。

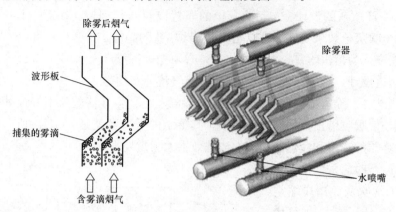

图 6-10　除雾器结构原理简图

工作原理：当带有液滴的烟气进入除雾器通道时，由于流线的偏折，在惯性力的作用下实现气液分离，部分液滴撞击在除雾器叶片上被捕集下来。

除雾器的捕集效率随气流速度的增加而增加，这是由于流速高，作用于液滴上的惯性力大，有利于气液的分离。但是，流速的增加将造成系统阻力增加，使得能耗增加。同时流速的增加有一定的限度，流速过高会造成二次带水，从而降低除雾效率。通常将通过除雾器断面的最高且又不致二次带水时的烟气流速定义为临界气流速度，该速度与除雾器结构、系统带水负荷、气流方向、除雾器布置方式等因素有关。

除雾器通常被布置于吸收塔的上部，含硫烟气经过反应区时与石灰石浆液进行中和反应后形成雾滴，雾滴随烟气上升至除雾器区域，除雾器的作用就是将雾滴捕集。当含有雾滴的烟气流经除雾器通道时，雾滴的撞击作用、惯性作用、转向离心力及其与波形板的摩擦作用、吸附作用使得雾滴被捕集，除雾器波形板的多折向结构增加了雾滴被捕集的机会，从而大大提高了除雾效率。

沉积在除雾器表面的浆液中所含的物质是引起结垢的原因。如果这些污垢不能得到及时的冲洗，就会在除雾器叶片上沉积，进而造成除雾器堵塞。

结垢主要分为以下两种类型：

（1）湿—干垢。多数除雾器结垢都是这种类型。因烟气携带浆液的雾滴被除雾器折板捕捉后，在环境温度、黏性力和重力的作用下，固体物质与水分逐渐分离，堆积形成结垢。这类垢较为松软，通过简单的机械清理以及水冲洗方式即可得到清除。

（2）结晶垢。少数情况下，由于雾滴中含有少量亚硫酸钙和未反应完全的石灰石，会继续进行与塔内类似的各种化学反应，反应物也会黏结在除雾器表面造成结垢，这些垢较为坚硬，形成后不易冲洗。

2. 防止除雾器堵塞的措施

由于除雾器的功能就是捕捉烟气携带的雾滴，因此形成湿—干类型的垢属于正常现象，脱硫系统都设计有冲洗装置将沉积的石膏垢定期及时冲洗掉，防止其堆积。

正常运行期间，应按照设备厂家要求的冲洗水流量和冲洗频率进行冲洗，可防止结垢物堆积，同时防止发生堵塞和坍塌事故。

应重点进行以下工作：

（1）定期进行冲洗，通常 2h 一次，低负荷可适当延长。

（2）确保冲洗压力，要求冲洗时喷嘴处压力 0.25～0.3MPa。

（3）定期检查冲洗阀门，防止阀门内漏。

（4）确保除雾器压力测量准确，建议采用环形取压，同时带吹扫。只有准确的压力测量，才能正确地进行监控。

（5）严格控制吸收塔浆液浓度（质量含量小于 20％）

（6）避免长期高 pH 值运行，另外 pH 值波动不能太剧烈。

（四）石膏品质差

1. 影响石膏品质的因素

石膏品质差主要表现在石膏含水率高（＞10％）；石膏纯度低；石膏中 $CaCO_3$ 或 $CaSO_3$ 超标；石膏中的 Cl^-、可溶性盐（如镁盐等）含量高等方面。水泥厂对石膏水分、纯度、Cl^- 要求较高，Cl^- 高则影响水泥的黏性。

在石膏的生成过程中，如果工艺条件控制不好，往往会生成层状或针状晶体，尤其是针状晶体，形成的石膏颗粒小，黏性大，难以脱水，如 $CaSO_3 \cdot \frac{1}{2} H_2O$ 晶体。而理想的石膏晶体（$CaSO_4 \cdot 2H_2O$）应是短柱状，比前者颗粒大，易于脱水。所以，控制好吸收塔内化学反应条件和结晶条件，使之生成粗颗粒和短柱状的石膏晶体，同时调整好系统设备的运行状态是石膏正常脱水的保证。

（1）吸收塔内浆液成分因素。石膏来源自吸收塔内浆液，其品质的好坏，根本上由吸收塔内反应环境及反应物质决定。常见影响石膏含水率的因素为：

1）浆液中杂质成分过高。飞灰、$CaSO_3$、$CaCO_3$、Cl^-、Mg^{2+} 含量高，前三者本身颗粒较小不易脱水；而过多的 Mg^{2+} 则影响石膏结晶的形状，因增加了浆液的黏度而抑制颗粒物的沉淀过程；Cl^- 过高也会影响石膏的结晶。通常吸收塔内要求 $Mg^{2+} < 5000 \times 10^{-6}$，$Cl^- < 10000 \times 10^{-6}$，否则脱水就有影响。

2）石膏在塔内停留时间短，结晶时间不足，其颗粒小。

3）浆液过稀，石膏过饱和度不足，浆液浓度（质量含量）低于 10％。

（2）设备因素。

1）旋流器分离效果差，造成脱水机上浆液浓度过低。

2）真空度过低：一般在 0.04～0.06MPa 之间最为合适，过高会造成真空泵过载；过低的原因可能是真空系统泄漏、滤饼厚度不足（20～40mm 之间）、滤布破损等。

3）小颗粒堵塞滤布或者滤布冲洗不足。

4）真空泵入口堵塞。

5）真空槽与皮带孔相对位置偏移，皮带上的真空度下降。

2. 石膏品质差解决措施

（1）设计核算。应首先对设计进行核算，检查吸收塔容积、石膏结晶时间（15h 以上）、氧化空气量进行检查，是否满足要求。

（2）分析吸收塔浆液成分。对吸收塔浆液进行取样分析，检查浆液内各成分，包括固相和液相。

（3）检查石膏旋流站。检查旋流站压力是否合适，旋流子是否磨损。同时对顶流和底流取样分析，确定旋流子分配比。

（4）检查皮带机设备。包括石膏底流是否分布均匀，石膏滤饼厚度是否合适不至于太薄或太厚，滤布是否堵塞或损坏，真空度是否偏低或偏高，管道有否泄漏，滤布/滤饼冲洗水是否正常等。

（5）检查石灰石品质。石灰石中 $CaCO_3$ 含量低、白云石及各种惰性物质如砂、黏土等含量高将引起石膏品质低下；石灰石浆液粒径过大不仅影响脱硫效率，且使石灰石的利用率偏低，石膏纯度低。

3. 运行建议

（1）提高锅炉燃烧效率，保证电除尘效率，尽可能控制烟气中的粉尘浓度在设计范围内。

（2）保证吸收剂石灰石的质量。石灰石的杂质如惰性成分除对脱硫率有不利影响外，还对石膏的质量有不利的影响，因此应尽可能提高石灰石的纯度及提供合理的细度。

（3）保证工艺水的质量，控制水中的悬浮物、Cl^-、F^-、Ca^{2+} 等的含量在设计范围内。

（4）选择合理的吸收塔浆液 pH 值，避免 pH 值大波动，保证塔内浆液 $CaCO_3$ 含量在设计范围内。

（5）选择合理的吸收塔浆液密度运行值，浆液含固率不能过小或过大。

（五）浆液泵的腐蚀与磨损

1. 浆液泵的腐蚀与磨损机理

脱硫工艺的特点决定了所有中间介质均为腐蚀性液体，同时液体中均携带有颗粒物。接触这些浆液的设备，如泵、管道的磨损和腐蚀是免不了的。特别是对于泵，常伴有汽蚀现象发生，加剧了泵的磨损。浆液泵结构如图 6-11 所示。

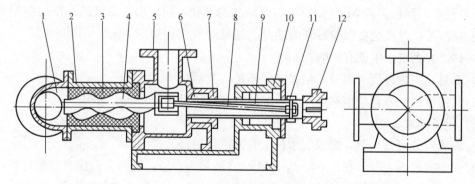

图 6-11　浆液泵结构简图

1—弯头接管；2—直筒；3—橡胶套；4—螺杆轴；5—三通泵体；6—石棉填料；7—填料压盖；
8—绕轴；9—空心泵轴；10—泵座；11—销轴销帽；12—联轴器

磨损是指含有硬颗粒的流体相对于固体运动，固体表面被冲蚀破坏。磨损可分为冲刷磨损和撞击磨损，设备的磨损是冲刷磨损和撞击磨损综合作用的结果。

（1）泵汽蚀的危害。汽蚀主要是由于泵和系统设计不当、入口堵塞造成流量过低而造成的，包括泵的进口管道设计不合理，出现涡流和浆液发生扰动；进入泵内的气泡过多以及浆液中的含气量较大也会加剧汽蚀。

1）产生噪声和振动；

2）缩短泵的使用寿命；

3）影响泵的运转性能。

（2）影响泵磨损的因素。磨损速度主要取决于材质和泵的转速、输送介质的密度。泵与系统的合理设计、选用耐磨材料、减少进入泵内的空气量、调整好吸入侧护板与叶轮之间的间隙是减少汽蚀、磨损，提高寿命的关键措施。针对石膏系统的生产流程，改变设备的运行工况，即降低浆液泵输送介质的密度，可大大地延长设备的寿命。

2. 降低磨损的对策

基于脱硫浆液的特性，泵磨损是必然，运行中应重点较少泵的磨损，延长泵的使用寿命。

1）严格控制浆液流速在设计值范围内；

2）保证入口烟尘浓度低于设计值；

3）保证石灰石细粉品质，粒度、纯度符合设计要求；

4）采用耐磨材料或耐磨涂层；

5）控制浆液密度在设计值范围内。

3. 降低腐蚀的对策

（1）严格控制浆液 pH 值，禁止长期低 pH 值运行。

（2）定期对 pH 计进行标定，保证 pH 计显示准确。

（3）避免 pH 值大起大落。

（4）多排废水，降低浆液中的 Cl 离子（$<20000 \times 10^{-6}$）。

（六）机械密封损坏

1. 机械密封结构原理

机械密封，也称端面密封，是一种限制工作流体沿转轴泄漏的、无填料的端面密封装置，主要由静环、动环、弹性（或磁性）元件、传动元件和辅助密封圈等组成。机械密封有至少一对垂直于旋转轴线的端面，该端面在流体压力及补偿机械外弹力的作用下，加上辅助密封的配合，与另一端面保持贴合并相对滑动，从而防止流体泄漏。由于两个端面紧密贴合，使密封端面之间的分界形成一微小间隙，当一定压力的介质通过此间隙时，会形成极薄的液膜并产生阻力，阻止介质泄漏；液膜又可以使端面得以润滑，由此获得长期的密封效果。机械密封由于其泄漏量小，密封可靠，摩擦功耗低，使用周期长，对轴（或轴承）磨损小，能满足多种工况要求等特点被广泛应用于泵等旋转设备中。机械密封如图 6-12 所示。

2. 机械密封的重要性

目前脱硫系统上 95% 的离心泵（水泵、浆液泵）都配备机械密封，机械密封良好的使用性能为脱硫装置的长周期、安全、平稳运行打下了物质基础。但在脱硫系统实际运行维护中，由于机械密封引起的离心泵故障占脱硫设备总故障的 60% 以上，机械密封运行状况的好坏直接影响着脱硫装置的正常运行，必须予以重视并采取有效措施。

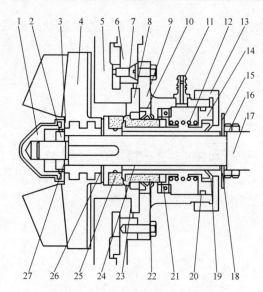

图 6-12 机械密封结构简图

1—锁紧螺母；2—防转螺母；3—锁紧螺母 L 垫；4—叶轮；5—泵体；6—后盖板；7—十字连接螺栓；8—密封盒垫块；9—密封盒；10—防砂 K 形圈；11—冷却水嘴；12—弹簧；13—密封盒盖；14—弹簧座；15—挡酸片；16—主轴拼帽；17—主轴；18—轴套垫；19—冷却水封；20—O 形密封圈；21—静环座；22—静环；23—密封盒垫；24—轴套；25—动环组合；26—叶轮垫；27—华司

特别是吸收塔浆液循环泵，一旦机械密封泄漏，直接影响脱硫效率，严重时会导致环保不达标，造成环保罚款。另外，由于循环泵机封非常昂贵，频繁损坏直接影响效益。

目前吸收塔搅拌器也采用机封形式，如果出现机封损坏，有些还需要停运排空更换，给电厂造成很大麻烦。

3. 机械密封泄漏原因分析

离心泵在运转中突然泄漏，少数是因正常磨损或已达到使用寿命，大多数则是由于工况变化较大或操作、维护不当引起的。主要原因有：

（1）抽空、气蚀或较长时间憋压，导致密封破坏。

（2）泵实际输出流量偏小，大量介质泵内循环，热量积聚，引起介质气化，导致密封失效。

（3）停运未排空或入口门泄漏，导致泵体内存有浆液，当泵长时间停运，浆液沉积严重，重新启动由于摩擦副因粘连而扯坏密封面。

（4）介质中腐蚀性、聚合性、结胶性物质增多。

（5）环境温度急剧变化。

（6）工况频繁变化或调整，特别是管路配置调节门系统。

（7）密封水断流造成机封损坏。

密封水也分为两种情况，一种是密封水外流，起冷却密封端面作用；另一种是密封水内流入泵体内，密封水比泵体内浆液压力高 0.1～0.2MPa，通过水来清洗密封端面。在运行过程中，密封水应始终投入，一旦出现断流，密封端面将会有浆液颗粒积聚，造成摩擦，机封很快就会被烧毁。特别对于密封水内流的机械密封，对于密封水的压力还有要求，通常密封水均来自工艺水泵，应防止工艺水需求量大时压力下降，造成密封水压力低于泵体内压力。必要时，应配置单独的密封水泵。

（8）衬胶原因。设计管道时，未考虑衬胶厚度，造成通流量不足，特别是小浆液泵比较多。

（9）管道堵塞。脱硫系统经常会出现管道堵塞，或者是浆液淤积，或者是管道内杂物堵塞，或者是防腐衬胶脱落等，或者是管道上的滤网堵塞等，一旦管道堵塞，造成浆液泵憋泵运行，泵体内浆液气化，温度升高，就会造成机械密封损坏。

（10）管道设计不匹配。为了减小泵入口阻力降，增加汽蚀余量，在脱硫浆液泵的入口处设计偏心大小头。很多项目上都存在泵的入口管道设计不太合理，入口管道过细，导致泵的吸入量不足，很容易发生气蚀，造成机封泄漏。

4. 解决措施

(1) 运行中，加强对密封水的巡检，特别是循环泵，防止断流。

(2) 保证密封水压力和流量。

(3) 无水机封改为有水机封。

(4) 定期检查泵振动，一旦出现振动过大，及时停运进行反冲洗，必要时检查入口管道或滤网。

(七) 吸收塔浆液起泡

1. 浆液起泡的危害

吸收塔浆液起泡后，经常会导致吸收塔溢流。由于吸收塔液位均采用差压变送器测量，一旦出现泡沫，就会导致吸收塔液位成为虚假液位，再加上搅拌器搅拌、氧化空气鼓入、浆液喷淋等因素综合影响，引起液位波动，造成吸收塔液位间歇性溢流，很容易造成严重后果。

(1) 对烟道的危害。一旦吸收塔起泡溢流，浆液进入未作防腐的原烟道，造成原烟道腐蚀。

(2) 对增压风机的影响。一旦吸收塔起泡严重，溢流浆液顺着原烟道流到增压风机出口，浆液猛烈冲击正在运行的风机叶片，极易造成叶片断裂。特别是对于无 GGH 系统。

(3) 对氧化影响。当吸收塔起泡溢流，为了减少溢流，只有大幅降低液位，直接导致氧化效果下降，亚硫酸钙增加，形成恶性循环。

(4) 对脱硫效率的影响。当吸收塔起泡后，泡沫富集在液面上，影响 SO_2 的反应吸收。

2. 吸收塔起泡原因分析

泡沫是由于表面作用而生成的，它的产生是由于气体分散于液体中形成气—液的分散体，在泡沫形成的过程中，气—液界面会急剧增加。若液体的表面张力越低，则气—液界面的面积越大，泡沫的体积也就越大。吸收塔浆液中的气体与浆液连续充分地接触，因为气体是分散相，浆液是分散介质，气体与浆液的密度相差很大，所以在浆液中，泡沫很快上升到浆液表面。纯净的液体不能形成稳定的泡沫，吸收塔起泡是由于系统中进入了其他成分。

(1) 锅炉在运行过程中投油、燃烧不充分，未燃尽成分随锅炉尾部烟气进入吸收塔，造成吸收塔浆液有机物含量增加 (皂化反应)。

(2) 锅炉电除尘器运行状况不好，烟气中粉尘浓度超标，含有大量惰性物质的杂质进入吸收塔后，致使吸收塔浆液重金属含量增高。重金属离子增多引起浆液表面张力增加，从而使浆液表面起泡。

(3) 脱硫用石灰石中含过量 MgO，与硫酸根离子反应产生大量泡沫。

(4) 脱硫用工艺水水质达不到设计要求 (如中水)，COD/BOD 超标。

3. 起泡对策

吸收塔浆液起泡溢流后，首先要消除已产生的泡沫，然后通过调整运行方式，缓解起泡溢流现象，最后分析起泡原因，严格控制进入吸收塔内各种可能引起起泡的物质。

(1) 从吸收塔地坑定期加入脱硫专用消泡剂。最初可先取部分浆液进行试验，效果好的话再向吸收塔内加入。

（2）必要时，停运一台循环泵，减小吸收塔内部浆液的扰动，降低浆液起泡性。

（3）加大石膏脱水量，进行浆液置换。

（4）脱水的同时，加大废水排放量，降低浆液中重金属离子、氯离子、有机物、悬浮物及各种杂质的含量。

（5）严格控制脱硫用工艺水水质，避免用中水。同时严格控制石灰石原料，重点控制石灰石中 MgO 的含量。

（6）制定严格的运行制度，当主机投油或电除尘器故障时，短期可恢复时，可暂时打开旁路，降低风机开度；如时间长，应停运脱硫装置。

（7）加强吸收塔浆液、废水、石灰石浆液、石膏的化学分析工作，有效监控脱硫系统运行状况，发现浆液品质恶化趋势时，及时采取处理手段。

（8）当吸收塔起泡溢流，必须定期打开烟道底部疏水阀疏水，防止浆液到达增压风机出口段。

（9）如采取多种处理手段，同时控制工艺水、石灰石品质后，吸收塔仍然溢流，必须尽快实施吸收塔浆液倒空置换。

（八）吸收塔中毒

1. 吸收塔中毒的现象

所谓吸收塔中毒，其实是吸收塔反应闭塞，具体现象有：

（1）吸收塔 pH 值无法控制，处于缓慢下降趋势。通过加大供浆，没有明显效果。而加大增压风机开度，pH 值下降非常迅速。

（2）脱硫效率明显下降，低于 80%。

（3）石膏品质变差，石膏呈泥状，根本无法进行脱水。

2. 吸收塔中毒的原因

（1）石灰石被包裹。

1）亚硫酸钙超标，包裹在石灰石表面，抑制其溶解。

2）烟气中灰尘含量超标或者燃油油污过多，飞灰中的铝、氟等元素形成氟化铝络合物包裹在石灰石和亚硫酸盐晶体表面形成反应闭塞，燃油中的油烟、碳核、沥青、多环芳烃等也会造成同样后果。

3）由于缺少晶种，新生成的石膏颗粒也会包裹石灰石表面，造成闭塞。

（2）共离子效应。

1）浆液中 Cl^- 含量过高，产生共离子效应，抑制石灰石与硫酸的化学反应。

2）Mg 含量高的镁石灰石因共离子效应而抑制石灰石的溶解和离子的氧化，造成中毒。

（3）其他。

1）吸收塔浆液浓度过高，抑制 SO_2 吸收和氧化过程，脱硫率会出现持续下降的现象。

2）Mg 含量更高的白云石因其特有特性一般很难溶解，造成中毒假象。

3. 吸收塔中毒的对策

（1）吸收塔内浆液抛弃处理，重新注水。

（2）加入氢氧化钠、己二酸、二元酸等增强化学性能的添加剂，逐步提高 pH 值，并加强脱水和废水排放，逐步恢复浆液的反应活性。特别推荐氢氧化钠，针对石灰石包裹，特别有效。

（3）打开旁路挡板，减少烟气量，逐步供浆，同时加大石膏脱水和废水排放，将影响活性的物质和活性不好的反应剂逐步排出系统，另外可配合事故浆液箱，将一部分浆液临时储存在事故浆液箱静置，待浆液恢复正常后，再慢慢消化。

（九）其他问题及处理

1. 富液的处理

用于烟气脱硫的化学吸收操作，不仅要达到脱硫的要求，满足国家及地区环境法规的要求，还必须对洗后 SO_2 的富液（含有烟尘、硫酸盐、亚硫酸盐等废液）进行合理的处理，回收和利用富液中的硫酸盐类，不能将从烟气中吸收 SO_2 形成的硫酸盐及亚硫酸盐废液未经处理排放掉。废液的合理处理往往是湿法烟气脱硫技术成败的关键因素之一，在吸收法烟气脱硫工艺过程设计中，需要同时考虑 SO_2 吸收及富液合理的处理。例如，日本湿法石灰石/石灰—石膏法烟气脱硫，成功地将富液中的硫酸盐类转化成优良的石膏建筑材料。威尔曼洛德钠法烟气脱硫工艺，将富液中的硫酸盐类转化成高浓度、高纯度的液体 SO_2，可作为生产硫酸的原料。亚硫酸钠法烟气脱硫工艺，将富液中的硫酸盐转化成为亚硫酸钠盐。

对于湿法烟气脱硫技术，一般应控制氯离子含量小于 2000mg/L。脱硫废液呈酸性（pH＝4～6），悬浮物质量分数为 9000～12700mg/L，一般含汞、铅、镍、锌等重金属以及砷、氟等非金属污染物。典型废水处理方法为：先在废水中加入石灰乳，将 pH 值调至 6～7，去除氟化物（产品为 CaF_2 沉淀）和部分重金属；然后加入石灰乳、无机硫化物和絮凝剂，将 pH 值升至 8～9，使重金属以氢氧化物和硫化物的形式沉淀。

2. 烟气的预冷却

大多数含硫烟气的温度为 120～185℃或更高，低温有利于吸收，高温有利于解吸。因而在进行吸收之前要对烟气进行预冷却，通常将烟气冷却到 60℃左右较为适宜。目前使用较广泛的烟气冷却方法有热交换器间接冷却、直接增湿（喷淋水）冷却和预洗涤塔除尘增湿降温。通常，国外湿法烟气脱硫的效率较高，其原因之一就是对高温烟气进行增湿降温。我国目前已开发的湿法烟气脱硫技术，尤其是燃煤工业锅炉及窑炉烟气脱硫技术，高温烟气未经增湿降温直接进行吸收操作，较高的吸收操作温度，使 SO_2 的吸收效率降低，这是目前我国燃煤工业锅炉湿法烟气脱硫效率较低的主要原因之一。

3. 系统结垢和堵塞论

在湿法烟气脱硫中，设备常常发生结垢和堵塞。设备结垢和堵塞，已成为一些吸收设备能否正常长期运行的关键问题。为此，首先要弄清楚结垢的机理、影响结垢和造成堵塞的因素，然后有针对性地从工艺设计、设备结构、操作控制等方面着手解决。

一些常见的防止结垢和堵塞的方法有：① 在工艺操作上，控制吸收液中水分蒸发速度和蒸发量；② 控制溶液的 pH 值；③ 控制溶液中易结晶物质不出现过饱和状态；④ 保持溶液有一定的晶种；⑤ 严格除尘，控制烟气进入吸收系统所带入的烟尘量，设备结构要作特殊设计，或选用不易结垢和堵塞的吸收设备，例如流动床洗涤塔比固定填充洗涤塔不易结垢和堵塞；⑥ 选择表面光滑、不易腐蚀的材料制作吸收设备。

脱硫系统的结垢和堵塞，包括吸收塔、氧化槽、管道、喷嘴、除雾器和热交换器的结垢和堵塞，其原因是烟气中的氧气将 $CaSO_3$ 氧化成为 $CaSO_4$，并使 $CaSO_4$ 过饱和。这种现象主要发生在自然氧化的湿法系统中，控制措施为强制氧化和抑制氧化。强制氧化系统通过向氧化槽内鼓入压缩空气，几乎将全部 $CaSO_3$ 氧化成 $CaSO_4$，并保持足够的浆液固体含量（＞12%），以提高石膏结晶所需要的晶种。此时，石膏晶体的生长占优势，可有效控制结垢。抑制氧化系统采用氧化抑制剂，如单质硫、乙二胺四乙酸（EDTA）及其混合物。添加单质硫可产生硫代硫酸根离子，与亚硫酸根反应，从而干扰氧化反应。EDTA 则通过与过渡金属生成螯合物和亚硫酸根反应而抑制氧化反应。

4. 腐蚀及磨损

煤炭燃烧时除生成 SO_2 以外，还生成少量的 SO_3，烟气中 SO_3 的浓度为（10～40）× 10^{-6}。由于烟气中含有水（4%～12%），生成的 SO_3 瞬间形成硫酸雾。当温度较低时，硫酸雾凝结成硫酸附着在设备的内壁上，或溶解于洗涤液中。这就是湿法吸收塔及有关设备腐蚀相当严重的主要原因。我国燃煤工业锅炉及窑炉烟气脱硫技术中，吸收塔的防腐及耐磨损已取得显著进展，致使烟气脱硫设备的运转率大大提高，具体措施可参看本章第 7 节。

二、FGD 事故处理规程

1. 总则

（1）运行人员在进行事故操作处理时应严格按照运行规程和运行人员岗位责任制的要求进行，沉着冷静地做好设备的安全工作，使之稳定地运行，切忌盲目乱动设备。

（2）在事故发生的情况下或认为将要发生事故的情况下，运行人员应对可能发生故障的设备仔细进行检查，确认是否有保护动作，并做好记录，在此之前不得轻易复位，并迅速将情况向班长、值长或有关领导汇报，按照规程的规定和领导的指示进行处理，在紧急情况下应迅速处理事故，然后尽快向领导汇报。

（3）事故处理完毕后，值班人员应将事故发生，处理的详细情况记入交班记录簿，记录的内容应有事故前的运行状况、事故现场描述、保护动作、事故处理时间、顺序和结果，如有设备损坏应描述损坏情况。

2. FGD 故障及事故停机

（1）吸收塔浆液循环泵流量下降。

1）原因：① 管线故障；② 喷嘴堵；③ 相关阀门开/关不到位；④ 泵的出力下降。

2）处理方法：① 清理管线；② 清理喷嘴；③ 检查并校正阀门状态。

（2）吸收塔液位异常。

1）原因：① 液位计工作不良；② 浆液循环管泄漏；③ 各冲洗阀内漏；④ 吸收塔泄漏；⑤ 吸收塔液位（2HTD10 DL001）控制块故障。

2）处理方法：① 检查并调正液位计；② 检查并修补循环管线；③ 检查管线和阀门；④ 检查吸收塔及底部排污阀。

（3）pH 计指示不准。

1）原因：① pH 计电极污染，损坏，老化；② pH 计供浆量不足；③ pH 计供浆中混入工艺水；④ pH 变送器零点偏移。

2）处理方法：① 清洗检查 pH 计电极并调校表计；② 检查是否连接管线堵塞；③ 检查并校正阀门状态；④ 检查执行情况；⑤ 检查石膏浆液外排泵运转情况；⑥ 检查 pH 计冲洗阀是否泄漏。

3. FGD 事故非连锁停机

(1) 当 FGD 运行出现下列现象时系统虽不跳闸，但出于对设备的保护，运行人员应尽快停止 FGD 的运行：

1) GGH 差压大于 1.1kPa 时发出压差报警，采用高压水冲洗无效后，运行人员应操作停机。

2) FGD 进口烟温正常，GGH 工作正常，吸收塔进口烟温较低，并发出报警，停氧化风机后无明显变化，运行人员应操作停机。

3) 生产现场和控制室发生意外情况危及设备和人身安全时，运行人员应立即停机。

(2) 事故停机后的处理：

1) FGD 事故停机后，运行人员应尽快查明事故原因和范围，通知检查人员进行恢复工作。

2) 在电源故障恢复 FGD 正常供电，立即启动和搅拌器和工艺水泵。

3) 故障排除后作好进气准备，重新启动操作与正常启动相同。

4. 脱硫系统跳闸

(1) 现象：

1) OM 站及后备屏相关声光报警信号发出；

2) 增压风机跳闸，GGH 停运；

3) 旁路烟道挡板开启，原烟气及净烟气挡板关闭。

(2) 处理：

1) FGD 跳闸后，注意调整和监视各浆池和吸收塔浆液的浓度和液位；

2) 若属脱硫系统电源故障则按相应章节进行处理；

3) 若属其他原因，待故障消除后，随时准备恢复 FGD 系统运行。

5. 增压风机跳闸

(1) 现象：

1) OM 站及后备屏相关声光报警信号发出；

2) 后备屏增压风机指示灯熄，绿灯亮；

3) 旁路烟道挡板自动开启，进口原烟气及净烟气挡板自动关闭。

(2) 原因：

1) 脱硫系统跳闸 1～13；

2) 增压风机轴承振动值大于 3.5mm/s；

3) 增压风机轴承温度大于 100℃；

4) 增压风机电动机轴承温度大于 110℃；

5) 增压风机电动机线圈温度大于 110℃；

6) 增压风机喘振值在 120s 时间内大于 500Pa，且动叶位置大于 25°。

7) 电气故障。

(3) 处理：

1) 若增压风机跳闸属设备问题，应及时联系维修人员处理；

2) 若增压风机或电动机各点温度高，振动大引起的跳闸首先确认风机或电动机跳闸以前有无异常的声音，在问题没查实以前严禁启动风机；

　　3）若增压风机跳闸属紧急停机连锁动作引起的跳闸参照相应章节处理。

　　6. 工艺水中断

　　（1）现象：

　　1）工艺水流量低报警信号发生，出口压力指示急剧下降至零；

　　2）生产现场各处用水中断，真空泵，皮带脱水面跳闸。

　　（2）原因：

　　1）工艺水泵停用；

　　2）工艺水出口阀关闭；

　　3）工艺水管道破裂；

　　4）工艺水池液位测点故障。

　　（3）处理：

　　1）检查工艺水管道的无异常；

　　2）检查工艺水池液位；

　　3）OM 查看工艺水泵运行是否正常，检查水泵出口压力，出口阀门开度是否正常；

　　4）若工艺水泵短时内不能恢复则报告的关领导，按照上级指示进行处理；

　　5）联系热工对测点进行检查。

　　7. 脱硫 10kV 电源中断

　　（1）现象：

　　1）"电源故障"、"10kV 母线无电"光字牌亮，报警铃响；

　　2）对应母线所带 10kV 电动机停转；

　　3）对应 380V 母线自动投入备用电源（否则 380V 负荷全部失电）。

　　（2）原因：

　　1）脱硫变故障，备用电源未自动投入；

　　2）10kV 母线故障。

　　（3）处理：

　　1）复归声光报警信号，立即确认脱硫系统跳闸连锁动作是否完成，动作是否正确；

　　2）尽快与值长和电气检修值班员联系；查明故障原因，争取尽快恢复供电；

　　3）手动投入备用电源，恢复设备运行；

　　4）若 10kV 电源短时不能恢复，则应按事故停机处理执行；

　　5）若 10kV 引起 380V 电源失去，则按相应条款处理；

　　6）电源在 8h 内不能恢复，应将所有泵管道及浆罐内的浆液排尽。

　　注意：电气保护动作引起的电源中断严禁盲目强行送电。

　　8. 400V 母线电源中断

　　（1）现象：

　　1）"电源故障"、"母线无电压"光字牌亮，报警铃响；

　　2）对应母线所带电动机停转；

　　3）对应 380V 母线备用电源未自投。

（2）原因：

1）380V 母线故障；

2）380V 的 AGC 未投自动；

3）10kV 电源故障。

（3）处理：

1）复归声光报警信号；

2）手动投入备用电源，恢复设备运行；

3）检查故障原因并汇报有关领导；

4）若电源在 8h 内不能恢复，应将所有泵管道及浆罐内的浆液排尽。

注意：电气保护动作引起的电源中断严禁盲目强行送电。

9. 吸收塔浆液循环泵全停处理

（1）原因：

1）10kV 电源中断；

2）吸收塔液位过低或液位计故障引起浆液循环泵保护关闭；

3）吸收塔液位控制回路故障。

（2）处理：

1）确认 FGD 紧急停机连锁动作；

2）若属电源故障引起跳闸按相应要求处理；

3）检查吸收塔液位计工作是否正常，低液位报警和跳闸值设定是否正常，视情况对液位计进行冲洗或检验；

4）检查吸收塔底部排污阀有无异常。

10. 发生火灾时的处理

（1）现象：

1）火警系统发出声，光报警信号；

2）运行现场发现的设备冒烟，着火或有焦味；

3）若发生动力电缆或控制信号电缆着火时相关设备可能跳闸，参数发生剧烈变化。

（2）处理：

1）正确地判断火灾具有的危险性，根据火灾的地点，性质选择正确的灭火器迅速灭火，必要时应停止设备或母线的工作电源和控制电源；

2）班长在接到的关火灾的报告或发现火灾报警时应迅速调配人员查实火情，尽快向消防报警，并将情况和部门领导汇报；

3）控制室内发生火灾时应立即紧急停止脱硫系统运行，根据情况使用灭火器；

4）灭火工作结束后，运行人员应对各部分设备进行检查，对设备的受损情况进行确认并向有关领导汇报。

第四节　石灰石—石膏法烟气脱硫技术

石灰石—石膏湿法烟气脱硫技术，在世界脱硫行业已经得到了广泛的应用，主要是采用廉价易得的石灰石或石灰作为脱硫吸收剂，其中石灰石经破碎磨细成粉状与水混合搅拌制成吸收浆液。

一、SO₂ 吸收机理

湿法烟气脱硫过程可分为物理吸收、化学吸收和强制氧化过程。

1. 物理吸收

吸收过程不发生显著的化学反应，单纯是被吸收气体溶解于液体的过程，称为物理吸收，如水对 SO_2 的吸收。物理吸收的特点是被吸气体的吸收量随温度的升高而减少。

物理吸收的程度取决于气液平衡，当气相中被吸收的分压大于液相呈平衡时该气体分压时，吸收过程就会进行。由于物理吸收过程的推动力很小，吸收速率较低，因而在工程设计上要求被净化气体的气相分压大于气液平衡时该气体的分压。物理吸收速率较低，在现代烟气中很少单独采用物理吸收法。

2. 化学吸收

被吸收的气体组分与吸收液的组分发生化学反应，称为化学吸收，如用碱液吸收 SO_2 应用固体吸收剂与被吸收组分发生化学反应，而将其从烟气中分离出来的过程，也属于化学吸收，如炉内喷钙（CaO）烟气脱硫。

在化学吸收过程中，被吸收气体与液体相组分发生化学反应，有效地降低溶液表面上被吸收气体的分压，增加了吸收过程的推动力，既提高了吸收效率又降低了被吸收气体的气相分压，因此，化学吸收速率比物理吸收速率大得多。物理吸收和化学吸收都受气相扩散速度（或气膜阻力）和液相扩散速度（或液膜阻力）的影响，工程上常用加强气液两相的扰动来消除气膜与液膜的阻力。在烟气脱硫中，瞬间内要连续不断地净化大量含低浓度 SO_2 的烟气，如单独应用物理吸收，因其净化效率很低，难以达到 SO_2 的排放标准。因此，烟气脱硫技术中大量采用化学吸收法。用化学吸收法进行烟气脱硫，技术上比较成熟，操作经验比较丰富，实用性强，已成为应用最多、最普遍的烟气脱硫技术。

化学吸收是由物理吸收过程和化学反应两个过程组成的。在物理吸收过程中，被吸收的气体在液相中进行溶解，当气液达到相平衡时，被吸收气体的平衡浓度，是物理吸收过程的极限。被吸收气体中的活性组分进行化学反应，当化学反应达到平衡时，被吸收气体的消耗量，是化学吸收过程的极限。这里以 Ca（OH）₂ 溶液吸收 SO_2 为例加以说明，即

$$SO_2（气体）\Longleftrightarrow SO_2（液体）+Ca(OH)_2 \Longleftrightarrow CaSO_3+H_2O$$

化学吸收过程中，被吸收气体的气液平衡关系，既应服从相平衡关系，又应服从化学平衡关系。

化学吸收过程的速率，是由物理吸收的气液传质速度和化学反应速度决定的。化学吸收过程的阻力，也是由物理吸收气液传质的阻力和化学反应阻力决定的。

在物理吸收的气液传质过程中，被吸收气体气液两相的吸收速率主要取决于气相中被吸收组分的分压和吸收达到平衡时液相中被吸收组分的平衡分压之差。此外，也和传质系数有关。被吸收气体气液两相间的传质阻力，通常取决于通过气膜和液膜分子扩散的阻力。

烟气脱硫通常是连续、瞬间内进行的，发生的化学反应是极快反应、快反应和中等速度的反应，如 NaOH、Na₂CO₃ 和 Ca（OH）₂ 等碱液吸收 SO_2。为此，被吸收气体气液相间的传质阻力，远较该气体在液相中与碱液进行反应的阻力大得多。对于极快不可逆反应，吸收

过程的阻力,其过程为传质控制,化学反应的阻力可忽略不计。例如,应用碱液或氨水吸收 SO_2 时,化学吸收过程为气膜控制,过程的阻力为气膜传质阻力。液相中发生的化学反应,是快反应和中等速度的反应时,化学吸收过程的阻力应同时考虑传质阻力和化学反应阻力。

应用碱液吸收酸性气体时,碱液浓度的高低对化学吸收的传质速度有很大的影响。当碱液的浓度较低时,化学传质的速度较低;当提高碱液浓度时,传质速度也随之增大;当碱液浓度提高到某一值时,传质速度达到最大值,此时碱液的浓度称为临界浓度;当碱液浓度高于临界浓度时传质速度并不增大。为此,在烟气脱硫的化学吸收过程中,当应用碱液吸收烟气中的 SO_2 时,适当提高碱液的浓度,可以提高对 SO_2 的吸收效率。但是,碱液的浓度不得高于临界浓度。超过临界浓度之后,进一步提高碱液的浓度,脱硫效率并不能提高。

3. 强制氧化

一部分 HSO_3^- 在吸收塔喷淋区被烟气中的氧所氧化,其他的 HSO_3^- 在反应池中被氧化空气完全氧化,反应如下

$$HSO_3^- + 1/2O_2 \longrightarrow HSO_4^-$$

$$HSO_4^- \longrightarrow H^+ + SO_4^{2-}$$

二、石灰石—石膏法脱硫原理

吸收液通过喷嘴雾化喷入吸收塔,分散成细小的液滴并覆盖吸收塔的整个断面。这些液滴与塔内烟气逆流接触,发生传质与吸收反应,烟气中的 SO_2、SO_3 及 HCl、HF 被吸收。SO_2 吸收产物的氧化和中和反应在吸收塔底部的氧化区完成并最终形成石膏。

为了维持吸收液恒定的 pH 值并减少石灰石耗量,石灰石被连续加入吸收塔,同时吸收塔内的吸收剂浆液被搅拌机、氧化空气和吸收塔循环泵不停地搅动,以加快石灰石在浆液中的均布和溶解(见图 6-13)。

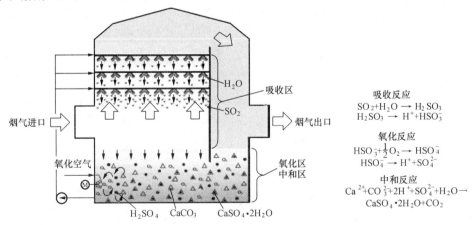

图 6-13　湿法脱硫工艺原理

发生在吸收塔底部的 SO_2 吸收产物的强制氧化系统的化学过程如下:以石灰石($CaCO_3$)浆液为脱硫剂(吸收剂),在吸收塔内对烟气进行喷淋洗涤,烟气中二氧化硫(SO_2)与石灰石($CaCO_3$)发生化学反应生成亚硫酸钙($CaSO_3$)和硫酸钙($CaSO_4$),亚硫酸钙再与强制鼓入吸收塔循环液中的空气中的氧气(O_2)发生反应,最后生成石膏

（$CaSO_4 \cdot 2H_2O$）和二氧化碳（CO_2）。主要反应如下：

吸收

$$SO_2(g) \longrightarrow SO_2(l) + H_2O \longrightarrow H^+ + HSO_3^- \longrightarrow H^+ + SO_3^{2-}$$

溶解

$$CaCO_3(s) + H^+ \longrightarrow Ca^{2+} + HCO_3^-$$

中和

$$HCO_3^- + H^+ \longrightarrow CO_2(g) + H_2O$$

氧化

$$HSO_3^- + \frac{1}{2}O_2 \longrightarrow SO_4^{2-} + H^+$$

$$SO_3^{2-} + \frac{1}{2}O_2 \longrightarrow SO_4^{2-}$$

结晶

$$Ca^{2+} + SO_3^{2-} + \frac{1}{2}H_2O \longrightarrow CaSO_3 \cdot \frac{1}{2}H_2O(s)$$

$$Ca^{2+} + SO_4^{2-} + 2H_2O \longrightarrow CaSO_4 \cdot 2H_2O(s)$$

当吸收剂为石灰时：

吸收

$$SO_2(g) \longrightarrow SO_2(l) + H_2O \longrightarrow H^+ + HSO_3^- \longrightarrow H^+ + SO_3^{2-}$$

溶解

$$Ca(OH)_2(s) + H^+ \longrightarrow Ca^{2+} + 2OH^-$$

$$CaSO_3(s) \longrightarrow Ca^{2+} + SO_3^{2-}$$

中和

$$OH^- + H^+ \longrightarrow H_2O$$

$$OH^- + HSO_3^- \longrightarrow SO_3^{2-} + H_2O$$

氧化

$$HSO_3^- + \frac{1}{2}O_2 \longrightarrow SO_4^{2-} + H^+$$

$$SO_3^{2-} + \frac{1}{2}O_2 \longrightarrow SO_4^{2-}$$

结晶

$$Ca^{2+} + SO_3^{2-} + \frac{1}{2}H_2O \longrightarrow CaSO_3 \cdot \frac{1}{2}H_2O(s)$$

$$Ca^{2+} + SO_4^{2-} + 2H_2O \longrightarrow CaSO_4 \cdot 2H_2O(s)$$

三、石灰石—石膏法脱硫工艺及系统组成

石灰石—石膏法脱硫工艺流程如图 6-14 所示。当采用石灰作为吸收剂时，石灰粉经消化处理后加水搅拌制成吸收浆液。烟气先经热交换器处理后，进入吸收塔。在吸收塔内，吸收浆液与烟气接触混合，烟气中的二氧化硫与浆液中的碳酸钙以及鼓入的氧化空气进行化学反应被吸收脱除。脱硫后的烟气依次经过除雾器除去雾滴，加热器加热升温后，由增压风机

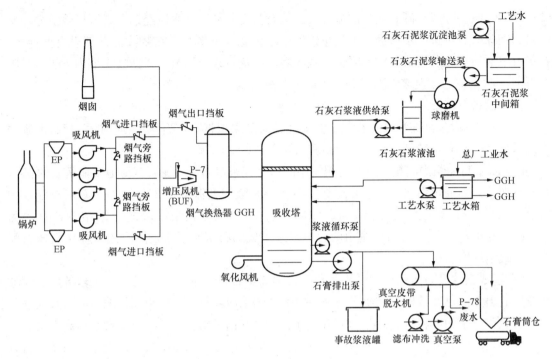

图 6-14 石灰石—石膏法脱硫工艺示意图

经烟囱排放。吸收产生的反应液部分循环使用，另一部分进行脱水及进一步处理后制成石膏。脱硫渣石膏可以综合利用。

FGD 系统由石灰石浆液制备系统、烟气升压、热交换系统、SO₂ 吸收氧化系统、石膏回收系统、排净系统、工艺补给水、闭式冷却水系统、FGD 排水系统、压缩空气系统、脱硫废水处理系统等子系统组成。

1. 石灰石浆液制备系统

石灰石浆液制备系统主要包括石灰石泥浆沉淀池泵、石灰石泥浆中间箱、石灰石泥浆输送泵、钢球磨石机系统、石灰石浆液池、石灰石浆液供给泵等，如图 6-15 所示。来自石灰石泥浆沉淀池的浓度约为 35％的石灰石泥浆经石灰石泥浆沉淀池泵送入石灰石泥浆中间箱，通过注入工艺水在石灰石泥浆中间箱内将石灰石泥浆稀释成浓度约为 20％的石灰石浆液，再通过石灰石泥浆输送泵送入湿式钢球磨石机系统。经钢球磨石机研磨后的石灰石浆液排入钢球磨石机旋流器进给箱。钢球磨石机旋流器进给箱的浆液再经钢球磨石机旋流器进给泵送入石灰石浆液水力旋流器中，石灰石浆液水力旋流器从粗粒径的石灰石浆液中分离出合格的

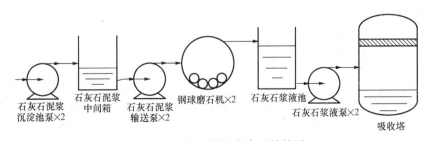

图 6-15 石灰石浆液制备系统简图

粒径(90％通过 325 目筛网)通过溢流方式送入石灰石浆液池,底流经钢球磨石机浆液循环泵返回到钢球磨石机进一步研磨。为防止浆液中固体颗粒的沉积,在浆液池顶部设有搅拌机。石灰石浆液通过石灰石浆液供给泵送入吸收塔,石灰石浆液调节门根据吸收塔内 pH 值和吸收塔进口烟气 SO_2 浓度来调节送到吸收塔的浆液流量。

主要设备及功能:

(1)石灰石泥浆沉淀池泵。石灰石泥浆沉淀池泵用于将石灰石沉淀池中的石灰石泥浆送往公司焙烧分厂真空转鼓过滤机(原有)和石灰石泥浆中间箱。

(2)石灰石泥浆中间箱。石灰石泥浆中间箱储存来自石灰石泥浆沉淀池泵输送来的 35％石灰石泥浆,并通过引入工艺水和搅拌使石灰石浆液浓度保持在 20％左右。石灰石泥浆中间箱的全部储存容量为 2 号机组 BMCR 运行 6h 的浆液耗量,形式为钢结构,直径为 6.77m,高度为 5.2m。配置两套由两台串级泵组成的石灰石泥浆输送泵用于输送石灰石泥浆至湿式钢球磨石机系统。

(3)湿式钢球磨石机系统。设置两套湿式钢球磨石机系统,一套运行,一套备用。钢球磨石机的出力满足 2 号机组 BMCR 工况时 100％的浆液耗量,并将粗粒径的石灰石浆液磨制出符合脱硫要求的粒径(90％通过 325 目筛网)。每套钢球磨石机系统由一台钢球磨石机、一台石灰石浆液水力旋流器、一个钢球磨石机旋流器进给箱、两台石灰石浆液循环泵及两台石灰石旋流器进给泵组成。

图 6-16　湿式钢球磨石机

钢球磨石机的形式为:立式湿式塔式磨石机,型号 KW-100(2 套),直径 1430mm,高度 7264mm,出力为 5.0t/h(含固量),钢球磨石机本体的材质为 SS400,内衬橡胶,内壁保护采用不锈钢 SUS304,螺旋轴材质为高铬铸铁。湿式钢球磨石机如图 6-16 所示。

每台磨石机磨浆前应先从加球口加入磨球(直径为 15mm)8.5t。磨石机驱动电动机额定值 110kW,3 相×380V×50Hz;旋转速度 1485r/min;齿轮减速箱减速比为 1/12.08;原料和水从磨石机顶部的加料口送到磨石机内部。磨细后的原料首先由磨石机内的上流初分,然后经过旋流器进行分离,分离后,粗的原料由循环泵打回磨石机内。磨石机可以有效地防止原料磨得过细。磨石机里面的球在转动的螺杆的作用下向上运动,同时落下去。磨石机通过螺杆运动,使磨球之间的相互接触,挤压,由此将原料磨碎。每台磨石机年运行时间大约为 8000h,年利用率为 91％。

(4)石灰石浆液池。石灰石浆液池容量满足 3 台机组在 BMCR 工况下运行 5h 的浆液耗量,故在钢球磨石机系统发生轻故障时,因有 5h 的浆液储量而不必停役 FGD 系统。石灰石浆液池的长宽均为 10.5m,深度为 5m。浆液池为地下式,钢筋混凝土结构,内壁衬合成树脂。配置两台石灰石浆液泵(一用一备)用于进行再循环及供给及灰石浆液到吸收塔。

(5)其他。由于石灰石浆液容易发生沉积,石灰石泥浆中间箱、钢球磨石机旋流器进给箱、石灰石浆液池等都安装有机械式搅拌器。同时,为防止设备停运时浆液在管道、泵中沉积，造成堵塞，在石灰石泥浆输送泵、钢球磨石机浆液循环泵、石灰石旋流器进给泵、石灰石浆液泵等的管道上设置了自动工艺水冲洗系统。冲洗水自流入石灰石浆液制备区域排水坑，由排水坑泵送入钢球磨石机旋流器进给箱回收利用。考虑到石灰石浆液具有一定的腐蚀性，所以系统中的与浆液接触的设备，如钢球磨石机、浆液箱、浆液搅拌器、泵、阀门等考虑了防腐防磨措施。

2. 烟气系统

烟气系统主要包括增压风机(BUF)、烟气换热器(GGH)、烟道、挡板、膨胀节等设备。在湿法脱硫工艺里面，为了降低设备和管路堵塞的几率并减少设备的磨损，一般在脱硫塔前面都装有除尘装置，可以使用电除尘器或布袋除尘器及其他的除尘设备。烟道系统是保证烟气畅通的通道，因此应尽量减小它的阻力。旁路系统是保障电厂正常运转必不可少的部分，主要有两个作用，一是在作为脱硫系统检修时的临时通道，二是在合适的情况下可以用来作为烟气再热的热源，另外可以在锅炉出口烟温过高的时候应急使用。烟囱是烟气最终排到大气中的最后一个装置，因为净化烟气中可能含有少量的水分，防腐措施是必不可少的，因为除新建电厂外都已经有了烟囱，所以在脱硫改造项目中对烟囱不予考虑，但脱硫后湿烟气对烟囱的腐蚀问题不能忽视。

当脱硫装置正常工作时，从吸风机出口烟道来的原烟气通过脱硫装置烟气进口挡板，经增压风机升压后进入烟气换热器(GGH)高温端进行冷却，烟气温度从130℃冷却至85℃左右，再进入吸收塔内。烟气在塔内自下而上流动，其间与从塔的上部喷淋下来的石灰石浆液充分接触，并发生化学反应，烟气中的二氧化硫被除去，同时烟气温度降至45℃左右，净化后的烟气经吸收塔顶部的两级除雾器除去携带的雾滴后，离开吸收塔，进入烟气换热器(GGH)的低温端进行加热，烟气经过烟气换热器(GGH)后烟气温度被加热至85℃以上，经过脱硫烟气出口挡板进入到烟囱后再排入大气。为防止脱硫装置发生故障时影响锅炉的正常运行，在原有烟道上加装了脱硫烟气旁路挡板。当锅炉启动时及FGD发生故障时，脱硫烟气进口和出口挡板关闭，旁路挡板自动打开，原烟气通过旁路烟道直接通过烟囱排放到大气中。当锅炉已启动结束进入正常运行状态或者FGD重新启动正常时，脱硫烟气旁路挡板处于关闭状态。脱硫工艺流程简图(烟气系统)如图6-17所示。

(1) 增压风机(BUF)。增压风机一台，主要用来克服脱硫系统的沿程阻力，位于FGD装置进口原烟气侧(高温烟气侧)，其形式为动叶可调轴流式风机。

增压风机系统由一个油箱、油箱加热器，两台油泵、两组油泵出口过滤器，一套润滑油冷却器，轴承、轴承箱、一组动叶可调挡板、挡板油压调节器，电动机，两台增压风机冷却密封风机及几种测量仪表等组成。

油系统在正常运行时由同一台油泵打出(一台作备用，当油压太低能自启动)，经过滤后(过滤器有两组)分成两路：一路为控制油(控制动叶挡板旋转的角度)，另一路为轴承润滑油。

(2) 烟气—烟气换热器(GGH)。GGH的作用是提高净化后的烟气温度，使其高于露点温度，以避免对烟道、烟囱的腐蚀，并有利于提高烟囱出口烟气的排放抬升高度。GGH为垂直轴回转式换热器，利用高温原烟气来加热处理后的低温净烟气。为保证原烟气不至于向净烟气侧泄漏，影响脱硫效率，GGH配有密封空气及密封烟气系统，包括一台密封空气风

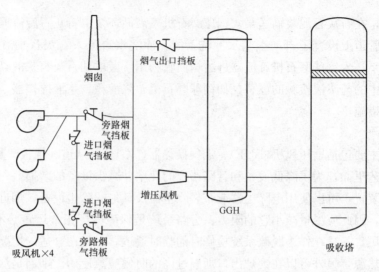

图 6-17　脱硫工艺烟气系统简图

机、一台低泄漏风机和两台对吹灰器墙箱密封的密封风机，减少烟气向转子、外壳等部件和原烟气侧向净烟气侧的泄漏，以确保 GGH 漏风率小于 0.5％。同时，GGH 还配有高压冲洗水系统、低压冲洗水系统和压缩空气吹灰系统，以吹扫或清洗 GGH 的换热元件上的积灰。FGD 正常运行时，压缩空气吹灰系统在线运行(每 8h 一次对 GGH 进行吹扫)，高压水冲洗系统是在 GGH 长期运行后，积灰较为严重，压缩空气已不能对其吹扫干净的情况下进行在线清洗，而低压水冲洗系统只在 FGD 系统大修时对 GGH 进行清洗，吹灰装置采用全伸缩式。烟气再热器(GGH)工作原理图见 6-18。

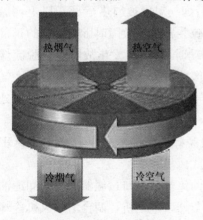

图 6-18　烟气再热器(GGH)
工作原理图

烟气经过再热器内，未处理的烟气流经再热器的一侧，处理后的烟气流经另一侧。再热器缓慢转动使得经特殊设计的换热元件依次经过热的未处理烟气流和冷的处理烟气流。当换热元件经过未处理烟气侧时，未处理烟气携带的一部分热量就传递给换热元件；而当换热元件经过处理烟气侧时又把热量传递给处理烟气。这样，未处理烟气携带的热量就得到重复使用并用来升高将要进入烟囱的处理烟气温度。

换热元件由两种不同形状的薄钢板制成。一片钢板上是波纹形的，另一片上则带有波纹和槽口，波纹与槽口成 300°角。带波纹的换热片和带有波纹和槽口的换热片交替层叠。槽口与转子轴和烟气流平行布置，使元件板之间保持适当的距离。使得烟气流经烟气再热器时形成较大的紊流。这些钢板首先被切割成形，然后分别镀上陶瓷，为方便运输和吊装将它们装入元件盒。这些换热元件盒是可以反向使用的，每个角上的支撑板条端部都有吊装孔。

GGH 转子的中心部分，即中心盘，与中心筒连为一体。从中心筒延伸到转子外缘的径向隔板将转子分为 24 个扇区。每个扇形隔仓中包含 18 个换热元件盒，整个转子共有 432 个。

GGH 的驱动装置是电驱动齿轮箱直接安装在转子驱动轴上。它通过变频器来达到主驱动和备用驱动。这两台电动机都可以减速以满足水洗的要求。另外还设置了一套手动盘车装置。

GGH 为横卧布置。未处理的烟气经增压风机升压后从 GGH 脏烟侧底部自下往上流过 GGH，去吸收塔脱硫经除雾后从 GGH 净烟侧上部进入，两股气流的流向相反，即对流。为保证 GGH 的清洁、换热效果好，烟气再热器在未处理烟气侧进、出口处各配有一台吹灰器。当转子转动时该电动吹灰器的喷嘴可沿转子(或定子)的半径方向来回移动，控制吹枪行程来确保吹扫时整个转子表面都能吹扫到。压缩空气吹扫和低压水洗使用的是相同的吹管和喷嘴(低压水洗只在出口设置，进口处没有)。高压水洗使用的是独立于压缩空气吹扫和低压水洗的喷嘴。

如果压降值比洁净的压降增加到 1.5 倍，这时必须立即采用在线高压水洗方式。无论是采用压缩空气吹灰还是高压冲洗，都可根据 GGH 的冷、热端的压差选择单枪或双枪方式进行。

在脱硫装置进口烟温大于或等于设计温度 130℃条件下，脱硫除雾后的净烟气经 GGH 再加热后，烟气温度不低于 85℃。GGH 的传热元件采用耐腐蚀的镀搪瓷钢板，GGH 内所有与腐蚀介质接触的设备、部件均采取防腐措施。

(3) 烟气挡板。烟气系统分别设置 FGD 进口烟气挡板 2 个、出口烟气挡板 1 个和旁路烟气挡板 2 个。脱硫装置正常运行时，FGD 进、出口挡板开启，旁路烟气挡板关闭，烟气通过 FGD 系统进行脱硫。脱硫装置发生故障或检修时，FGD 进、出口挡板门关闭，烟气可通过旁路挡板直接进入烟囱。烟气挡板形式采用单轴双叶片百叶窗式挡板门。

为防止挡板处的烟气泄漏，专门配置了两台挡板密封风机。工程中 FGD 旁路烟气挡板采用的是气控动力装置，每个挡板分成三块，由两个气控阀带动(其中一个同时带动两块)。挡板为双层结构，在 FGD 正常运行时，中间漏空部分由密封风机通入密封空气。FGD 进、出口挡板采用的是电动装置驱动，在 FGD 停运时，中间漏空部分由密封风机通入密封空气对进出口挡板进行密封。

(4) 烟道。烟道根据可能发生的最差运行条件(如温度、压力、流量、湿度等)进行设计，烟道采用碳钢制作，壁厚为 6mm。考虑低温烟气冷凝液具有一定的腐蚀性，工程中 GGH 高温侧出口→吸收塔入口烟道、吸收塔出口→GGH 低温侧入口烟道、GGH 低温侧出口→现有烟道均采用玻璃鳞片树脂内衬进行防腐，并且全部烟道外部敷设保温材料。

3. 吸收及氧化系统

吸收及氧化系统是整个脱硫系统的心脏部分，直接关系到脱硫效果、能否安全运行以及脱硫的运行费用等问题。该系统的主要设备是脱硫塔及其在塔内的相关设备，其中包括底部氧化槽、机械搅拌、喷雾器(喷头及其管路)、旋流板脱水器、冲洗水装置、循环泵和塔体上人孔、排气孔等。脱硫塔的主要结构参数是塔径和塔高，主要取决于烟气量的大小、烟气流速、化学反应时间、喷水效果、液气比、脱硫效率、脱硫剂的种类等若干因素。塔底强制氧化是为了解决设备堵塞和循环水再利用，在塔内就地强制氧化，使硫酸钙晶体迅速凝结，然后用泵打到外面的沉淀池中析出。机械搅拌的目的是避免硫酸钙在塔底结块。喷雾器主要是喷头，应根据每个喷头的喷淋角和喷水量大小来确定喷头的数量及其摆放位置，以保证塔内每个点的喷水覆盖率都在 200％以上。

烟气脱硫的化学反应主要就在吸收塔内完成。净烟气中所含的雾滴通过除雾器去除。系统共配备三台搅拌机用以维持石膏浆液处于悬浮状态。石膏浆液将通过石膏浆液排出泵送到石膏脱水系统，在该系统中，石膏浆液经脱水处理生成自由水分含量不大于 10％的石膏(二水硫酸钙)。系统的流程简图见 6-19。

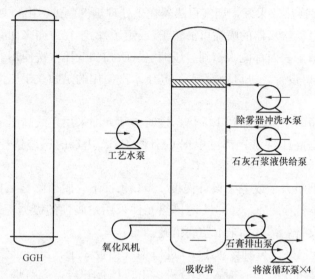

图 6-19　SO$_2$ 吸收氧化系统流程

（1）吸收塔。吸收塔是脱硫工艺的关键核心设备。实际的烟气脱硫反应是通过在吸收塔内石灰石(脱硫剂)浆液对含 SO$_2$ 的烟气机械洗涤来完成的。工程采用技术成熟、构造简单、负荷适应好、运行业绩较多的逆流喷雾空塔结构，为减少塔内结垢和堵塞，塔内不设隔栅或填料。吸收塔还具有低压损的特点，有利于降低能耗。脱硫喷淋塔见图 6-20。

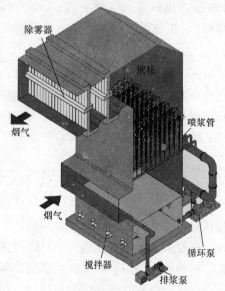

图 6-20　脱硫喷淋塔

（2）吸收塔喷淋循环系统。吸收塔喷淋循环系统由吸收塔循环泵、配管、喷淋层以及喷嘴组成，在吸收塔内喷淋流量均匀分布，流经每个喷淋层的流量相同，并确保浆液与烟气充分接触和反应，以达到脱硫性能的要求。喷淋层布置见图 6-21。

吸收塔内设有 4 个喷淋层，每一喷淋层配备一台具有相同流量但扬程不同的浆液循环泵。运行人员可以根据机组负荷的不同选定泵的运行台数，以利于节能。该系统设计的特点是喷淋层和喷嘴喷淋均匀地覆盖吸收塔的横截面。每一喷淋层由一个连接有支管的集管和用于连接每一喷嘴的独立连接管组成。喷淋层的喷嘴的设计可保证有充分的重叠区域以确保完全覆盖吸收塔的横截面。喷嘴为螺旋型，

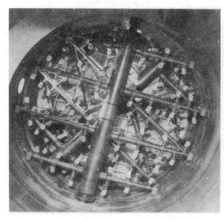

图 6-21 喷淋层布置图

直径为 100mm，进口压力 0.03MPa，喷嘴材质为碳化硅，具有耐腐蚀、耐磨损、不易产生结垢和堵塞等优点。

（3）除雾器。在吸收塔的顶部水平安装有两级高效的除雾器以分离烟气夹带的雾滴，除雾器出口烟气含水率不大于 $75mg/m^3$（湿基，标况）。

除雾器主要作用是除去吸收塔排出的经脱硫后净烟中的水汽，防止湿烟气对烟囱及管道的腐蚀。烟气经除雾器两级过滤，大部分水汽在除雾器上凝结成水珠掉入吸收塔内。但烟气中一部分灰尘及酸性物留在除雾器上。FGD 装置运行时，除雾器按照程序循环地进行冲洗。如果吸收塔为高水位，则冲洗频率就按较长时间间隔进行。为了防止除雾器因其所携带浆液微滴而引起的堵塞，所以最长时间间隔的设定应当严格依据于最短的冲洗时间。最短的时间间隔取决于吸收塔内的水位，即如果该水位降到了所需水位以下，则该水位下降得越多，冲洗间隔时间就变得越短。除雾器喷嘴前的冲洗压力一般调至 2bar（1bar＝0.1MPa），以保证冲洗效果。在程控自动冲洗效果不佳时（表现为除雾器差压居高不下），应现场对其逐个进行手动冲洗，冲洗时间应视除雾器差压而定。冲洗除雾器的冲洗水直接排到吸收塔浆液循环箱内作为系统补充水。

除雾器元件为人字型，材质为聚丙烯，这种材料能够承受高速水流，特别是人工冲洗造成的高速冲刷。

（4）氧化风机。吸收塔内氧化采用就地强制氧化，由氧化风机提供足够的空气以保证吸收塔反应箱中亚硫酸钙氧化为硫酸钙，工程中的氧化空气系统由两台氧化空气风机构成（一用一备）。氧化系统为侧向雾化系统，在吸收塔搅拌机叶片处安装有空气喷射管，喷入的空气被破碎成细小的气泡被均匀地分散在反应箱的浆液中。其主要特点为：①氧化性能强；②氧化空气耗量少；③吸收塔内布置简单；④易于维护。

（5）防腐设计。石膏浆液具有一定的腐蚀性，所以系统中有可能与浆液接触的设备都考虑了严格的防腐防磨措施。吸收塔壳体由碳钢制作，内表面衬有氯化丁基橡胶衬里；浆液喷淋系统采用玻璃钢管（FRP）；喷淋层支架采用碳钢包覆氯化丁基橡胶衬里；吸收塔入口烟道（原烟气冷凝和浆液溅滴区）为碳钢内衬 C276；吸收塔搅拌器采用双相不锈钢；塔内氧化空气管采用进口材料；吸收塔循环泵和石膏排出泵的壳体采用球墨铸铁加橡胶内衬，叶轮采用进口耐腐蚀合金；除雾器采用聚丙烯材料。

同时，为防止设备停运时浆液在管道、泵中沉积，造成堵塞，在吸收塔浆液循环泵、石膏排出泵附近的管道上都设置了自动工艺水冲洗系统。冲洗水自流入吸收塔区域排水坑，由排水坑泵返回吸收塔再利用。

4. 石膏排空和脱水系统

石膏回收系统主要包括石膏旋流器、真空皮带脱水机、废水旋流器进料箱、废水旋流器、滤液水箱及石膏储仓等。来自吸收塔含固量约为 20％的石膏浆液由石膏排出泵送至石膏脱水系统。石膏脱水系统分两级，第一级为石膏旋流器脱水，旋流器的底流浆液含固量约为 50％；第二级为真空皮带脱水机脱水，经真空皮带脱水机脱水生成自由水分小于 10％（质量含量）的石膏，脱水后的石膏储存在石膏筒仓中待运。石膏滤液自流入滤液水池最终返回吸收塔。石膏旋流器的溢流自流入废水旋流器进料箱中通过废水旋流器进给泵被抽至废水旋流站，废水旋流器的底流直接排入滤液水池通过滤液水泵送回吸收塔再利用。废水旋流器溢流自流进入废水收集箱中，废水收集箱中的废水一部分（5.0m³/h）通过废水输送泵送至废水处理系统，一部分溢流至滤液水池。

真空泵密封水来自滤布冲洗水泵，最后回流到滤布冲洗水箱。滤布冲洗水泵同时还对滤布、皮带进行冲洗、真空接收罐密封水及皮带润滑等作用。滤布、皮带的冲洗水最后收集在石膏冲洗水箱后通过石膏冲洗水泵对石膏进行冲洗（目的是为了确保石膏的品位）。

另外，工程中还设置了滤布冲洗水箱和石膏冲洗水箱。滤布冲洗水箱进水气控制阀可根据水箱的水位自动进水，石膏冲洗水箱由于进出水量基本平衡所以采用手动进水。

滤布冲洗水泵的出路有：①真空泵的密封水；②滤布、皮带的冲洗水；③皮带润滑；④皮带真空盒密封水。

皮带真空盒是为皮带脱水设置的，用来自滤布冲洗水泵的水进行密封。皮带润滑水是为减少皮带与传动机构的摩擦设置的。

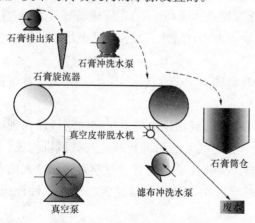

图 6-22　石膏脱水系统流程简图

真空泵密封水最后回流到滤布冲洗水箱。滤布、皮带的冲洗水收集在真空皮带脱水机排水盘内，最后流入石膏冲洗水箱。

石膏冲洗水箱的水又通过石膏冲洗水泵升压对石膏进行冲洗，这部分水及皮带真空盒密封水和 50％溶度的石膏浆液中脱去的水一起排向真空接收罐。真空接收罐的滤液水从底部进入到滤液水池。系统流程简图（石膏脱水系统）见图 6-22。

（1）石膏旋流器及废水旋流器。工程设计两套石膏旋流器（一套真空皮带脱水机配备一套旋流器，共两套）及一套废水旋流器。石膏旋流器将吸收塔排出的 20％的石膏浆液浓缩成约 50％左右的石膏浆液送入真空皮带脱水机脱水后制成自由水分小于 10％的石膏，废水旋流器将石膏旋流器溢流中的固体进一步分离，其底流直接排入滤液水池通过滤液水泵送回吸收塔再利用，以提高石灰石的利用率。废水旋流器溢流送入废水收集箱。

石膏旋流器的溢流含固量一般在 $1\%\sim3\%$（含固量）左右，固相颗粒细小，主要为未完全反应的吸收剂、石膏小结晶等，继续参与脱硫反应。石膏旋流器的底流含固量一般为 $45\%\sim50\%$（质量含量），固相主要为粗大的石膏结晶，真空脱水皮带机的目的就是要脱除这些大结晶颗粒之间的游离水。

水力旋流器是一种分离、分级设备，具有结构简单、占地小、处理能力强、易于安装和操作等优点，在各行业中的应用十分广泛。水力旋流器如图 6-23 所示。

其原理为：当带压浆液进入旋流器后，在强制离心沉降的作用下，大小颗粒实现分离过程。旋流器的各个部件分别起不同的作用。进料口起导流作用，减弱因流向改变而产生的紊流扰动；柱体部分为预分离区，在这一区域，大小颗粒受离心力不同而由外向内分散在不同的轨道，为后期的离心分离提供条件；锥体部分为主分离区，浆液受渐缩的器壁的影响，逐渐形成内、外旋流，大小颗粒之间发生分离；溢流口和底流口分别将溢流和底流顺利导出，并防止两者之间的掺混。

分离粒度是衡量旋流器分离效果的重要参数，它由设备压力降、外形尺寸及浆液物理性质等因素决定。选择石膏旋流器的关键是确定合理的分离粒度。

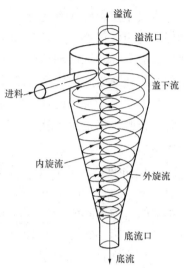

图 6-23 水力旋流器

石膏旋流器采用 15mm 的水力旋流器，材质为碳钢加橡胶内衬或 PU，废水旋流器采用 5mm 或 10mm（具体参数待定）的水力旋流器，材质为碳钢加橡胶内衬。

（2）真空式皮带脱水机。真空式皮带脱水机为两套（一用一备），脱水机将含固量约 50% 的石膏浆液制成自由水分小于 10% 的石膏。备有 2 台水环式真空泵用于两台真空式皮带脱水机，一用一备。一个皮带仪表连接箱两台皮带机共用的就地控制站（LCS），一套 DCS，一个公用废水旋流器站。

真空式皮带脱水机形式为水平式真空皮带过滤机，过滤面积约为 $10m^2$。

Delkor 皮带脱水机能高效的分离固体中的液体，特别适用于 FGD 工艺。运行方式如下：从石膏旋流器来的浆液均匀地覆盖在皮带上，滤布上浆液中的液体利用真空原理进行分离，分离后的液体通过安装在滤布特殊槽后进入真空接收罐。在真空接收罐内的滤液从底部进入到滤液水池，空气从真空接受罐顶部进入到真空泵。滤布上的石膏固体一边通过皮带传送，一边被清洗和干燥最后通过排放槽进入到石膏筒仓。真空皮带脱水机见图 6-24。

皮带驱动电动机/齿轮箱：Delkor 提供安装在齿轮箱轴功率为 7.5kW 的电动机和用于根据滤饼厚度控制皮带转速的变频器，

图 6-24 真空皮带脱水机

123

变频器安装在就地控制站内 LCS。变频器量程为 $10\sim60Hz$。该电动机安装了热偶温控开关，以保证电动机大负荷情况下温度高时停机，热偶温控开关安装在 LCS 内。皮带启动的手动和程序操作须通过 DCS。

LCS 提供的就地手动控制方式须通过 DCS 才能完成皮带脱水机的操作。

当真空皮带脱水机运行时，使用超声波检测滤饼厚度，该超声波厚度检测仪有就地指示功能。超声波仪器电源来自 LCS 的 AC 110V。超声波厚度检测仪测量值输出 $4\sim20mA$（按比例对应 $0\sim100mm$ 滤饼厚度）信号送到 DCS。DCS 根据测量值、滤饼厚度设定值和真空皮带脱水机转速之间的关系对滤饼进行自动闭环控制。

另外，该系统还设有皮带跟踪开关（左右各一个）用于真空皮带脱水机皮带跑偏的情况下紧急停止脱水机；拉线急停开关（安装在真空皮带脱水机两侧）事故情况下急拉该开关紧急停止脱水机。

（3）滤液水池。滤液水池收集来自真空皮带脱水机的滤液、废水旋流器的底流、废水收集箱溢流、石膏冲洗水箱溢流、滤布冲洗水箱溢流及石膏脱水区域设备停运时的冲洗水。滤液水池的长为 5.8m，宽为 3.8m，深度为 3.8m。滤液水池为地下式，钢筋混凝土结构，内壁衬合成树脂。配置两台 100%容量的滤液水泵把滤液送回吸收塔再利用。

（4）石膏筒仓。真空皮带脱水机把制成的石膏送入石膏储仓储存。仓内设石膏自动下料装置，保证石膏不板结，仓顶配置布袋除尘器。在石膏装载期间，安装于石膏储仓底部的石膏卸料机启动，将所存储的石膏送到石膏储仓中心，再装入卡车。石膏储仓为钢结构直筒式，其存储容量为 $1066m^3$，直径约为 9m，直筒高约为 20m。

（5）其他。因为石膏浆液容易沉积，故系统在废水旋流器进料箱、滤液水池、废水收集箱等箱坑中都安装有立式搅拌器。同时，为防止设备停运时浆液在管道、泵中沉积，造成堵塞，在废水旋流器进给泵、废水输送泵、石膏冲洗水泵附近的管道上设置了自动工艺水冲洗系统。冲洗水自流入滤液水池。

石膏浆液具有一定的腐蚀性，所以系统中的与浆液接触的设备，如各浆液储存箱、浆液搅拌器、旋流器、真空皮带脱水机、泵、阀门等都考虑了防腐防磨措施。

5. 水路循环系统

工艺水系统组成为工艺水箱＋工艺水泵＋除雾器冲洗水泵＋GGH 进水增压泵＋GGH 高压冲洗泵＋GGH 低压冲洗泵。系统补水采用工业水，由于湿法脱硫需要的水量较多，因此大多数情况下要进行循环使用。在强制氧化后进入沉淀池的水与锅炉冲渣水一起进入沉淀池，在那里经过沉降除渣后，再经过净化处理就可以循环使用。整个水路系统里包含两个沉淀池、若干台自吸泵、一套管路、水过滤器等相关设备。在循环一段时间后溶液中的氯离子浓度越来越大，不仅影响脱硫效率还会造成设备腐蚀，因此需要根据氯离子浓度定期排放部分循环水，同时补充新鲜的水。

（1）工艺水水源。水源采用工业水，用于石灰石浆液制备（含输送段、湿式研磨段），吸收塔补水，除雾器冲洗，GGH 高、低压冲洗，石膏脱水系统，浆液泵、阀及管道冲洗，共计 $67m^3/h$，其中电厂区域新增工艺补给水 $47.0m^3/h$（工艺补给水），焙烧区域新增稀释用工艺补给水 $10.7m^3/h$，石灰石泥浆自身含水 $9.3m^3/h$。根据总体设计思路，即在增建 2 号机脱硫装置的同时，预留 1、3 号机脱硫装置用水，电厂区域工艺总需水量 $141m^3/h$。由于电厂现有工业水管网供水能力已无余量，工程用水接 DN300 工业水干管，接管口径 DN200，接管处设置流量检测装置。

（2）闭式冷却水系统。机组脱硫装置中浆液循环泵、钢球磨石机、增压风机冷却水量共需 $50m^3/h$，$t_1 = 38℃$，$t_2 = 33℃$。根据设备对冷却水水质要求，冷却水系统采用闭式循环水系统，冷却塔设计流量 $100m^3/h$，冷却水泵设计流量 $50m^3/h$，系统补水采用工业水，工程补水量 $10m^3/h$，其中 $1.0m^3/h$ 为循环冷却系统漏失水，$9m^3/h$ 为喷淋系统补水。循环送水管道出口分别设置流量、温度、压力检测装置，信号均送往中央控制室，其中温度检测装置与冷却塔风机、喷淋泵运转连锁（冬季低温时，关闭冷却风机及喷淋泵）。为保证闭式系统安全运行，缓解热膨胀压力，在循环回水管上设置密闭式膨胀罐，并在循环供水管上设置安全阀，系统流程见图 6-25。

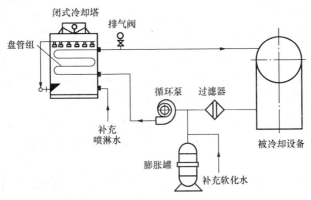

图 6-25 闭式冷却水系统原理图

（3）FGD 排水系统。浆液泵、阀、管道冲洗水沿排水沟或用管道排至各分区集水坑内。FGD 区域共设有 2 处集水坑（石灰石浆液制备区集水坑、吸收塔区集水坑），用以收集各分区冲洗水及箱、罐等溢流、排水，再经各集水坑泵送回吸收塔或事故浆液罐；石膏脱水区冲洗水排入滤液水池经滤液水泵送回吸收塔。

6. 仪用和杂用空气系统

一般可从电厂的空气压缩机房接出，也可自设空气压缩机房，杂用空气主要用于 GGH 的清扫。

压缩空气的总量按考虑电厂机组烟气脱硫装置所需压缩空气量的同时，预留机组将来上烟气脱硫装置所需压缩空气的能力。电厂机组烟气脱硫各装置用压缩空气分为 3 种，见表6-2。

表 6-2 脱硫各装置用压缩空气类型

类 型	压力（MPa）	耗量（m^3/h，标况）
仪表用压缩空气	0.5	280
杂用压缩空气	0.5	120
GGH 吹灰用压缩空气	0.5	3300

机组烟气脱硫用压缩空气接自公用灰用气泵，为了满足仪表用气的气质要求，设有压缩空气过滤器（$Q = 360m^3/h$，$p = 0.8MPa$）及无热再生式干燥器各两台（一用一备）。3 种压缩

空气分设 3 个储气筒，其中仪表用压缩空气储气筒 1 个 2.0m³、杂用压缩空气用储气筒 1 个 2.0m³、GGH 用压缩空气储气筒 1 个 30m³（其中 GGH 的吹灰制度为每 8h 吹 1 次，每次 75min）。

7. 废水处理系统

锅炉烟气湿法脱硫（石灰石/石膏法）过程产生的废水来源于吸收塔排放水。为了维持脱硫装置浆液循环系统物质的平衡，防止烟气中可溶部分即氯浓度超过规定值和保证石膏质量，必须从系统中排放一定量的废水，废水主要来自石膏脱水和清洗系统。废水中含有的杂质主要包括悬浮物、过饱和的亚硫酸盐、硫酸盐以及重金属，其中很多是国家环保标准中要求严格控制的第一类污染物。脱硫 FGD 的废水必须综合考虑如下污染物的去除效率和程度：

1）pH 值（随 FGD 流程不同有差异，一般为 3.5～6.5）；

2）浮物固体成分及含量；

3）石膏过饱和度；

4）重金属含量。

对于湿法烟气脱硫技术，一般应控制氯离子含量小于 2000mg/L。脱硫废液呈酸性（pH＝4～6），悬浮物质量分数为 9000～12 700mg/L，一般含汞、铅、镍、锌等重金属以及砷、氟等非金属污染物脱硫废水，属弱酸性，故此时许多重金属离子仍有良好的溶解性。所以，脱硫废水的处理主要是以化学、机械方法分离重金属和其他可沉淀的物质，如氟化物、亚硫酸盐和硫酸盐。

国内现行的典型废水处理方法均是基于脱硫除尘废水的排放特征衍生而来，针对不同种类的污染物，其各自的去除机理如下：

1）酸碱度调节（去除）。先在废水中加入石灰乳或其他碱性化学试剂（如 NaOH 等），将 pH 值调至 6～7，为后续处理工艺环节创造良好的技术条件，同时在该环节可以有效去除氟化物（产品 CaF_2 沉淀）和部分重金属。然后加入石灰乳、有机硫和絮凝剂，将 pH 值升至 8～9，使重金属以氢氧化物和硫化物的形式沉淀。

2）汞、铜等重金属的去除。沉淀分离是一种常用的金属分离法，除活泼金属外，许多金属的氢氧化物的溶解度较小。故脱硫废水一般采用加入可溶性氢氧化物，如氢氧化钠（NaOH），产生氢氧化物沉淀来分离重金属离子。值得一提的是，由于在不同的 pH 值下，金属氢氧化物的溶度积相差较大，故反应时应严格控制其 pH 值。

在脱硫废水处理中，一般控制 pH 值在 8.5～9.0 之间，在这一范围内可使一些重金属，如铁、铜、铅、镍和铬生成氢氧化物沉淀。对于汞、铜等重金属，一般采用加入可溶性硫化物如硫化钠（Na_2S），以产生 Hg_2S、CuS 等沉淀，这两种沉淀物质溶解度都很小，溶度积数量级在 10^{-50}～10^{-40} 之间。

对于汞使用硫化钠，只要添加小于 $1mg/(L \cdot S^2)$，就可对小于 $10\mu g/L$ 浓度的汞产生作用。为了改善重金属析出过程，制备一种能良好沉淀的泥浆，一般可使用三价铁盐如 $FeCl_3$ 及一般为阴离子态的絮凝剂。通过以上两级处理，即可使重金属达标排放。以加拿大 Lambton 电厂为例，一般脱硫废水处理工艺见图 6-26。

我国重庆珞璜电厂首次引进了日本三菱公司的石灰石—石膏湿法脱硫工艺，脱硫装置与两台 360MW 燃煤机组相配套。机组燃煤含硫量为 4.02%，脱硫装置入口烟气二氧化硫浓

度为 3500×10^{-6}，设计脱硫效率大于
95%。从最近几年电厂的运行情况来看，
该工艺的脱硫效率很高，环境特性很好。
不过，设备存在一定的结垢现象，防腐
方面的研究也有待加强。

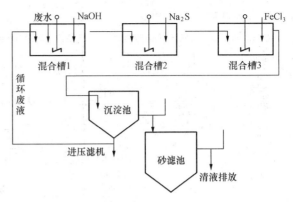

图 6-26　加拿大 Lambtom 电厂脱硫废水处理工艺

（1）脱硫废水出入口构成及成分。
目前，国内电厂脱硫多采用湿式石灰石
膏法处理工艺，烟气脱硫后排出的废水
中含有大量亚硝酸盐、亚硫酸盐、有机
物等还原性物质。以某电厂脱硫废水处
理为例，采用德国 STEULER 公司的废水中和还原处理工艺，有效去除了废水中的还原性
物质（COD）、六价铬、氟离子等。经过中和还原等工艺的综合运用，实际运行出水指标
（COD）低于 100mg/L、六价铬低于 0.5mg/L、氟离子低于 10mg/L。处理过程简便高效，
操作自动化程度高。烟气脱硫（FGD）废水的水质由燃煤发电机组的脱硫工艺、烟气成分、
灰及吸附剂等多种因素决定。脱硫废水中的杂质除大量的可溶性氯化钙之外，还包括氟化
物、亚硝酸盐等，重金属离子如砷、铅、镉、铬离子等，还有不可溶的硫酸钙及细尘等。

根据脱硫废水的入口水质，脱硫废水中主要的超标项目是 pH 值、悬浮物、汞、铜等重
金属离子、氟的含量具体参数见表 6-3。

表 6-3　　　　　　　　　　　　废水入口参数

项　目	技 术 指 标	项　目	技 术 指 标
温度（℃）	<45.5	铅（mg/L）	<2
pH 值	5～9	镉（mg/L）	<0.3
悬浮物 SS（mg/L）	53000	汞（mg/L）	<0.1
氟（mg/L）	<180	钙（mg/L）	500～2000
六价铬（mg/L）	<10		
氯（mg/L）	<10000	砷（mg/L）	<0.5
铜（mg/L）	<2	硼（mg/L）	<200
镍（mg/L）	<2	化学需氧量 COD（mg/L）	<160

（2）废水处理工艺步骤和物理化学反应机理。废水处理系统将脱硫工艺产生的废水流入
水质调节槽，经废水处理装置沉淀、絮凝、澄清、沙滤、pH 调节，达到国家一级排放标准
后将其排放。脱硫废水处理最大设计能力为 20m³/h。

该脱硫废水处理包括废水处理系统、药剂制备系统、污泥脱水系统 3 个系统。

1）废水处理系统。

a）废水处理工艺步骤。脱硫废水处理系统采用化学加药和泥浆连续处理废水。沉淀出
来的固体物在沉淀池和澄清池中分离出来，处理后的废水经砂滤进入出水箱，经 pH 调节罐
调节达到标准后排放。

废水处理流程分为还原沉淀、一级澄清、除氟、二级澄清、中和、砂滤和检验排放等，

其工艺流程见图 6-27。

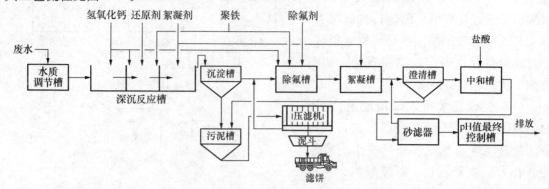

图 6-27　石灰石湿法 FGD 脱硫废水化学处理工艺流程

具体工艺步骤如下：

① 从 FGD 来的脱硫废水流入水质调节槽缓冲。水质调节槽的液位控制废水泵的启停和流量调节阀的开度，废水以较为恒定的流量进入沉淀反应槽。

② 脱硫废水自水质调节槽至沉淀反应槽后，在沉淀反应槽加入石灰浆使重金属离子形成难溶的氢氧化物沉淀，然后加入还原剂使六价铬在此处被还原成三价铬。三价铬与氢氧根结合，生成氢氧化铬沉淀。

③ 脱硫废水溢流进入沉淀槽，沉淀上部圆筒形为沉淀区，下部为截头圆锥状的污泥区，内部设有导流筒。废水自导流筒向下进入，在底部遇反射板折流后在沉淀区缓慢向上流，最终进入上端环形溢流槽溢流排走。污泥自导流筒进入后由于重力作用向下沉降最终进入污泥区，部分被水流带入沉淀区的污泥，因水流速度缓慢，也会逐渐沉降至污泥区。经过澄清的废水溢流入除氟反应槽。

用泵将污泥排入泥浆缓冲槽。

④ 来自污泥脱水系统的滤液和沉淀槽上部出来的清水进入除氟反应槽，加入石灰浆调 pH 值至 11.5，同时加入除氟剂，使除氟剂与氧化钙在此碱性条件下反应，生成极难溶解的物质。除氟反应槽来的废水进入除氟反应槽继续反应，出水含氟量低于 10mg/L。

除氟反应槽底部设有空气管，鼓入氧化空气，以降低废水的 COD 指标。除氟反应槽出来的废水经提升泵送至澄清槽。

⑤ 脱硫废水经过除氟处理后通过提升泵送入澄清槽，澄清槽上部圆筒形为沉淀区，下部为截头圆锥状的污泥区，内部设有导流筒。废水自导流筒向下进入，在底部遇反射板折流后在沉淀区缓慢向上流，最终进入上端环形溢流槽溢流排走。污泥自导流筒进入后由于重力作用向下沉降最终进入污泥区，部分被水流带入沉淀区的污泥，因水流速度缓慢，也会逐渐沉降至污泥区。经过澄清的废水溢流进入中和槽，用泵将污泥排入泥浆缓冲槽。

⑥ 经过澄清的废水溢流进入中和槽后，加入适量的工业盐酸，调节废水的 pH 值至 6～9。中和后的废水由泵送至砂滤器。

⑦ 中和后的废水进入砂滤器，通过连续运行的砂滤器进一步除去悬浮颗粒。废水进入砂滤器由下向上通过砂层，处理后的井水由上部出水排出进入排水槽。

⑧ 经砂滤后的净水进入排水槽，在排水槽内进行 pH 值的检查，以使最终的出水 pH 值

维持在 6～9 范围内。处理合格的废水排往中和槽重新处理。

　　b）废水处理物理、化学反应机理。

　　① 用石灰乳沉淀法进行中和处理。从 FGD 来的脱硫废水以恒定流量进入沉淀反应槽，药剂制备系统来的石灰乳按不同的比例加入沉淀反应槽 A、B，将沉淀反应槽 A 的 pH 值控制在 6.5～7.5，沉淀反应槽 B 的 pH 值控制在 8.5～10。

　　石灰乳 Ca(OH)$_2$ 不仅可以中和任何浓度的酸性废水，提高废水的 pH 值，而且 Ca(OH)$_2$ 具有良好的絮凝作用，能降低有机物浓度和废水的色度。

　　脱硫废水入口的 COD 主要由硫酸盐（SO$_3^{2-}$）形成，亚硫酸盐在此发生氧化反应。每个槽配备 2 套独立的空气进气管以提高系统的有效性和灵活性。

　　石灰乳加入后，使氢氧根离子与废水中的重金属离子（以重金属离子 Me^{2+} 为例）反应，钙离子与氟离子反应，分别形成难溶的氢氧化物和氟化物沉淀。

　　随着废水的 pH 值提高，重金属花合区的溶解度逐渐下降。当 pH 值为 10 左右的时候，绝大多数重金属氢氧化物的溶解度已低于排放的浓度指标。

　　② 六价铬（Cr^{6+}）还原处理。六价铬的化合物是剧毒物质，为了除去有害的重金属铬，必须将六价铬还原成三价铬，并与氢氧根结合生成氢氧化铬沉淀。如果还原不彻底，六价铬化合物在 pH 为 10 时也将不能生成沉淀而进入废水排放。

　　采用新的还原剂 Na$_2$S$_2$O$_4$，可以直接在碱性条件下还原六价铬。

　　废水由沉淀反应槽 A 自流至沉淀反应槽 B，同时在沉淀反应槽 B 入口处二次投加石灰浆和还原剂，调节 pH 值为 9.5～10.5，六价铬在此处被还原成三价铬；同时，三价铬与氢氧根结合，生成氢氧化铬沉淀。各种重金属的氢氧化物在 pH 值为 9.5～10.5 条件下也达到比较完全的沉淀。

　　铬离子还原可以用不如 NaHSO$_3$ 这类在酸性环境下 pH 值为 2.0～2.5 的弱还原剂，或在中性或碱性高 pH 值下采用如 Na$_2$S$_2$O$_4$ 这样的强还原剂进行还原。

　　该工程脱硫废水采用碱性条件下的强还原剂 Na$_2$S$_2$O$_4$。

　　剩余的 Cr^{3+} 作为金属氢氧化物沉淀下来，并在随后的沉淀池中和别的金属氢氧化物和硫酸钙一起被除去。

　　形成的亚硫酸盐将在随后的除氟槽中被氧化成硫酸盐。

　　③ 除氟处理。由沉淀槽上部出来的清水，溢流进入除氟反应槽，用石灰浆将废水 pH 值调至 11.5，加入价格低廉的除氟剂，使除氟剂与硫酸钙及氟化钙在此碱性条件下反应，生成极难溶解的物质硫酸钙铝复合盐和氟化钙铝复合盐，出水含氟量远低于排放指标。除氟剂的使用，在确保出水含氟量低于排放指标的同时，可以进一步降低有害重金属离子的浓度。降低水中悬浮物的含量，保证了出水的悬浮物低于排放指标。

　　应用该沉淀反应，在排放物中负离子的浓度将会低于 10mg/L。还原剂的加入由连续的氟离子测量来控制，同时，会进一步发生硫酸盐沉淀，形成的污泥在随后的澄清池中去除掉。

　　④ 废水的絮凝。在废水处理过程中沉淀出来的氢氧化物和化合物，颗粒都很细，分散在整个体系中，很难沉降。为了改善沉降效果，分别在沉淀反应槽和除氟反应槽入口处投加一定浓度的聚铁溶液，使废水中原来的反应产生的固体悬浮物絮凝。絮凝后，在沉淀槽和澄

清槽的入口加入 PAM 有机助凝剂，使絮凝物架桥长大。

⑤ 沉淀—固体物从废水中分离。在沉降阶段，固体物质从液体中分离出来，絮凝阶段形成的大颗粒絮凝物沉淀到澄清池的底部。

⑥ 砂滤。废水进入砂滤器砂滤能有效地除去悬浮物，砂滤后的净水流入 pH 值最终控制槽。

⑦ 检验排放。砂滤后的废水进入 pH 值最终控制槽，使最终的出水 pH 值维持在 7~8 范围内。

对最终控制槽内的净水进行定时采样分析，若指标不达标，则将废水返回系统前级重新处理。若一切正常，则排水槽中的水直接排放。

2) 药剂制备系统。配置必要的化学药品，装入相应的储罐和供给槽，并送到各用料点。药剂制备系统包括熟石灰浆液制备系统、盐酸投加系统、聚合铁投加系统、还原剂投加系统、PAM 絮凝剂投加系统、除氟剂投加系统。

a) 熟石灰浆液制备系统。熟石灰粉经加料器定量向石灰浆配制槽供料，同时定量加入水，搅拌混合均匀，配制成 10% 的浆液。为防止配制槽内和供浆管内的悬浮物沉淀，两台石灰循环供浆泵连续运行，分别向沉淀反应槽和除氟反应槽供浆。

b) 盐酸投加系统。盐酸直接由盐酸计量泵定量送往中和反应槽，同时也定期将盐酸送往 pH 计电极点。

c) 聚合铁投加系统。聚合铁直接由聚合铁计量泵分别定量送往沉淀反应槽和除氟反应槽入口。

d) 还原剂投加系统。定期取一定量还原剂投入配制槽内，配制成一定浓度的溶液。经计量泵定量送往废水处理系统的沉淀反应槽。

e) PAM 絮凝剂投加系统。配置的 PAM 溶液直接由计量泵分别定量送往沉淀反应槽的出口和澄清槽中心管入口。

f) 除氟剂投加系统。除氟剂粉经加料器定量向除氟剂浆配置槽供料，同时定量加水，通过搅拌器搅拌混合均匀，配制成 10% 的浆液。为防止配制槽内和供浆管内的悬浮物沉淀，除氟剂村换供浆泵连续运行，向除氟反应槽供浆。

3) 污泥脱水系统。污泥脱水流程为污泥缓冲浓缩、污泥压滤、清洗等。

a) 污泥缓冲浓缩。为了缓冲废水处理系统 24h/d 连续运行，而污泥脱水系统 16h/d 运行的差异，在澄清槽后设有污泥浓缩槽，沉淀槽底部和澄清槽底部的污泥送到污泥浓缩槽内浓缩，上部清水随压滤机产生的滤液一起回至废水处理系统，下部污泥被分别用进料泵和压滤泵送至压滤机。

b) 污泥压滤。污泥浓缩槽底部污泥用进料泵送往压滤机。通过压滤机压滤形成滤饼，达到一定压力时打开压滤机将滤饼排掉。

滤饼直接落入底层的装车泥斗，定期装车外运。滤液排入废水处理系统除氟反应槽进行除氟及后续工艺处理。

c) 清洗。压滤机装备有滤布酸洗再生系统，定期用稀盐酸清洗滤布上形成的垢膜。对滤布进行酸洗再生，恢复滤布的通透性，减少过滤阻力。

d) 运行效果。该电厂烟气脱硫废水处理工程于 2006 年 8 月开始动工，2007 年 2 月安装完毕并开始试运行，并于 2007 年 4 月通过环保局验收。据每天自行监测数据及环保部门不定期抽样化验数据表明，至今出水一直稳定达标排放。产生的污泥干固率大于 65%。废水的出口实际分析结果见表 6-4。

表 6-4　　　　　　　　　　　　　废水出口实际分析

项　　　目	技 术 指 标	国家一级标准
pH 值（25℃）	7.74	6～9
悬浮物 SS（mg/L）	16.0	70
氟（mg/L）	1.18	10
铜（mg/L）	0	0.5
总铬（mg/L）	0.02	0.5
化学需氧量（mg/L）	46	150

脱硫废水的水质成分复杂，应根据废水的具体特点、有针对性地处理，通过化学中和、还原等多种工艺的综合运用，可达到良好的处理效果，将主要控制指标 Cr^{6+}、F^-、SS、COD 处理至排放标准以下，经过实际运行，脱硫废水处理能力达到并超过设计能力。

4) 简易石灰石—石膏湿法烟气脱硫工艺。

简易湿法烟气脱硫技术是由大型湿法石灰石/石灰—石膏法演变而来，其工艺及原理大体相同，只是吸收塔内部结构简单，采用空塔或采用水平布置，省略或简化换热器。简易湿法烟气脱硫技术和普通的湿法相比，具有占地面积小、设备成本低、运行及维护费用少等优点，适用中、小型燃煤锅炉。

它需要根据中小型燃煤锅炉的具体情况，合理设计，简化结构，尽量降低投资及运行费用。但简易湿法仍然作为一套完整的脱硫系统，首先保证不会影响到整个锅炉系统的正常运行，同时又能很好的达到脱硫目的。我国太原第一热电厂引进了日立高速平流湿法脱硫工艺，处理气量 60 万 m^3/h，为来自 300MW 机组的 2/3 烟气量，其入口 SO_2 浓度为 $2000×10^{-6}$，吸收剂采用石灰石，脱硫效率达 80%～90%，自装置投入运行以来，系统可靠性较好。该工艺的流程图见图 6-28。

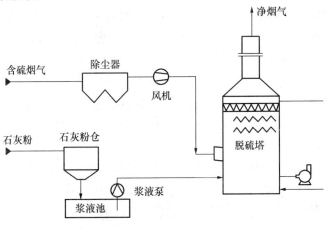

图 6-28　简易湿法脱硫系统示意图

a）简易湿法脱硫工艺流程。

经除尘后的烟气从脱硫塔底部切向斜向下进入脱硫反应塔，冲击脱硫塔底部持液槽，既能使部分 SO_2 与持液槽碱液反应，又具有除尘作用。在烟气进口处有一层旋流板，通过喷淋先对烟气进行降温，并起到均匀布气的作用。在塔的中上部还有两层喷淋层，不断喷淋氧化钙浆液，按照覆盖率在 $200\%\sim300\%$ 之间合理布置喷嘴的位置，此时塔内的反应温度一般控制在 $58℃$ 左右。为了减少设备的结构堵塞问题，塔体结构尽量简洁，采用空塔喷淋的方式。由于此时的烟气湿度比较大，需要对它进行脱水处理，以减少空间在塔顶安装旋流板除水装置。因为旋流板造价比较低，结构也相对简单，效果也比较明显。经过一段时间的运行，旋流板表面容易积灰造成设备腐蚀，需要定期进行人工冲洗。在脱硫反应塔的底部通过曝气装置对反应后的浆液不断地进行就地强制氧化，将亚硫酸钙转化成硫酸钙。同时，利用搅拌器不停地进行搅拌既使反应均匀又避免硫酸钙在塔内聚集，已氧化的浆液用泵打出脱硫岛与洗渣水一块送至外面露天沉淀池，经逐级沉淀捞渣后，再把上层清液过滤后循环使用。脱硫塔的后面是一个副塔，副塔既可以作为下行烟道又能够在副塔内装一层旋流板进行脱水。为了不影响锅炉的正常运行，另加一旁路系统，通过对挡板门控制可以在塔内检修时不影响锅炉的正常运行，同时在正常运行时也可以半开挡板门或者烟温过高时让烟气全部都从旁路通过。

从脱硫塔内出来的烟气温度比较低，一般在 $55℃$ 左右，并且烟气中含有一些水分，直接排放容易造成风机叶片和烟囱腐蚀。因此，应该将烟气加热到其酸露点以上然后再排到大气中。通常用的烟气加热方式有通蒸汽、用换热器和勾兑原始烟气，从整个系统上考虑使用蒸汽加热或勾兑原始烟气的方式。可以针对用户的具体情况和当地的环保要求选择合适的加热方式。经过加热升温后的烟气在引风机的作用下通过烟囱排空。

对于新建电厂，系统可以不设烟气再热装置，而是对烟囱进行防腐处理，整个系统采用正压方式运行。在简易的湿法脱硫工艺中，主要包含烟气系统、吸收及氧化系统、脱水系统、烟气再热系统、水路循环系统和电气及自动控制系统等部分。与大型湿法工艺相比，缺少了吸收剂制备系统和石膏处理系统。

b）脱硫岛内控制方案。一般情况下电控系统控制的主要参数包括脱硫剂投料量、脱硫塔出口烟温、再热器出口烟温、引风机风量等。监测系统采用集中控制模式，使用计算机DCS控制脱硫系统的启停、运行工况调整和异常工况报警，自动调节出口温度和钙硫比等。通过 pH 值控制加药量。脱硫岛电气控制系统纳入脱硫岛 DCS 控制，监控的电气设备包括10kV 进线开关（包括变电站 10kV 开关母线和本侧 10kV 受电开关）、10kV 主开关能就地或通过 DCS 系统控制、开关柜上设就地/远方控制转换开关。

低压开关柜的控制、信号和位置指示信号进入 DCS 系统，可通过选择开关来选择试验或运行以及就地或远方方式。

若系统发生瞬时断电，脱硫系统中的各类负荷仍应满足可靠运行，脱硫控制系统不作为电源故障而停止，若电源中断大于 2s，脱硫控制系统将作为电源故障停止。脱硫控制系统分烟气吸收、制浆/石膏、电动机/公辅 3 个子系统进行脱硫控制。系统具备完备的自诊断功能，能诊断至模块级。分散控制系统各子系统之间必要的逻辑联系和重要保护信号采用硬接线直接通过 I/O 通道传递。监视和控制系统的信息，在充分考虑了测量元件和 I/O 通道的冗余措施后，可信息共享。机组保护连锁及控制逻辑均在分散控制系统的处理站中实现。

① 旁路挡板差压控制。旁路挡板在正常工况下是常闭的。引风机将烟气送 FGD 进行处理，通过对增压风机风叶角度的调整，维持旁路挡板两侧差压为 0。这样增压风机会自动补偿引风机出口到烟囱出口的通风损失。这样，在旁路挡板动作时烟气系统的压力波动最小，以保证炉膛的安全。旁路烟气挡板差压控制原理见图 6-29。

② 石灰石浆液密度控制。通过石灰石泥浆中间箱液位来控制石

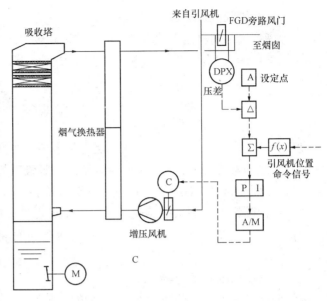

图 6-29 旁路烟气挡板差压控制系统图

灰石泥浆沉淀池供给的石灰石泥浆量。根据石灰石浆液密度控制工艺水进给阀开关，调节石灰石泥浆中间箱内浆液密度值。

③ 石灰石浆液进料流量控制。石灰石浆液进料是通过维持吸收塔内 pH 值来控制的。

通过吸收塔进气管烟气流量、进气管 SO_2 含量及理论脱硫效率计算出石灰石浆液进给流量作为前馈；根据吸收塔内石灰石浆液 pH 实际值与设定值间的偏差产生石灰石浆液流量补偿值；前馈值、补偿值和石灰石浆液密度通过相应的算式产生石灰石进料流量的设定值。通过对石灰石浆液流量的检测来控制其流量。石灰石浆液进料流量控制原理见图 6-30。

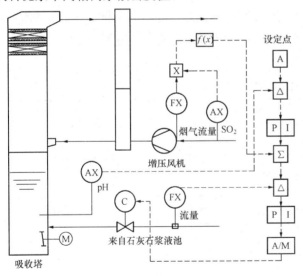

图 6-30 石灰石浆液进料流量控制原理

c) 简易湿法脱硫工艺的主要技术特点。

① 系统结构相对较简单，没有脱硫剂制备系统和石膏处理系统，投资数额较小。

② 脱硫效率高，一般情况下都能达到 85% 以上。

③ 运行稳定，可操作性比较高，加上旁路系统后基本不影响系统的稳定运行。

④ 液气比较低，系统进行优化后液气比小于 5L/m^3，大大节省了投资费用和运行费用。

⑤ 设备腐蚀和结垢堵塞问题得到改观，该工艺着重考虑了这些问题。

⑥ 循环水重复利用，避免了二次污染。

⑦ 采用两层旋流板除雾，效果较好。

⑧ 进塔烟气采用斜向下的方式，形成冲击式效果。

⑨ 烟气再热后，无烟气带水现象和设备腐蚀。

第五节 脱硫工艺的技术经济分析

世界各国研究开发的烟气脱硫技术已有很多种，而真正投入商业运行的脱硫工艺只有十几种，其中最为常见的是石灰石—石膏湿法烟气脱硫工艺、简易石灰石—石膏湿法烟气脱硫工艺、烟气循环流化床脱硫工艺（常规 CFB）、旋转喷雾半干法烟气脱硫工艺、海水烟气脱硫工艺、炉内喷钙加尾部增湿活化工艺、电子束烟气脱硫工艺、循环流化床锅炉脱硫工艺等。根据这些工艺的运行情况，对其进行技术经济分析比较，可以看出各种工艺之间的差异。

一、烟气脱硫的技术分析

烟气脱硫工艺的技术分析主要包括技术成熟度、技术性能和环境特性等 3 个方面的分析。技术成熟度指标根据该技术目前所处的开发阶段，分为实验室、中试、示范和商业化 4 个阶段。技术性能指标反映技术的综合性能，对烟气脱硫而言，包括脱硫效率、处理能力、技术复杂程度、占地面积、再热需要和副产品利用等。环境特性根据处理后烟气的二氧化硫排放量进行评价，按其平均值与排放标准进行比较分为很好、好、中等和不好 4 个等级，低于标准的评为很好，达到标准的为好，接近标准的为中等，达不到标准的为不好。各种脱硫工艺技术的综合评价结果见表 6-5。

表 6-5　　　　　　　　　　烟气脱硫技术的综合评价

脱硫工艺	技术性能								环境特性
	工艺流程简易情况	工艺技术指标	脱硫副产物	推广应用前景	电耗占总发电量比例（%）	烟气再热	占地情况	技术成熟度	
石灰石—石膏湿法	主流程简单；石灰浆制备流程复杂	脱硫率大于90% Ca/S=1.1	主要为 $CaSO_4$；目前尚未利用	适用燃烧高、中硫煤锅炉，要求当地有石灰石矿	1.5～2	需要	多	国内已商业化引进	很好
简易湿法	流程较简单	脱硫率大于90% Ca/S=1.1	主要为 $CaSO_4$；目前尚未利用	适用燃烧高、中硫煤锅炉，要求当地有石灰石矿	1	需要	少	国内已有示范工程	好
常规 CFB	流程较简单	脱硫率可达95% Ca/S=1.2	烟尘与 $CaSO_4$ 的混合物；目前尚未利用	适用燃烧中、低硫煤锅炉	0.5～1	无需	少	国内还没有示范工程	很好
喷钙增湿法	流程简单	脱硫率70% Ca/S=1.2	烟尘与 $CaSO_4$ 的混合物；目前尚未利用	适用燃烧中、低硫煤锅炉	0.5	无需	极少	国内已有示范工程	好

脱硫工艺	技术性能								
	工艺流程简易情况	工艺技术指标	脱硫副产物	推广应用前景	电耗占总发电量比例（％）	烟气再热	占地情况	技术成熟度	环境特性
电子束法	流程较简单	脱硫率80％脱硝效率10％	副产品可作氮肥；不产生废水	适用燃烧中、低硫煤锅炉	0.5～1	无需	少	国内已有示范工程	很好
海水脱硫法	流程简单	脱硫率大于90％脱硫剂为海水	副产品为硫酸盐；经处理后排入大海	适用燃烧中、低硫煤锅炉	1～1.5	无需	少	国内已有示范工程	很好

从表6-5可以看出，我国已加大了烟气脱硫技术的引进工作。目前已有好几套脱硫工艺在可靠、有效地运行。从技术的角度来说，引进的脱硫技术都比较成熟，流程比较合理，但是在脱硫效率、副产品的利用、电耗以及占地面积等方面有所不同。石灰石—石膏湿法脱硫工艺占地面积较多、电耗也很大，但是它的脱硫效率很高；干法/半干法工艺较简单，电耗低、占地面积也小；海水脱硫工艺电耗较高，但是流程简单，使用海水作吸收剂，可大大节省运行费用。

二、烟气脱硫的经济分析

各种烟气脱硫技术的初步经济分析见表6-6，表中费用为1998年折合价。各种烟气脱硫工艺的经济性能比较见表6-7。

表6-6　　　　　　　　　　烟气脱硫技术经济分析

脱硫工艺		石灰石—石膏湿法	简易湿法	旋转喷雾法	喷钙增湿法	电子束法
机组容量（MW）		2×360	300	200	125	200
烟气量（$10^4 m^3$/h,标况）		2×108	108*（60）	82*（30）	54.5	84*（30）
SO_2浓度（$×10^{-6}$）		3500	3000	3000	3000	1800
FGD总投资（万元）		57808	12007	11424	2546.4	9430
单位投资（万元/kW）		839	600	571.2	254.4	1000
年均化投资（万元）		7173	1490.2	1417.4	373.8	1170.3
运行费用（万元）	脱硫剂或原料	2457.2	799.6	1232.5	835.7	—
	电力	2485.3	374.4	310.8	159.8	—
	蒸汽	390.6	90	—	—	—
	工业水	71.1	13.3	120.0	20.4	—
	人员工资	67.0	43.2	59.6	24.4	—
	维修及管理	1451.0	301.3	286.8	64.0	—
	其他	28.8	—	30.6	—	—
	合计	6951.6	1621.8	2040.3	1104.3	900
年运行成本（万元）	元/t SO_2脱除	1028.2	973.1	924.2	842.2	1000
	分/kWh	3.02	2.39	2.66	2.27	1.30

*　机组产生的烟气量,括号内为脱硫处理后的烟气量。

表 6-7   脱硫工艺的经济性能比较

脱硫工艺	石灰石—石膏湿法	简易湿法	喷雾干燥法	喷钙增湿法	电子束法
FGD 占电厂总投资比例（%）	13～19	8～11	8～12	3～5	9～14
脱硫成本（元/t SO$_2$ 脱除）	750～1550	730～1480	720～1230	790～1290	700～1250
副产品效益（元/t SO$_2$ 脱除）	无	无	无	无	210～375

平均而言，湿式石灰石—石膏法投资占电厂投资的比例最高，约为 16%，最低的是炉内喷钙尾部增湿工艺，只占 5%；每脱 1t 二氧化硫的运行成本，湿法为 1100 元左右，干法/半干法为 800 元左右，而电子束法要高一些，但有副产品回收。电厂脱硫将造成电力生产成本的提高，机组安装湿式 FGD 后的单位发电成本要增加 0.02～0.03 元/kWh，安装干式 FGD 后的单位发电成本要增加 0.01～0.02 元/kWh。

通过以上技术、经济和综合分析，几种燃煤锅炉脱硫工艺主要特点如下：

（1）简易湿法/干法脱硫技术。简易湿法技术包括简易石灰石—石膏和水膜除尘器简易脱硫工艺两大类，脱硫效率一般可达 60%～70%，投资小、占地面积小，尤其后者适用于老机组的改造。干法主要是指烟气循环流化床脱硫工艺，工艺系统简单，可靠性好，脱硫效率高且可与湿法相当，锅炉负荷变化时常规 CFB 系统仍能正常工作，占地面积小，特别适用老机组的改造，脱硫副产品不会造成二次污染。

（2）吸收剂喷射脱硫。吸收剂喷射脱硫技术按喷射位置可分为炉内喷射、省煤器喷射和烟道喷射（包括喷吸收剂并增湿和烟道喷浆）以及这些工艺的组合。这类工艺投资较低，占地小，主要用于老厂的改造。

（3）旋转喷雾干燥脱硫。用旋转喷雾器向脱硫塔内喷射石灰浆脱硫，一般用于中、低硫煤，也可用于高硫煤，脱硫效率 90% 左右。

（4）湿法石灰石—石膏法。该技术是目前国外应用最广的烟气脱硫工艺，其特点是脱硫效率高（＞90%），吸收剂利用率高（＞90%），设备运转率高，但初投资和运转费比干法和半干法和简易湿法高得多。

（5）循环流化床燃烧脱硫技术。该技术在国外已属商业化技术，在国内已进行示范和应用。

三、燃煤电厂项目后评价

火电厂烟气脱硫项目具有投资大（2×300MW 机组烟气脱硫项目建设资金概算在 3 亿元左右）、施工周期长、能源消耗大、技术含量高、对机组运行会产生一定的影响等特点，而且，烟气脱硫工程投入运行后的成本变化大，准确性差，给火电厂经济效益的核算造成一定困难。在未建设烟气脱硫项目时，影响火电厂主要技术经济指标的是占产品成本 60% 以上的燃料及其价格，设备利用率及相应的售电量及其价格等因素。但烟气脱硫项目一旦投产后，其运行成本直接影响到电价的构成。对火电厂而言，烟气脱硫工程本身不仅不能直接产生经济效益，而且还增加其运营成本。

1. 技术经济和运营工作后评价

在火电厂烟气脱硫项目建成并运营一段时期后，对其生产运营进行全面计算分析和评价，主要是对其投资效果进行分析、评价。生产经营状况、投资效果与电力的生产成本相关，因此在此阶段要深入研究分析并完成财务后评价和国民经济后评价工作。

2. 环境影响后评价

火力发电厂烟气脱硫项目的环境影响后评价主要是分析影响其持续发展、发挥项目投资效益的内部因素和外部条件，以及项目产生的各种有利和不利影响。烟气脱硫项目属于环保项目，自身具有极大的社会效益，因此对火电厂烟气脱硫项目进行环境影响后评价显得尤其重要。

3. 工程建设管理后评价

该阶段主要是对项目从筹备到施工阶段的后评价，包括项目筹建、决策工作、厂址选择、项目设计、勘探、物资及资金落实、施工中项目的组织、项目的变更情况等进行定性、定量分析评价，同时还应注重对建设资金的供应和使用、施工质量、建设成本、工期、生产能力等进行全面的计算分析和评价。

FGD 投资—运行费用的参数敏感性分析表明，脱硫机组燃煤含硫量在 $1.5\%\sim3.5\%$ 间变化时，各种技术的投资和对电力成本的影响大小见图 6-31。

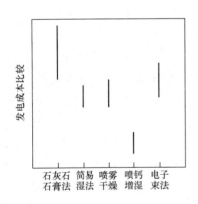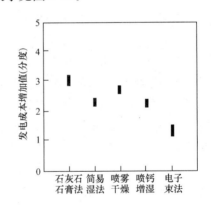

图 6-31 各种技术的投资和对电力成本的影响

第六节 火电厂烟气脱硫工艺的选择

任何一个电厂的脱硫工程都应该根据工程项目的要求和相关的约束条件，在充分考虑电厂的实际情况（如场地条件、空间条件、机组状况、资源状况等）的基础上，进行烟气脱硫工艺方案的选择。

一、确定工艺的基础参数

脱硫工艺的基础参数主要包括烟气量、烟温、二氧化硫的含量、脱硫效率、排烟温度等。根据工程的具体情况说明主要工艺参数和裕度的选取原则和依据。

二、脱硫工艺方案的选择

提出烟气脱硫工艺方案可供选择的几种方案，进行技术经济比较后，提出推荐方案。根据工程具体情况，必要时应对原煤洗煤、循环流化床燃烧、炉内脱硫和烟气脱硫等进行多方案的比较，并编写专题报告。

在脱硫工艺方案的选择中，应主要考虑的方面如下：①吸收剂的利用率；②吸收剂可获得性、操作性、危害性等；③副产品可利用性、操作性等；④对现有设备的影响，如锅炉、灰收集及处理系统、风机、烟囱；⑤对机组运行方式的适应性，适用性、能耗；⑥场地布置、占用的场地、场地的改造难度；⑦对环境的影响、废水的排放、灰场的占用、周围生态环境；⑧工艺的成熟程度等。

三、脱硫工艺的选择实例

（一）贵溪发电厂 1 号炉 125MW 机组脱硫示范工程

1. 项目概况

贵溪发电厂 1 号炉脱硫试验工程是国家"九五"科技攻关课题"中小型燃煤电站水膜除尘器脱硫技术与装备研究"的全尺寸工业性试验工程，是目前我国拥有自主知识产权、在燃煤电厂中应用的、装机容量最大的（125MW）烟气脱硫工程。其配套的脱硫工艺是由国家电力公司电力环保研究所根据我国中小型燃煤机组脱硫技术的发展方向，经过近 10 年的研究开发，历经实验室研究、关键设备的攻关、工艺参数的优化研究、小型试验、中间工业性试验等，最终形成的以文丘里水膜除尘器为基础、集脱硫除尘于一体的简易湿法烟气脱硫工艺。

2. 建设条件

一期工程 4 台锅炉均为上海锅炉厂制造的 SG-400/140 型超高压中间再热式锅炉，蒸发量 400t/h。汽轮机为 N125-135/550/550 型，出力 125MW。发电机为 QFS-125-2，出力 125MW。每台炉配 4 台文丘里喷管湿式麻石除尘器，文丘里喉管截面尺寸为 1700mm×650mm，捕滴器内径 4100mm。单台处理气量为 177000～213000m^3/h，设计除尘效率为 95%。现 4 号炉 4 台水膜除尘器已改为电除尘器。每炉配 2 台 Y-73-11№28D 型引风机，额定风量 410000m^3/h，全压 405mmH_2O。4 台炉合用一座烟囱，高 180m，出口内径 5.79m。

电厂现有 4 台煤粉炉均为水力排渣槽排渣，1、2、3 号炉为文丘里水膜除尘器除尘，4 号炉为电除尘器除尘，目前主要采用干除湿排，部分排灰用来制砖，年综合利用灰量约为 6500t。

全厂输灰系统采用水力输灰，灰渣混排。灰渣浆经灰渣沟混合自流至灰浆池，再汇入经中和池中和的化学废水及生产区生活用水，由灰渣泵输送至灰场。全厂灰渣排量为 92.6t/h，灰水量约 1897.6t/h，灰水比 1∶20。灰渣泵型号为 250ZJ-75，设计流量 1100m^3/h，扬程 91.9m。灰管直径为 φ530×10mm，管内灰水呈弱酸性，灰场排出水，有时呈碱性，pH 值在 9 左右，灰管无结垢现象。

3. 工艺选择

根据烟气脱硫工艺的选择原则，并结合电厂的实际情况，确定贵溪发电厂 1 号炉 125MW 机组脱硫示范工程工艺采用文丘里水膜除尘器简易湿法脱硫工艺，吸收剂采用石灰。

（二）南昌发电厂 2×125MW 机组脱硫工程

1. 项目概况

南昌发电厂位于南昌市东北郊七里街，赣江南岸，距市中心 3km，有专门的公路相通，水路交通以赣江为主，地理位置优越，水陆交通十分便利。

电厂总装机容量为250MW（2×125MW），是华中电网主力厂之一，配备2台420t/h燃煤锅炉，燃用中低硫煤，烟气污染源集中。另外，南昌发电厂属于城市电厂，随着新的《火电厂污染物排放标准》的实施，火电厂污染物的排放要求越来越严格。江西省电力公司、南昌发电厂认识到在南昌发电厂实施脱硫的必要性和重要性，与国电环境保护研究所合作，针对南昌发电厂10号炉和11号炉的现状立项进行脱硫试验工程可行性研究。

2．建设条件

南昌发电厂原有9炉8机，均为中压机组1957年投产，现在都已超期报废。电厂扩建10、11号两台高压机组，分别于1988年和1989年投入运行，容量均为125MW，为该厂主力机组。燃煤机组采用的是上海锅炉厂生产的SG420/13.73-540/540-416M型中间再热超高压锅炉，蒸发量420t/h，配125MW汽轮发电机组。两台锅炉尾部配两台兰州电力修造厂生产的LDI/LC-94.5-3单室单供电区三电场电除尘器。烟气从空气预热器两侧引出后，分别经单进口烟箱进入各自的甲、乙两台电除尘器，除尘后的烟气经单出口烟箱进入甲、乙两台引风机排入两台炉共用的烟囱，引风机型号各自为Y4-73-11N0.28D，风量455 000m³/h，风压4010Pa，烟囱高210m，出口直径为5.5m。

3．工艺选择

根据烟气脱硫工艺的选择原则，并结合南昌电厂的实际情况，该电厂脱硫工艺的选择上可得出以下的结论：

（1）海水脱硫工艺在具备海水取排水条件和稳定的海水水质条件时才能获得较高的脱硫效率。南昌电厂为内陆电厂，没有取用海水的条件，故不能采用海水脱硫工艺。

（2）电子束法脱硫工艺目前尚处于试验研究阶段，在成都热电厂进行的烟气脱硫试验装置的规模仅相当于100MW，还没有在更大型机组上应用的业绩和经验。从当地条件来看，该工艺也不太适合该电厂的烟气脱硫工程。

（3）LIFAC工艺适用于对脱硫效率要求不高的中小型燃煤机组脱硫，同时对锅炉炉膛要做必要的改造。喷雾干燥法脱硫工艺具有技术成熟，工艺流程较为简单、系统可靠性较高，在吸收剂品位满足要求且容易获得时投资和运行费用相对较低的特点。该工艺已具有在大型发电机组上应用的业绩，脱硫效率可以达到85％，但是在南昌地区用作喷雾干燥法脱硫的吸收剂的供应与产物的处理和利用难以实现。

（4）石灰石—石膏湿法脱硫工艺是目前国内外应用最广的烟气脱硫工艺，其特点是脱硫效率高（＞95％），吸收剂利用率高（＞90％），设备运转率高。由于场地、资金等问题，该工艺一般情况下不太适用于老机组的改造。

（5）循环流化床燃烧脱硫技术在国外已属商业化技术，在国内已进行示范和应用，该工艺具有燃料适应性强、NO_x排放量低和灰渣便于综合利用等优点，但是该工艺的一次性投资太大，一般不太适用于电厂的老机组的改造。

（6）简易湿法烟气脱硫工艺投资小、占地面积小，特别适用于老机组的改造，系统脱硫效率大于90％，系统可靠性较好。

根据南昌发电厂的实际情况，建议电厂2×125MW机组的脱硫试验工程采用简易湿法脱硫工艺。方案按两种考虑，一种为两台机组共用一座吸收塔（简称二机一套）；另一种为

10 号炉机组实施简易湿法（简称一机一套）。吸收剂采用石灰石。

（三）辛店发电厂 2×300MW 机组氧化镁（MgO）湿法烟气脱硫工程

1. 项目概况

华能辛店电厂原有 2×100MW+2×200MW 燃油机组，一期 2×100MW 机组于 1974 年投产发电，二期于 1977 年发电，并于 2000 年 12 月开始实施油改煤工程，并分别于 2001 年和 2002 年改造完成并发电。

按照华能集团公司计划，三期工程拟规划容量扩建 2×300MW 燃煤机组，2003 年底开工建设。第 1 台机组于 2005 年 10 月投产，第 2 台机组 2006 年 5 月投产。为配套新机组的建设，电厂决定同期实施烟气脱硫，以使其烟气排放满足当地的环保要求。

2. 工程范围

脱硫工程范围包括脱硫剂制备系统、脱硫系统、副产品脱水处理系统以及配套电气、热控和公用系统改造的全部工程设计、设备采购、材料供应、土建施工、设备安装和系统调试，具体内容如下：

（1）可行性研究报告、工程勘察和工程设计。

（2）从锅炉引风机出口至烟囱进口的烟道系统改造。

（3）烟气增压系统和吸收塔出口烟气的加热系统。

（4）从原料氧化镁（MgO）卸料开始的脱硫剂制备系统。

（5）从脱硫剂浆液罐至脱硫塔废液出口的脱硫工艺系统。

（6）从脱硫塔废液出口经废液浓缩机至真空过滤机的脱硫副产品脱水系统。

（7）脱硫装置的供配电及照明系统。

（8）脱硫装置的仪表和控制系统。

（9）工业补水、用汽和压缩空气系统。

（10）配套的全部土建工程（包括采暖、通风等）建设。

（11）工程安装、调试和性能测试。

3. 建设条件及主要设计要求

（1）按两台机组统一考虑，设备年运行 5500h。

（2）按燃煤含硫量 $S_y=1.82\%$ 作为脱硫装置设计依据，并适当考虑到以后燃用高硫煤的可能性。

（3）系统脱硫效率按 95％设计，脱硫后的烟气温度按 75℃设计，加装烟气换热装置。

（4）脱硫系统的增压风机设于脱硫吸收塔之前，脱硫装置在正压下运行。

（5）脱硫装置设置单独的热工控制系统，与电厂机组 DCS 控制系统实行信号连接。

（6）副产品将再处理并考虑商业综合利用的途径。

（7）脱硫装置的布置尽可能减少烟道的长度，降低脱硫系统的阻力和电耗。

（8）脱硫辅助设施的设计选型，尽可能使其在满足机组运行要求的条件下，节省能耗。

（9）地震烈度为 7 度。

4. 脱硫工艺选择

对于大型烟气脱硫项目，只能采用供应充足的经济的脱硫剂，主要包括钙基（石灰和石灰石）、钠基（氢氧化钠和碳酸钠）以及镁基，也可混合使用。具体工程项目必须因地制宜，在充分进行技术经济比较的基础上，采用最适宜的脱硫剂。

氧化镁脱硫在辛店电厂应用的优势有以下几方面：

中国的镁资源（主要是氧化镁矿）储量占世界第二位，主要产地为辽宁省、山东省、四川省和内蒙古地区。最大的菱镁矿（即氧化镁）分布在辽宁省营口市的大石桥镇（已探明的地质储量25.2986亿t，是世界四大镁矿之一，被誉为"中国镁都"），鞍山市的海城（已探明的地质储量分布有50km长）和岫岩（已探明的地质储量11亿t）。另外，山东省莱州市也是氧化镁的主要产地，其地质储量为2032.5万t。这些镁矿的矿石品位都很高，生产的氧化镁品质很好，且价格远低于国外，纯度为80%～90%的氧化镁出厂价格为210～280元/吨，相当于国际市场价的约1/4。在国际市场上，中国氧化镁的销量占世界总销量的近一半，主要通过辽宁和山东口岸出口到欧洲、美国、日本、东南亚国家以及中国台湾地区，这些出口的氧化镁有很多是用于环保领域的。

氧化镁由碳酸镁焙烧而成，再磨制成粉。用于脱硫工艺的氧化镁在低温度下焙烧，即成为所谓轻烧镁，它具有多孔性、活性强、反应度高等特性。各氧化镁矿都可提供此类产品，直接用于脱硫吸收。

据考察，山东莱州地区的山东镁厂和莱玉等企业都有相当规模的氧化镁粉生产能力和生产历史，并长期向东南亚、台湾出口。目前的年产量约15万t，生产能力30万t左右，可以满足约4000MW机组的脱硫原料供应。该矿距离辛店电厂不远，可直接用卡车运输。

所以，在我国，尤其是山东、辽宁等地区价廉、充足的氧化镁供应为氧化镁脱硫工艺提供了得天独厚的资源优势，使这一先进脱硫工艺在技术上和经济上的优势得以充分发挥。综上所述，由于本项目有充足和价廉的MgO供应，脱硫副产物的高综合利用价值，氧化镁湿法脱硫是最佳的技术方案。

氧化镁脱硫具有以下优点：

（1）脱硫效率高达99%，吸收剂利用率达99%以上。

（2）脱硫系统比石灰石湿法工艺简化，吸收塔小，造价较低。

（3）液/气比低，循环液量大大减少，脱硫副产品勿需氧化，厂用电耗大为降低。

（4）对煤种变化的适应性强。无论是含硫量大于3%的高硫煤，还是含硫量低于1%的低硫煤，镁基湿法脱硫工艺都能适应。当锅炉煤种变化时，可以通过调节镁硫比、液气比和pH值等手段以保证达到系统设计的脱硫率。

（5）运行可靠性更高，不结垢，不堵塞。

（6）作为镁基湿法脱硫工艺吸收剂的氧化镁，在我国资源丰富，氧化镁品位很高，特别是对于该项目，辛店电厂距离氧化镁产地莱州约100km。而且镁利用率高，有利于降低运行费用和推广应用。

（7）脱硫副产物的综合利用价值高。镁基湿法脱硫工艺的脱硫副产物为亚硫酸镁。主要用途是造纸软化剂、复合镁肥和生产硫酸及回收氧化镁，其市场价值都比较高。脱硫副产物综合利用的开展，不但可以增加电厂效益、降低运行费用，而且可以减少脱硫副产物处置费用，延长灰场使用年限。

由于上述特点，镁基脱硫比石灰石法可以达到更高的脱硫效率，系统较简单，占地更小，耗电量少，投资省，副产品经济价值高，是全面优于石灰石法的先进脱硫技术。应用镁基脱硫的主要限制是决定运行成本主要因素之一的 MgO 的供应和价格。对于该项目，由于山东半岛拥有丰富的 MgO 资源作为脱硫原料，采用氧化镁具有特殊的优势。

第七节　烟气脱硫系统的腐蚀与防护

火电厂湿法烟气脱硫环保技术因其脱硫率高、煤质适用面宽、工艺技术成熟、稳定运转周期长、负荷变动影响小、烟气处理能力大等特点，被广泛地应用于各大、中型火电厂。但该工艺同时具有介质腐蚀性强、处理烟气温度高、SO_2 吸收液固体含量大、磨损性强、设备防腐蚀区域大、施工技术质量要求高、防腐蚀失效维修难等特点。因此，该装置的腐蚀控制一直是影响装置长周期安全运行的重点问题之一。

一、湿法烟气脱硫装置的腐蚀机理

烟气脱硫装置中的腐蚀源主体为烟气中所含的 SO_2。当含硫烟气处于脱硫工况时，在强制氧化环境作用下，烟气中的 SO_2 首先与水生成 H_2SO_3 及 H_2SO_4，再与碱性吸收剂反应生成硫酸盐沉淀分离。而此阶段，工艺环境温度正好处于稀硫酸活化腐蚀温度状态，其腐蚀速度快，渗透能力强，故其中间产物 H_2SO_3 及 H_2SO_4 是导致设备腐蚀的主体。此外，烟气中所含 NO_x、吸收剂浆液中的水及水中所含的氯离子（海水法氯离子腐蚀影响更大）对金属基体也具有腐蚀能力。

稀硫酸属非氧化性酸，此类酸对金属材料的腐蚀行为宏观表现为金属对氢的置换反应。从腐蚀学理论上可解释为氢去极化腐蚀过程（亦称析氢腐蚀）。碳钢在稀硫酸或其他非氧化性酸溶液中的腐蚀属于阳极极化及阴极极化混合控制过程。这是因为铁的溶解反应活化极化较大，同时氢在铁表面析出反应的过电位也较大，故两者同时对腐蚀过程起促进作用，导致腐蚀速度加快。当介质中有富氧存在时，不锈钢表面上的钝化膜缺陷易被修复，因而腐蚀速率降低。但因同时具有固体颗粒磨损作用及介质 Cl^- 存在，其钝化膜易被 Cl^- 或固体颗粒磨损作用破坏，从而使腐蚀速率大大增加。Cl^- 的破坏原因可能是由于 Cl^- 具有的易氧化性质导致的。Cl^- 容易在氧化膜表面吸附，形成含氯离子的表面化合物，因为这种化合物晶格缺陷较多，且具有较大的溶解度，故会导致氧化膜的局部破裂。此外，吸附在电极表面的离子具有排斥电子能力，也促使金属的离子化，但阳极极化仍是主要的。故通常的碳钢或不锈钢在此环境中均不适用。国外经多年对金属材料的筛选试验，最后将适用金属材料定位在镍基合金上，并建设了若干中、小装置。但由于镍基合金价格昂贵，大型烟气脱硫设备制作成本太高，其用材开发逐渐转到碳钢—有机非金属衬里复合材料技术路线上来，并获得了实用性成果。因此，讨论有机非金属衬里在烟气脱硫装置的腐蚀与防护问题非常必要。鉴于化学腐蚀在腐蚀设计选材正确的前提下，是较缓慢的过程，而物理腐蚀破坏则是常见的衬里失效破坏，故主要讨论有机非金属衬里的物理腐蚀破坏。兼顾设备耐蚀材料选择。

二、系统内的腐蚀环境

1. 烟气系统

湿法烟气脱硫系统中，由于经脱硫后的烟气温度（有 GGH 时为 75～80℃，无 GGH 时为 45～50℃）低于酸露点，虽然烟气脱硫后其 SO_2 含量大大减少，但仍存在少量的 SO_2 和

SO_3。因此其烟气存在很强的腐蚀性，凡与净烟气接触的烟道、设备，均应进行防腐。与净烟气接触的烟道包括从烟气换热器原烟道侧入口弯头处直至烟囱（包括烟囱）的烟道。

2. 浆液系统

在湿法脱硫（石灰石—石膏）中，随着吸收剂 $CaCO_3$ 的加入，吸收塔浆液将达到某一pH 值。高 pH 值的浆液环境有利于 SO_2 的吸收，而低 pH 则有助于 Ca^{2+} 的析出，两者互相对立。在一定范围内随着吸收塔浆液 pH 值的升高，脱硫率一般呈上升趋势，但当 pH 值到达一定值（临界值）时，脱硫率不会继续升高；这时再提高 pH 值，脱硫率反而会降低，并且石膏浆液中 $CaCO_3$ 的含量达到会增加，而 $CaSO_4 \cdot 2H_2O$ 含量会降低，显然此时 SO_2 与脱硫剂的反应不彻底，既浪费了石灰石，又降低了石膏的品质。因此选择合适的 pH 值对烟气脱硫反应至关重要。最佳 pH 值应综合考虑防垢、脱硫效率和吸收剂 $CaCO_3$ 的利用率。根据工艺设计和经验一般控制吸收塔浆液的 pH 值在 $5.0 \sim 5.4$ 之间的某一个值，即吸收塔中的浆液呈酸性。凡与这种浆液接触的管道和设备，均应进行防腐。

另外，如果将脱硫石膏脱水后储存或运走，从石膏中分离出的水要利用，并送到吸收剂制备系统，以利于 $CaCO_3$ 中 Ca^{2+} 的析出。所以，吸收剂制备系统中与浆液接触的管道和设备也应进行防腐。

三、腐蚀防护材料

以碳钢为基体，采用相对价廉的非金属耐蚀材料作衬里，是目前烟气脱硫系统防腐蚀的通用方法。

1. 非金属材料

当金属材料的表面可能接触腐蚀性介质的区域，应根据脱硫工艺不同部位的实际情况，衬抗腐蚀性和磨损性强的非金属材料。当以金属材料作为承压部件，衬非金属材料作为防腐部件时，应充分考虑非金属材料与金属材料之间的黏结强度。同时，承压部件的自身设计应确保非金属材料能够长期稳定地附着在承压部件上。

用于防腐蚀和磨损的非金属材料主要选用塑料、橡胶、陶瓷类产品，主要非金属材料及使用部位见表 6-8。

表 6-8 主要非金属材料及使用部位

材料名称	材料主要成分	使 用 部 位
玻璃鳞片树脂	玻璃鳞片、乙烯基酯树脂、酚醛树脂、呋喃树脂、环氧树脂	净烟气、低温原烟气段、吸收塔、浆液箱罐等内衬、石膏仓内表面涂料
玻璃钢	玻璃鳞片、玻璃纤维、乙烯基酯树脂、酚醛树脂	吸收塔喷淋层、浆液管道、箱罐
聚丙烯等塑料		管道、除雾器
橡胶	氯化丁基橡胶、氯丁橡胶、丁苯橡胶	吸收塔、浆液箱罐、浆液管道、水力旋流器等内衬、真空脱水机、输送皮带
陶瓷	碳化硅	浆液喷嘴

2. 金属材料

对于接触腐蚀性介质的某些部位，如果采用碳钢衬非金属材料难以达到工程实际应用目的，应根据介质的腐蚀性和磨损性，采用以镍基材料为主的不锈钢。部分区域经充分论证后，也可采用具有抗腐蚀性的低合金钢，表 6-9 为镍基不锈钢的适用介质条件。

表 6-9　　　　　　　　　　　　　　镍基不锈钢适用介质条件　　　　　　　　　　　　　　 •

材　料　成　分	适用介质条件	备　　注
铁—镍—铬合金	净烟气、低温原烟气	
铁—镍—铬合金 铁—钼—镍—铬合金	pH 值为 3～6，含 Cl^- 为 60000mg/L 的浆液	两者使用条件有差异，实际选用时应注意

四、防腐措施

FGD 系统在运行中会遇到设备腐蚀问题。设备腐蚀不仅严重影响系统的稳定运行，而且增加了维修和运行费用，因此解决 FGD 系统的腐蚀成为保证 FGD 稳定运行的关键。解决方法主要有：① 采用耐腐蚀材料制作吸收塔，如采用不锈钢、环氧玻璃钢、硬聚氯乙烯、陶瓷等制作吸收塔及有关设备；② 设备内壁涂敷防腐材料，如涂敷水玻璃等；③ 设备内衬橡胶等。

含有烟尘的烟气高速穿过设备及管道，在吸收塔内同吸收液湍流搅动接触，设备磨损相当严重。解决的主要方法有：① 采用合理的工艺过程设计，如烟气进入吸收塔前要进行高效除尘，以减少高速流动烟尘对设备的磨损；② 采用耐磨衬里来减轻对设备的损害程度。

吸收塔、烟道的材质、内衬或涂层均影响装置的使用寿命和成本。吸收塔体可用高（或低）合金钢、碳钢、碳钢内衬橡胶、碳钢内衬有机树脂或玻璃钢。美国因劳动力昂贵，一般采用合金钢。德国普遍采用碳钢内衬橡胶（溴橡胶或氯丁橡胶），使用寿命可达 10 年。腐蚀特别严重的如浆池底和喷雾区，采用双层衬胶，可延长寿命 25%。ABB 早期用 C-276 合金钢制作吸收塔，单位成本为 63 美元/kW，现采用内衬橡胶，成本为 22 美元/kW。烟道应用碳钢制作时，采用何种防腐措施取决于烟气温度（是否在酸性露点或水蒸气饱和温度以上）及其成分（尤其是 SO_2 和 H_2O 含量）。

凡与净烟气接触的烟道，即从烟气换热器原烟道侧入口弯头处直至烟囱的烟道（包括烟道内的导流板）均应采取防腐措施。烟道的防腐一般采用衬鳞片树脂或镍基合金的方式；导流板直接用镍基合金。防腐烟道的结构设计应当满足相应的防腐要求，并保证道体振动和变形在允许范围内，避免造成防腐层脱落。对于没有装设烟气换热器的脱硫装置，应从距离吸收塔入口至少 5m 处开始采取防腐措施。吸收塔入口处的烟道，由于其运行环境恶劣，要求其防腐层既要耐腐蚀，又要耐高温和耐磨损，一般采用衬鳞片树脂加瓷砖或直接采用镍基合金。

第八节　脱　硫　工　艺　设　计

目前国内外开发出的上百种脱硫技术中，石灰石—石膏法烟气脱硫是我国火电厂大中型机组烟气脱硫改造的首选方案。随着重庆珞璜电厂引进日本三菱重工的两套湿式石灰石—石膏法烟气脱硫技术和设备，国华北京热电厂、半山电厂和太原第一热电厂等都相继采用了石灰石石膏法脱硫。该法脱硫率高，运行工况稳定，为当地带来了良好的环境经济效应。在这些运行经验基础上其他火电厂也加快了脱硫工程改造步伐，石灰石石膏法脱硫工艺往往成了大多数电厂的脱硫首选方案。

石灰石石膏法烟气脱硫工艺系统尽管优点多，但系统复杂，在系统设计方面要充分进行优化选择，考虑设计参数宽裕度以及对锅炉本体影响等问题，往往由于设计不完善为后期系统的调试运行加大难度或达不到设计效果。本文就是针对在石灰石石膏脱硫系统设计中常见问题进行分析，为脱硫系统的设计人员提供一定的技术参考。

一、某电厂脱硫系统主要技术参数

处理烟气量，120 万～160 万 m^3/h（标况干烟气量）；

进口烟气温度，130～180℃；

进口 SO_2 浓度，400～1800mg/m^3（标况）；

进口粉尘浓度，200～250mg/m^3（标况）；

脱硫率，≥95％；

SO_2 排放浓度，≤50mg/m^3（标况）；

粉尘排放浓度，≤50mg/m^3（标况）；

FGD 出口烟气温度，≥85℃；

吸收塔除雾器出口烟气中水滴含量，<75mg/m^3（标况）；

年运行时间，8000h；

年消耗石灰石泥饼，3.1 万 t；

年产副产物石膏，4.4 万 t；

石膏品位，$CaSO_4 \cdot 2H_2O$≥90％，$CaCO_3$<3％；

自由水分，≤10％；

pH 值，6～8；

年消耗电量，3600 万 kWh；

年消耗工业水，56 万 m^3；

年消耗压缩空气，2400 万 m^3；

年排放废水，4 万 t；

占地面积，约 4100m^2。

日常运行管理注意的问题有：

（1）石灰储藏注意防潮，石灰储量需满足运行要求；

（2）石灰系统容易堵塞，注意检查石灰浆液是否达到设计要求；

（3）定期检查吸收塔及其他处理设施运行是否正常，确保脱硫除尘效率。

二、FGD 脱硫工艺设计主要技术原则

FGD 装置的总体要求有：采用先进、成熟、可靠的技术；FGD 装置可用率不小于95％；观察、监视、维护简单；运行人员少；节省能源、水和原材料；运行费用最少；确保人员和设备安全；为同锅炉运行模式相协调，FGD 装置必须确保在启动方式上的快速投入率，在负荷调整时有好的适应特性，在电厂运行条件下能可靠的和稳定的连续运行；在确保的最小和最大负荷量之间，烟气净化装置在任何负荷时都应适应不受限制的运行，即装置能以冷态、热态两种启动方式投入运行，尤其是装置必须适应在任何最大、最小值之间的污染物浓度时不受限制的运行，且在设计浓度点范围内，排放污染物不超出要求的和确保的排放值和去除效率；FGD 装置应能处理因锅炉引起的负荷变动问题，包括负荷变化速度、最小负荷；FGD 装置的检修时间间隔应与机组的要求一致，不应增加机组维护和检修期；FGD 装置服务寿命为 30 年；烟气脱硫系统的利用率在正式移交后的一年中大于 95%，利用率定义为

$$利用率 = \frac{A - B - C}{A} \times 100\%$$

式中　A——烟气脱硫系统年日历小时数，h；

　　　B——烟气脱硫系统年强制停机小时数，h；

　　　C——烟气脱硫系统强迫降低出力等效停运小时数，h。

烟气脱硫设备所产生的噪声应控制在低于 85dB（A）的水平（距产生噪声设备 1m 处测量），在烟气脱硫装置控制室内的噪声水平应低于 60dB（A）。

三、工艺系统设计原则

（1）脱硫工艺采用湿式石灰石—石膏法。

（2）脱硫装置的烟气处理能力为锅炉 100%BMCR 工况时的烟气量。在锅炉燃用校核煤种 2、BMCR 工况条件下在验收试验期间（连续运行 14 天），脱硫效率不小于 95%。

（3）脱硫系统设置 100%烟气旁路，以保证脱硫装置在任何情况下不影响发电机组的安全运行。

（4）吸收剂制备系统采用石灰石干磨制粉、石粉制浆方式，然后通过石灰石浆液泵送入吸收塔。

（5）脱硫副产品—石膏脱水后含湿量小于 10%，石膏纯度不低于 90%，其余各含量：$CaCO_3 + MgCO_3 < 3\%$（以无游离水分的石膏为基准）；$CaSO_3 \cdot \frac{1}{2}H_2O < 0.5\%$（以无游离水分的石膏为基准）；溶解于石膏中的 Cl^- 含量 小于 0.01%（质量含量，以无游离水分的石膏为基准）；溶解于石膏中的 F^- 含量 小于 0.01%（质量含量，以无游离水分的石膏为基准）；溶解于石膏中的 MgO 含量 小于 0.021%（质量含量，以无游离水分的石膏为基准）；溶解于石膏中的 K_2O 含量 小于 0.01%（质量含量，以无游离水分的石膏为基准）；溶解于石膏中的 Na_2O 含量 小于 0.035%（质量含量，以无游离水分的石膏为基准）。

为综合利用提供条件，保证系统的正常运行和脱硫石膏的品质，锅炉除尘器出口烟尘排放浓度按 200mg/m³（标况）设计。脱硫装置出口烟气温度不小于 75℃（BMCR 工况），其除雾器出口烟气携带水滴含量应低于 75mg/m³（干态，标况），脱硫后烟气从烟囱一侧接入。

（6）脱硫设备年利用小时按 6500h 考虑。

（7）停运的温度不低于 160℃。

（8）SO_2 排放浓度。保证整套装置在锅炉 BMCR 工况条件下，原烟气中 SO_2 的含量比燃用设计煤种时烟气中的 SO_2 高 25%时，净烟气中的 SO_2 含量不超过 123.3mg/m³（标况）；原烟气中 SO_2 的含量比燃用校核煤种 2 时烟气中的 SO_2 高 25%时，净烟气中的 SO_2 含量不超过 165.3mg/m³（标况，干基，6%含氧）。其余 $SO_3 \leqslant 50\%$，$HF \leqslant 99\%$，HCl

≤99%。

（9）石灰石消耗。根据设计的石灰石成分分析和适当的变化范围时，在验收试验期间保证 SO_2 脱硫效率条件下，石灰石在 14 天的连续运行平均消耗不超过 15.04t/h。

（10）工艺水消耗（单台）。在 FGD 装置连续 14 天运行和最不利工况条件下，最大工艺水消耗量为：湖水，55t/h；地下水，20.5t/h；冷却水，20.5t/h（梯级使用）。

处理后的脱硫废水保证达到 GB 8978—1996《污水综合排放标准》中规定的二级标准，见表 6-10。

表 6-10　　　　　　　　　GB 8978—1996《污水综合排放标准》的二级标准

总汞	mg/L	0.05
总镉	mg/L	<0.1
总铬	mg/L	<1.5
总砷	mg/L	<0.5
总铅	mg/L	<1.0
总镍	mg/L	<1.0
pH 值		6~9
悬浮物	mg/L	70
生物耗氧量（BoD_5）	mg/L	<30
化学耗氧量（CoD_{cr}）	mg/L	<100
石油类	mg/L	<10
氟化物	mg/L	<10
氰化物	mg/L	<0.5
铜	mg/L	<0.5
锌	mg/L	<2
锰	mg/L	<2

（11）电耗量。单台整套 FGD 装置的电耗，6703kW（连续 14 天运行时）；整套装置停运时的电力需求，38.3kW（连续 14 天运行时）。

四、锅炉设计计算燃煤量

锅炉设计计算燃煤量见表 6-11。

表 6-11　　　　　　　　　　　锅炉设计计算燃煤量

项　目	单位	设计煤种					校核煤种 1	校核煤种 2
		准格尔煤					东胜煤	80%准格尔煤+20%右玉煤
		BMCR	THA	75%THA	50%BMCR	30%BMCR	BMCR	BMCR
锅炉计算燃煤量	t/h	309.609	274.571	209.244	171.136	109.175	225.910	281.601

注　BMCR 工况为锅炉最大连续蒸发出力工况；THA 相当于锅炉 90%BMCR 工况，此点为风机效率考核点。

五、锅炉设计烟气条件（电除尘器出口）

锅炉设计烟气条件见表 6-12。

表 6-12 锅炉设计烟气条件

项目	单位	设计煤种					校核煤种 1	校核煤种 2
		准格尔煤					东胜煤	80%准格尔煤 +20%右玉煤
		BMCR	THA	75%THA	50%BMCR	30%BMCR	BMCR	BMCR
标态烟气量	m³/s	592.86	526.41	439.00	408.28	315.15	583.75	597.61
标态干烟气量	m³/s	541.15	480.54	403.44	378.42	295.23	538.81	550.16
过量空气系数		1.3443	1.3461	1.4808	1.6951	2.0684	1.3501	1.3521
烟气温度	℃	110.8	107.0	96.6	85.2	80.5	107.9	110.8
烟尘浓度（标态）	mg/m³	117.6	117.5	107.4	94.4	78.0	20.4	100.1
SO₂ 浓度（标态）	mg/m³	1363.6	1361.9	1244.5	1094.5	904.6	258.0	2068.1
Cl⁻ 浓度（标态）	mg/m³	<80						
F⁻ 浓度（标态）	mg/m³	<25						

六、脱硫装置主要性能指标

脱硫装置主要性能指标见表 6-13。

表 6-13 脱硫装置主要性能指标

序号	指 标 名 称	参 数
1	FGD 进口烟气量（m³/h，标态，湿基，实际 O_2）	2151396
2	FGD 进口烟气量（m³/h，标态，干基，实际 O_2）	1980803
3	FGD 进口烟气量（m³/h，标态，干基，6% O_2）	1875838
4	FGD 进口 SO_2 浓度（mg/m³，标态，干基，6% O_2）	2285
5	FGD 进口含尘浓度（mg/m³，标态，干基，6% O_2）	<197
6	FGD 出口 SO_2 浓度（mg/m³，标态，干基，6% O_2）	≤126
7	FGD 出口含尘浓度（mg/m³，标态，干基，6% O_2）	<32
8	FGD 进口烟气温度（℃）	110.8
9	FGD 出口烟气温度（℃）	≥75
10	系统脱硫效率（保证值）（%）	≥95
11	负荷变化范围（%）	30～100
12	吸收塔浆液池内浆液浓度（%）	25
13	吸收塔浆池 Cl 浓度（×10⁻⁶）	20000
14	液气比（l/m³）（标态，干基）	13.93
15	钙硫比 Ca/S（mol/mol）	≤1.03
16	吸收塔除雾器出口烟气携带水滴含量（mg/m³）（标态）	<75
17	FGD 石膏品质	
	$CaSO_4 \cdot H_2O$（以无游离水分的石膏为基准）（%）	>92.9
	$CaCO_3$（以无游离水分的石膏为基准）（%）	<3
	$CaSO_3 \cdot 1/2H_2O$（以无游离水分的石膏为基准）（%）	<1
	Cl（以无游离水分的石膏为基准）（×10⁻⁶）	100
	自由水分（%）	<10

续表

序号	指 标 名 称	参 数
18	工艺水耗（t/h）	150
19	石灰石消耗（平均）（t/h）	15.04
20	电耗（kW）	12320
21	压缩空气	
	仪用压缩空气（m³/min）（标态）	3
	杂用压缩空气（m³/min）（标态）	25
22	副产石膏量（含 10% 游离水）（t/h）	25.2
23	系统可用率（%）	≥98
24	FGD 装置服务年限（年）	30

保温金属外护板采用 0.7mm 厚彩色压型钢板。GGH 本体保温采用硅酸铝材质保温材料，其余采用岩棉材料。

七、系统设计分析

1. 吸收系统

吸收系统是脱硫工艺的核心部分。吸收塔的选择成了设计的核心问题。目前该脱硫系统吸收塔的型式主要有 4 种，结构形式见图 6-32～图 6-35。

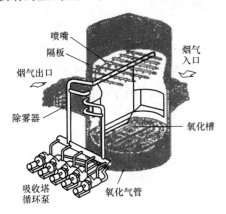

图 6-32 喷淋脱硫反应塔

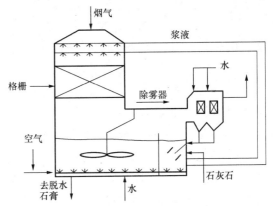

图 6-33 格栅脱硫反应塔

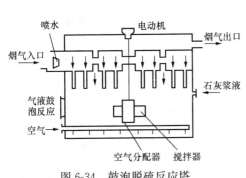

图 6-34 鼓泡脱硫反应塔

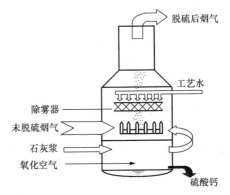

图 6-35 液柱脱硫反应塔

149

不同的吸收塔有不同的吸收区设计,其中栅格式吸收塔由于系统阻力大、栅格宜堵和宜结垢等问题逐渐被淘汰;鼓泡式吸收塔也由于系统阻力大、脱硫率相对偏低等问题应用较少;喷淋式吸收塔由于脱硫效率能达到95%以上,系统阻力小,目前应用较多,但该塔喷嘴磨损大且宜堵塞,需要定期检修,为系统的正常运行带来一定的影响,目前设计人员对喷嘴进行了技术改进,系统维护量相对降低;对于液柱塔由于其脱硫率高,系统阻力小,能有效防止喷嘴堵塞、结垢问题,应用前景广阔。因此在吸收塔的设计选择上应综合考虑厂方的要求和经济性,液柱塔是首选方案,其次是喷淋塔。

目前国内电厂在脱硫系统中核心设备上均采用进口设备,特别是吸收塔,由于技术含量比较高,因此基本上都采用进口设备。因此设计人员主要的工作要重点把握吸装置的技术指标和相应要求的技术参数。如珞璜电厂于1988年引进了日本三菱重工湿式石灰石石膏法烟气脱硫装置,配360MW凝汽式发电机组,见表6-14。

表6-14　　　　　　　日本三菱重工湿式石灰石—石膏 FGD 装置技术指标

参数	煤种含硫量	脱硫率	钙硫比	进口烟温	出口烟温	水雾含量	吸收塔烟气流速	停留时间
指标	<5%	≥95%	1.1～1.2	142℃	90℃	≤30mg/m³	9.3m/s	>3.3s

2. 烟气及再热器系统

烟气再热器系统在脱硫工艺中占很重要的位置,在烟气系统和再热器系统设计上存在的常见问题较多,据经验表明设计中应注意的主要问题总结如下:

(1) FGD 入口 SO_2 浓度。很多进行脱硫改造的电厂往往都会对来煤品质进行一定的调整,有些电厂会采用低硫分煤和高硫分煤掺烧的方案,由于混煤不均匀,入炉硫含量变化快,锅炉燃烧排放出的 SO_2 浓度波动较大,在 FGD 入口 SO_2 浓度变化频率大而 FGD 运行惯性大,一旦系统进入自动运行状态,系统脱硫率波动大;同时由于 SO_2 浓度变化大,在一定的工况周期内吸收塔内 pH 值不能满足要求(一般要求为5.5～6.5),系统脱硫率达不到设计要求。因此在脱硫系统设计时应对电厂提出保证混煤均匀的要求或方案。

(2) FGD 入口烟尘浓度。为了脱硫系统的稳定运行,在 FGD 入口应设计安装烟尘浓度检测装置。主要原因是考虑到除尘器在达不到设计效率时,往往烟尘浓度过高,会严重影响到脱硫系统的正常运行。因此设计时人员应对厂家提出该投资建议。

(3) 旁路挡板和进出口挡板的设计。FGD 系统启、停时烟气在旁路和主烟道间切换,在实际烟道设计时一般两路烟道阻力不同,此时对锅炉的负压会产生一定的影响。如果两路阻力压力相差悬殊,在 FGD 系统启、停时锅炉的负压会出现较大的波动。如果燃用劣质煤,在较短的时间内锅炉运行人员难以迅速调整,有可能造成熄火。因此在旁路挡板的设计应充分考虑挡板切换的时间值。设计的关键在于选择合适的弹簧,一般经验值旁路挡板通过预拉弹簧打开时间应大于2.5s。另外,在进出口挡板设计上要考虑 FGD 系统停运时由于挡板有间隙存在,加上进出口烟道阻力不同,在一般设计中停运采用集中供应密封风,往往造成烟气渗透,有可能出现热烟气漏入 FGD 系统,造成系统腐蚀,影响系统寿命。所以设计停运密封风时应对进出口挡板单独配备一台风机。

(4) 烟气换热器 GGH 选择。脱硫系统中,设置 GGH 的目的:一是降低进入脱硫塔的烟气温度到100℃以下,保护塔及塔内防腐内衬;二是使脱硫塔出口烟气温度升至80℃以上，减少烟气对烟道及烟囱的腐蚀。经验表明脱硫系统自动时出口烟温一般都达不到实际的出口烟温，为了减小因出口烟温低对下游的腐蚀，因此在设计出口烟温时应考虑 5～10℃ 的宽裕度。

在考虑是否设置 GGH 存在两种观点：一种认为不上 GGH 能节约初投资，可以从腐蚀材料上解决腐蚀问题；另一种认为不上 GGH 节约的初投资，不足以补偿为解决防腐问题而花在防腐上的投资。不装 GGH，低温排放的优点是简化系统，减少 GGH 所需投资；缺点是吸收塔后至烟囱出口均要处于严重腐蚀区域内，烟道与烟囱内衬投资很高；与此同时，烟囱出口热升力减小，常冒白烟，不装 GGH，部分烟气（15%～50%）不进吸收塔，通过旁路烟道与处理后的烟气混合，从而使其排烟温度上升，这仅适用于要求脱硫效率不高的工程如黄岛、珞璜二期等工程。因此对于要求高脱硫率的工程一般都设 GGH。

目前脱硫装置烟气再热系统一般采用回转式、管式、蒸汽加热等方式。

采用蒸汽加热器投资省但能耗大，运行费用很高，采用此方式需作慎重考虑，目前在国内应用较少。国外脱硫装置中回转式换热器应用较多，这是因为国外回转式投资比管式低，在国内，运用于脱硫装置的回转式换热器生产厂较少，且均使用国外专利商技术，所以回转式价格比管式略高。回转式换热器有 3% 左右的泄漏率，即有 3% 的未脱硫烟气泄漏到已脱硫的烟气中，这将要求更高的吸收脱硫效率，使整个系统运行费用提高。管式换热则器设备庞大，电耗大。

因此，在脱硫系统设计过程中应根据设计脱硫率、锅炉尾部烟气量、尾部烟道材料以及脱硫预留场地等情况进行方案，选出最合理的方案。

3. 吸收剂浆液配制系统

在脱硫工艺方案选择时一般对石灰石来源和品质都应做过调查，石灰石来源应充足，能保证脱系统长期运行的供应量，一般考虑 15 年左右的设计年限，设计人员可根据电厂的实际情况进行调整。但石灰石品质一定要能达到品质要求（见表 6-15）。石灰石品质不高，杂质较多，会经常造成阀门堵塞和损坏，严重时会造成脱硫塔的管道堵塞，特别易造成喷嘴堵塞损坏，影响脱硫系统的正常运行。

表 6-15　　　　　　　　　　　石灰石质量指标　　　　　　　　　　　%

参数	CaO	MgO	细度要求 R_{325}	酸不溶物	铁铝氧化物
指标	>52	≤2	≤5	≤1	≤2

在制浆系统石灰石粉送入前应保证得到良好的空气干燥，以防送粉管道堵塞，同时对整个送粉管道应设计流畅，减少阀门和连接部件，特别是浆液管的溢流管应根据系统设计良好的密封风以防止石灰石的外漏，对制浆车间和厂区造成二次污染。

（1）石膏脱水及储存和石膏抛弃系统。该系统中最大的问题主要是由于石膏的黏性附着，经常使水力旋转器漏斗堵塞，导致脱水系统停运。因此在漏斗底部可以设计工艺水供应管道周期进行清洗，或者提出方案建议工作人员定期进行人工清洗。

烟气脱硫后的石膏一部分通过抛弃泵将石膏浆液输送到电厂的灰渣池内，设计输送管道时应充分考虑石膏的特性，尽量考虑输送管道缩短或者在管道中设计易拆卸法兰为今后的检修带来方便。

有的电厂如湘潭电厂由于脱硫副产品有很好的销售市场，能带来一定的经济效应。因此应考虑合理的方案提高石膏的品质。一般提高石膏品质途径包括提高石灰石的品质、提高脱硫率、提高除尘器的除尘效率、强化氧化系统以及定期清洗。

相关研究表明，石膏的生成速率将随着脱硫效率的提高而增大，并且其质量也将随着脱硫效率的提高而得到改善。

在对 SO_2 的吸收过程中，吸收塔的设计、烟气温度的合理选取、脱硫剂的选用及用量等因素都将影响脱硫效率，从而影响到石膏的质量。吸收塔的合理设计应当能够提供合理的液气比、减小液滴直径，增加传质表面积，延长烟气与脱硫剂的接触时间，有利于脱硫效率的提高，有利于脱硫反应的完全。较高的烟气温度，不仅能提高脱硫效率，而且能使浆池内温度升高，提高亚硫酸钙的氧化速率。吸收剂的化学当量对脱硫过程有直接的影响，吸收时所用石灰石浓度与数量影响到反应速度，有资料表明，在考虑到经济性问题以及化学当量与脱硫的关系等因素后，一般使用化学当量为 1.2 的吸收剂。

脱硫剂在很大程度上决定生成石膏的质量。当石灰石质量不高、粒度不合理时，生成石膏中的杂质也将随之增多，从而影响石膏的质量和使用。有资料表明，石灰石中的惰性成分如石英砂会造成磨损，陶土矿物质会影响石膏浆的脱水性能。另外，石灰石在酸内溶解后会残留一种不溶解的矿渣，其对石膏的质量有不利的影响。因此，应当尽可能提高石灰石的纯度并采用合理的粉细度。

烟气中的杂质，如飞灰、粉焦、烟怠、焦炭等，虽然经过脱硫装置的洗涤后，会有一部分沉淀下来，但还会有一部分进入浆池内，影响到石膏的质量。而且，这些杂质的存在也会对脱硫装置本身的安全运行带来一定危害。因此，应当努力提高除尘装置的除尘效果，当烟气内杂质过高，对脱硫装置产生危害时，应果断地旁路脱硫装置。

定期清洗脱硫塔底部、浆池及管道，避免残存的杂质对石膏质量的影响。对石膏脱水设备（如离心式分离器及带式脱水机等）也应进行定期的清洗，保证设备的安全运行和效率。

Hjuler 和 Dam-Johansen 在 1994 年曾有试验报道发现在亚硫酸盐的氧化过程中会有 SO_2 放出，同时在反应过程中会出现未完全氧化的亚硫酸氢钙。为了保证生成石膏过程中实现充分反应，驱逐反应生成的 SO_2，并将未完全反应的亚硫酸氢钙氧化为硫酸钙，须增设一套氧化系统，一般可采用浆池中鼓风的措施。

（2）供水系统。脱硫系统的工艺供水一般有两种方案，一种方案的工艺供水来源于锅炉机组的工业水，由于脱硫系统供水成周期性，会使机组设备的冷却水压力降低和波动，造成送引风机、排粉风机、磨煤机等设备的轴承冷却效果变差，并引起电厂工业用水紧张，因此该种供水方案前提是锅炉机组工业水的宽裕度较大。另一种方案脱硫工艺设计单独的供水系统，一般在新电厂脱硫系统的设计中应用较多，对于老厂改造应根据实际情况进行优化设计。

（3）其他。腐蚀问题是湿法脱硫中常见问题。石灰石—石膏法脱硫系统中造成腐蚀的因素主要有烟气中硫化物、氯化物、烟温以及由于石灰浆黏性附着对管道的堵塞等。因此在设计中应考虑防腐措施。烟气脱硫系统的防腐措施很多，如用合金材料制造设备和管道、使用衬里材料、用玻璃纤维增强热固性能树脂、采用旁路热烟气调节等，具体措施需依燃煤成分、所采用的烟气脱硫系统类型及经济状况而定。

结垢和堵塞是湿法脱硫工艺中最严重的问题,可造成吸收塔、氧化槽、管道、喷嘴、除雾器甚至换热器结石膏垢。严重的结垢将会造成压损增大,设备堵塞,因此结垢是目前造成设备停运的重要原因之一。结垢主要包括碳酸盐结垢、亚硫酸盐结垢、硫酸盐结垢等类型。大量运行经验表明,前两种结垢通常可以通过将 pH 值保持在 9 以下而得到很好的控制。在实际运行中,由于 pH 值较低,且在浆液到达反应槽过程中亚硫酸盐达到一个较高的过饱和度,从而在石灰石/石灰系统中亚硫酸盐结晶现象难以发生,因此很少发生亚硫酸盐的结垢现象。然而对于硫酸盐而言,其结垢现象是难以得到有效控制的。防止硫酸盐结垢的方法是使大量的石膏进行反复循环从而使得沉积发生在晶体表面而不是在塔内表面上。5% 的石膏浓度就足以达到这个目的。为达到所需的 5% 石膏浓度其中一个办法就是采取控制氧化措施。当氧化率为 15%~95%,钙的利用率低于 80% 范围时硫酸钙易结垢。控制氧化就是采用抑止或强制氧化方式将氧化率控制在低于 15% 或高于 95%。抑止氧化通过在洗涤液中添加抑止化物质(如硫乳剂),控制氧化率低于 15%。使浆液 SO_4^{2-} 浓度远低于饱和浓度,生成的少量硫酸钙与亚硫酸钙一起沉淀。强制氧化则是通过向洗涤液鼓入空气,使氧化反应趋于完全,氧化率高于 95%,保证浆液有足够的石膏品种用于晶体成长。

八、运行工况及启动和停运方式设计

1. 运行工况

根据运行条件脱硫装置的运行工况的分类见表 6-16。

表 6-16 运行工况及停运分类

工况分类	脱硫装置运行状态	说　明
长期停运	定期检修	所有辅机设备停运,浆液从吸收塔和浆液箱排入事故浆液箱
中期停运	备用状态(约停运 1 周)	除防止浆液沉淀的设备外(如搅拌器等),所有的辅机设备停运,浆液返回到吸收塔和浆液箱
短期停运	预备状态(周末或与其相当的停运)	烟气系统的大容量辅机设备停运,浆液系统保持循环运行
正常运行	带负荷运行	所有的辅机设备在正常的脱硫状态运行

脱硫装置的每个单独组件均可手动开/关,但在图 6-36 的运行状态之间脱硫装置启/停是自动转换的。

2. 启动

对于启动运行,有必要根据主机制定一套状态顺序表,根据顺序表对 FGD 系统进行操作。

启停操作流程图如图 6-36 所示。

启动运行流程图如图 6-37 所示。

(1)启动前的运行准备和检查。包括由于停运检修或其他原因而长期完全停运后启动 FGD 装置所需的检验、检查和准备过程。

(2)公用系统开始运行。有必要先启动公用管路使公用系统为启动 FGD 各设备做好准备。

(3)浆液进入吸收塔和箱罐并形成循环。在长期停运后,通常石膏浆液由浆液箱输送到

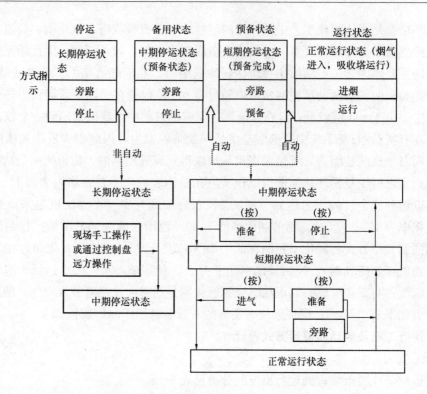

图 6-36　启/停操作

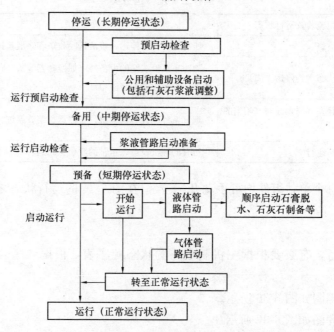

图 6-37　启动运行流程

吸收塔，水由工艺水箱输送到其他箱罐。一旦水和浆液输送到吸收塔和各箱罐完成，各种泵就开始运行以形成循环。

（4）烟气系统辅助设备启动前的检查。烟气系统的主要转动设备是 GGH 和增压风机。启动前要做好充分准备，完成下列检查和启动：

1) 检查轴冷却水管路；

2) 启动密封空气管路；

3) 自动启动驱动装置（对于 GGH）；

4) 自动启动油系统（对于增压风机）。

（5）启动 FGD。在引风机启动前按下"进烟"按钮，旁路挡板和进/出口挡板首先打开，然后增压风机启动并升至通过吸收塔和旁路烟道的循环烟气量约为 30% 负荷的工况。

引风机启动后，锅炉开始运行。当锅炉达到大约 30% 负荷后，旁路挡板关闭，所有烟气都通过 FGD 系统。

（6）控制仪表的调整。当烟气流通后，检查控制仪表如温度计、浆液流量计和液位计，使其维持在正常运行工况。特别是 pH 值控制仪，因为影响脱硫性能，所以必须仔细校验显示量和输出量。

调整好控制仪表后，FGD 系统就进入平稳的正常运行工况。

3. 停运

对于停运，必须根据主机制定一套停运顺序表，然后根据顺序表操作 FGD 系统。停运的流程如下：

（1）烟道停运准备。长期停运要进行以下操作：

1) 用液下泵将每一个浆池排空。因此，如有必要，在本阶段，浆池的搅拌器和内衬可进行检修。

2) 吸收塔反应池的液位降至低液位。当浆池收集的浆液和/或吸收塔排出的浆液流量增加时，进入上层箱的流量可增加以响应这些变化，排出浆液的流量设定应作适当改变。

3) 如果装置有固有的全自动停运系统，检查顺序停运的操作模式。

（2）低负荷时打开旁路挡板（低于 30% 负荷）。当负荷低于大约 30% 负荷时，旁路挡板打开，烟气通过吸收塔和旁路烟道循环。在锅炉和引风机停止后，增压风机停止，旁路挡板和进/出口挡板关闭并确认。

（3）循环浆液切除和箱罐的放空。箱罐放空时泵和管路停运。打开箱罐的放空阀将浆液排放到排水坑内。用冲洗水将残留在底部的浆液冲洗到外面。

（4）公用设备停运。检查并确认不再需要的公用设备，并顺序停运。因为停运检修的需要，允许清洁用的服务水系统和设备保持运行。

4. 紧急停运

（1）紧急停运操作总则。FGD 岛烟气的连锁保护命令能在各种导致紧急停运的情况下发挥作用，以保护机组的安全。当连锁保护工作时，或者运行人员根据自己的判断实施紧急停运时，重要的是紧密结合主机情况，准确掌握形势，判断事故原因和规模，快速采取对策。尤其对于浆液管道，如果由于 FGD 断电致使辅助设备长期关闭，浆液就会沉积并阻塞管路，从而导致二次事故。为了防止管路阻塞的二次事故，除吸收塔浆液循环管路外，其他高浓度浆液管线设计成自动排空方式。紧急停运后即使没有排空吸收塔浆液循环管路中的浆液，吸收塔循环泵也能重新启动。在紧急停运后重新启动 FGD 前，现场检查每一部件并确认正常，然后密切根据主机情况指导启动操作。当 FGD 紧急停运时，停运主机或调整主机负荷。因此，在 FGD 紧急停运和紧急停运后重新启动时，要密切联系主机并与主机相协调。

（2）紧急停运后的措施。如果 FGD 岛出现紧急停运，查清事故原因及其规模，根据情况操作 FGD 装置。如有必要，进行复位工作，并与 FGD 岛相连的有关部分保持紧密联系。如果复位需要很长时间，将 FGD 岛设为长期停运状态。

如果泵和搅拌器由于失电停运，石膏浆液就会沉积在箱罐底部并阻塞管路。如果电力供应不能在 8h 内恢复，放空浆液管道和泵，并用水冲洗，以减少由于沉积造成的二次事故。

（3）紧急停运后的重新启动。在确认紧急停运的原因消除后，FGD 岛可重新启动并准备通烟。FGD 岛可按照正常启动操作重新启动。将 FGD 岛设置为中期停运状态，重新设置紧急停运状态，操作 FGD 岛通烟，并保持与主机的紧密联系。

九、工程设计应用举例

（一）石灰石—石膏湿法烟气脱硫工艺在汕头电厂的应用

华能汕头电厂一、二期 $2 \times 300MW + 1 \times 600MW$ 机组脱硫装置为清华同方有限公司引进奥地利 AEE 公司技术制造。脱硫岛包括烟气系统、脱硫塔系统、制浆系统、供浆系统、石膏脱水系统及废水处理系统六大子系统。系统参数见表 6-17。

表 6-17　　　　　　　　　二期 600MW 机组脱硫性能试验数据

项　别		数　据
FGD 入口烟气数据	烟气量（标态，湿基，6%O_2）（m^3/h）	2075995
	烟气量（标态，干基，6%O_2）（m^3/h）	1930468
	FGD 工艺设计烟温/（℃）	118
	最低烟温（℃）	91.4（30%BMCR）
FGD 入口处污染物浓度（6%O_2，标态，干基）	SO_2（mg/m^3）（标态）	1322
	最大烟尘浓度（mg/m^3）（标态）	<150
	SO_2 脱除率（%）	≥90
	Ca/S 摩尔比	1.04
FGD 出口污染物浓度（6%O_2，标态，干基）	SO_2（标态，干基）（mg/m^3）	≤132（燃用设计煤种时）
		≤170（燃用校核煤种时）
	烟尘（标态，干基）（mg/m^3）	≤50
	除雾器出口液滴含量（mg/m^3）（标态）	≤75
	最小液滴尺寸（冲击测量法）（μm）	20
消耗品	石灰石（规定品质）（t/h）	4.4
	工业废水回用水（平均/最大）（m^3/h）	40/100
	工业水（平均/最大）（m^3/h）	22/115（一、二期最大）
石膏品质	产量（m^3/h）	7.4
	$CaSO_4 \cdot 2H_2O$（%）	≥90
	平均粒径（μm）	40
	Cl（水溶性）（%）	<0.01
总压损（含尘运行）（Pa）		2920
吸叫塔（包括除雾器）（Pa）		770
烟气再热器 GGH（Pa）		1000
本部烟道（Pa）		1150

1. 石灰石—石膏湿法烟气脱硫工艺流程

石灰石经湿式钢球磨石机研磨后与水混合配置成浓度 30％左右的石灰石浆液。在吸收塔中，石灰石浆液泵来的喷淋浆液与逆流而上的原烟气中的 SO_2 及氧化空气在浆液池中经过复杂的物理化学反应，最终结晶形成二水石膏，吸收塔中的石膏浆液经浆液排出泵送至石膏水力旋流器后，密度小的浆液底流进入稀浆罐，再由稀浆泵返回吸收塔；密度大的浆液底流进入石膏浆液缓冲罐，最后由石膏浆液泵送入真空皮带脱水机，再由石膏输送机送入石膏库。密度小的顶流进入旋液罐，再由旋液泵送入废水旋流器。废水旋流器底流经稀浆罐返回吸收塔，顶流一路经废水箱后送往废水处理车间，另一路经滤液罐返回石灰石制浆区和稀浆罐。主要流程如图 6-38 所示。

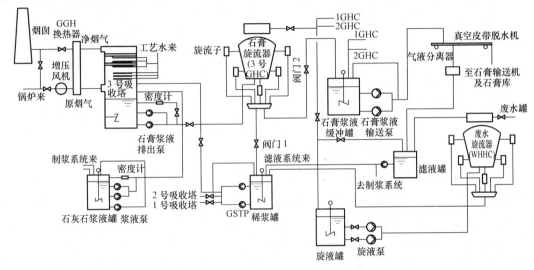

图 6-38　石膏制备系统流程图

2. 石灰石浆液制备及输送系统的调试

为保证生产出的石灰石浆液合格，必须控制好浆液制备和浆液输送 2 个环节。设计 600MW 机组石灰石供浆量为 4.4t/h，2×300MW 机组石灰石供浆量为 2×2.8t/h。正常情况下，单台磨石机满出力运行可以满足机组 300＋600MW 负荷的供浆需要，并有一定裕度。石灰石制浆系统流程图见图 6-39。系统配备 2 台出力均为 8t/h 的湿式钢球磨石机，要求石灰石品质为 90％的颗粒度小于 0.063mm，设计钢球磨石机工艺水流量为 2.66t/h，浆液罐浆液密度为 1451kg/m。石灰石浆液粒度大小由钢球加载量及不同直径钢球分配来保证，石灰石浆液密度的调整靠加料量与水量的合理配比来实现。

（1）保证石灰石密度。为保证浆液密度在合理的范围内，通过调节分配箱底流及顶流来实现。分配箱顶流的自动开启要同时满足 3 个条件：①磨石机主电动机运行；②浆液箱液位高于 1.4m；③浆液箱浆液密度为 1200～1600kg/m³。

浆液密度及浓度均可满足要求，密度与浓度的转换式为

$$C = (1 - \rho_1/\rho_2)/(1 - \rho_2/R) \times 100\%$$

式中　C——浓度；

ρ_1——水密度，为 1000kg/m³；

ρ_2——浆液密度（测量密度），kg/m^3；

R——石灰石密度，为 $2710kg/m^3$。

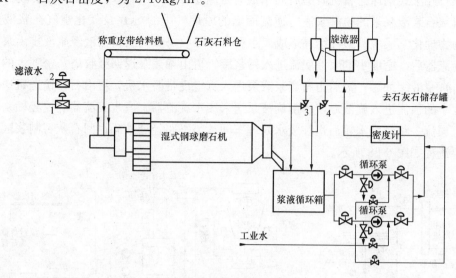

图 6-39　石灰石制浆系统图

1— 一级滤液水调节阀；2— 二级滤液水调节阀；3—旋流器底流分配阀；4—旋流器顶流分配阀

若浆液密度 $\rho_2 = 1250kg/m$ 时，计算浓度 $C = (1-0.8)/(1-0.4612) = 37\%$。若浆液浓度按 30% 计算，计算得浆液密度 $\rho_2 = 1200kg/m^3$，此时可以满足品质要求。ρ_2 为向吸收塔的浆液输送密度。

（2）保证石灰石细度。钢球磨石机初始钢球规格为 $\phi25$、$\phi30$、$\phi40$、$\phi50$、$\phi60$ 等 5 种。按照规定初始装球率为 28%，装球总质量为 16.5t。在石灰石进料粒度小于 20mm 情况下，石灰石制浆系统出力为 8t/h，石灰石浆液 90% 石灰石成品细度小于 0.06mm。

当石灰石硬度发生变化时，钢球磨损率将发生变化，此时应相应调整加球量。

（3）钢球磨石机入口补水。磨石机入口补水管设计为二级补水系统。一级补水采用滤液水，为磨石机前补水；二级补水采用工业水，为磨石机后补水。影响磨石机正常补水的因素如下。

1）补水管路直径过细。补水管路原采用直径 25mm 管道，现改为直径 38mm 管道。管道改造前磨石机前最大注水量不足，改造后补水门开度为 50% 时，滤液水流量可达到 $3m^3/h$，可以满足设计补水量的要求。

2）滤液泵无法运行。由于 1、2、3 号水力旋流器的顶流及废水旋流器的溢流浆液浓度过大，造成滤液罐浓度过大，滤液泵无法正常工作，加上 1 号磨石机补水门门饼脱落，很长一段时间内一直采用滤液泵冲洗水作为磨石机前补水制浆。

（4）石灰石浆液的输送。3 台石灰石输送泵分别承担向 3 个吸收塔供浆的任务。供浆量的多少取决于石灰石浆液的密度、吸收塔中 pH 值、原烟气流量及原烟气中 SO_2 含量等因素。通过调节 3 个吸收塔的供浆量，可以实现吸收塔内脱硫反应的动态平衡。原烟气中 SO_2 含量基本准确，由于原烟气流量测量不准确，导致供浆流量自动调节前馈在锅炉不同负荷时误差很大，必须准确标定该流量并在热工控制回路中加以修正。供浆流量调节见图 6-40。

石灰石供浆量主要取决于 SO_2 负荷（原烟气流量、SO_2 浓度与脱硫率三者的乘积）。石灰石浆液密度可转换为纯石灰石量，进而与 SO_2 负荷进行比较调节。同时用吸收塔中的 pH 值对 SO_2 负荷进行修正。通过键盘上"投入串级"及"投自动"切换按钮实现上述功能。另外，经计算设定最低供浆量为 $3m^3/h$，以防止石灰石浆液沉积。在吸收塔内原烟气流量、SO_2 浓度、石灰石供浆量、石灰石浆液密度、pH 值等诸多因素互相影响及作用下，可以实现脱硫反应的动态平衡。

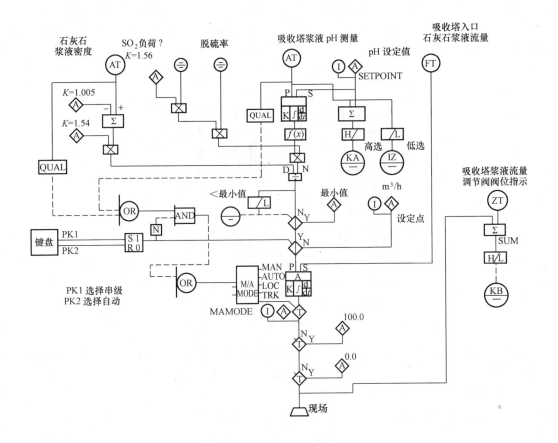

图 6-40　石灰石供浆系统流量控制

（5）石膏制备系统的调试。成品石膏制备流程为：石膏浆液排出泵将吸收塔浆液池中的浆液输送至脱水区，浆液在水力旋流器中进行初分离，浆液底流经一级分离后，进入真空皮带脱水机，最后经皮带输送机送至石膏库。浆液顶流进入稀浆罐，再经稀浆泵返回吸收塔。石膏的纯度取决于石膏浆液的两级脱水调节，一是通过调节石膏排出泵频率、水力旋流器入口压力及旋流子的开启个数实现；二是通过调整真空皮带脱水机的转速保证石膏含水率在 10% 以下。

设计 600MW 石膏水力旋流器入口流量为 $55.85m^3/h$ 左右，底流和顶流设计流量配比为 4.3∶1，通过调整石膏水力旋流器的入口压力实现浆液浓度的初步调整（通过旋流器底部阀门切换来完成上述工作）。

（6）吸收塔除雾器的调试。除雾器采用两级除雾方式，除雾器及喷嘴材质为聚丙烯，喷水方式为间断式供水方式。经过两级除雾后要求出口液滴含量不大于 $75mg/m^3$（标况），吸收塔出口含水量大时将直接导致 GGH 换热器冷端带水及湿烟囱降雨发生。而采用脱硫装置后烟囱前排烟温度降为 80℃ 左右，又加剧了 GGH 换热器及烟囱的腐蚀。

除雾器冲洗一方面保证除雾器喷嘴不堵塞，另一方面保证吸收塔液位在 5～7m 正常范围内。吸收塔液位高时两次冲洗的间隔加长，液位低时冲洗时间缩短。除雾器冲洗采用分层冲洗方式进行。以 2 号吸收塔为例，当吸收塔浆液池液位在 6.2～6.4m 正常范围时，在 4h 内共冲洗 14 次，每次冲洗时间为 5min，平均每 h 冲洗 3.5 次，冲洗水流量为 20～105t/h。而冲洗的最长间隔时间为 30min，最短时间间隔为 9min。吸收塔不定期清洗时间曲线如图 6-41 所示。

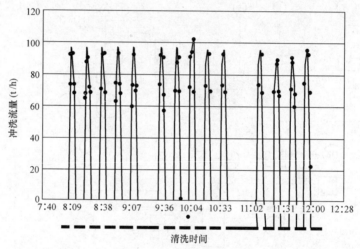

图 6-41　吸收塔不定期清洗时间曲线

华能汕头电厂石灰石—石膏湿法烟气脱硫系统经过 5 个月的调试，解决了石膏水力旋流器底流堵塞、磨煤机入口堵料、吸收塔供浆不足等影响机组安全运行的问题，3 台锅炉 168 h 试运期间的平均脱硫效率均在 90％ 以上。火电厂大气污染物达标排放已经成为发展中国家经济增长过程中必须解决的问题。随着人们环保意识的增强，研究湿法脱硫工艺特点并积累运行和调试经验，实现火电机组污染物减排及零排放目标具有重大现实意义。

（二）皖铜公司百万机组石灰石—石膏湿法脱硫工艺

铜陵皖能发电公司六期"上大压小"扩建工程是在停运 2 台能耗高、污染大的 12.5 万 kW 小机组的基础上，对在役的一台 30 万千瓦发电机组进行脱硫改造后，在原厂址扩建 2 台 100 万 kW 级超超临界燃煤发电机组，工程估算静态投资 69 亿元。项目分两期建设，首期投资 42 亿元，建设一台 100 万 kW 机组。

1. 工艺描述

石灰石（石灰）—石膏湿法脱硫工艺系统主要有烟气系统、吸收氧化系统、浆液制备系统、石膏脱水系统、排放系统组成。其基本工艺流程如下：

锅炉烟气经电除尘器除尘后，通过增压风机、GGH（可选）降温后进入吸收塔。在吸收塔内烟气向上流动且被向下流动的循环浆液以逆流方式洗涤。循环浆液则通过喷浆层内设置的喷嘴喷射到吸收塔中，以便脱除 SO_2、SO_3、HCL 和 HF，与此同时在强制氧化工艺的处理下反应的副产物被导入的空气氧化为石膏（$CaSO_4 \cdot 2H_2O$），并消耗作为吸收剂的石灰石。循环浆液通过浆液循环泵向上输送到喷淋层中，通过喷嘴进行雾化，可使气体和液体得以充分接触。每个泵通常与其各自的喷淋层相连接，即通常采用单元制。

在吸收塔中，石灰石与二氧化硫反应生成石膏，这部分石膏浆液通过石膏浆液泵排出，进入石膏脱水系统。脱水系统主要包括石膏水力旋流器（作为一级脱水设备）、浆液分配器和真空皮带脱水机。经过净化处理的烟气流经两级除雾器除雾，在此处将清洁烟气中所携带的浆液雾滴去除。同时按特定程序不时地用工艺水对除雾器进行冲洗。进行除雾器冲洗有两个目的，一是防止除雾器堵塞，二是冲洗水同时作为补充水，稳定吸收塔液位。

在吸收塔出口，烟气一般被冷却到46～55℃，且为水蒸气所饱和。通过GGH将烟气加热到80℃以上，以提高烟气的抬升高度和扩散能力。最后，洁净的烟气通过烟道进入烟囱排向大气。

该工艺主要缺点是基建投资费用高、占地多、耗水量大、脱硫副产物为湿态，且脱硫产生的废水需处理后排放。但由于该工艺技术成熟、性能可靠、脱硫效率高、脱硫剂利用率高，且以最常见的石灰石作脱硫剂，其资源丰富、价格低廉，加上脱硫副产品石膏有较高的回收利用价值，因此很适合在中、高硫煤（含硫率大于或等于1.5%）地区使用。

近几年，国内新上了一批1000MW超超临界机组，按国家环保标准要求及环评报告审查结果要求，均需上WFGD。影响1000MW机组WFGD工艺技术经济指标（工艺水耗、厂用电率）的主要因素是煤的硫分高低、烟气量大小、是否设置GGH。

根据电厂1000MW级机组燃煤分析，该类型机组燃煤低位发热值一般都应在18828kJ/kg以上，否则超超临界机组的经济性就无法体现除尘器出口实际烟气量在450万m^3左右。根据煤质及烟气参数，对1000MW机组WFGD主要设备选择分析：

（1）1000MW机组燃用的设计煤质及校核煤质均属热值较高的烟煤。故虽为兆瓦级机组，但烟气量并不一定很高，采用1炉1塔的方案是可行的。吸收塔直径按18.8m以下考虑，吸收塔内烟气流速控制在3.9m/s，满足保证烟气脱硫所需的吸收塔尺寸。

（2）煤质收到基全硫分均低于1%，属低硫煤，尽管如此，脱硫系统单元部分（如浆液循环泵、氧化风机等）必须在考虑满足设计煤质烟气脱硫效率的同时，还应按《火力发电厂烟气脱硫设计技术规程》（DL/T 5196—2004）要求检查校核煤质条件下设备容量是否满足脱硫效率及SO_2，排放要求。

（3）由于电厂外购石灰石粉的可能性较小，故工程考虑厂外来石灰石块厂内制浆方式方案，石灰石制浆系统、石膏脱水系统等公用系统设备容量（包括电气部分）按要求选择。

（4）脱硫增压风机按要求的风量裕量及风压裕量选取，根据增压风机与引风机工作条件相同的情况，选择2台静叶可调轴流风机。

（5）为保证适应锅炉部分负荷运行工况，吸收塔浆液循环泵数量选择4台。

1000MW机组WFGD工艺系统布置区域要求和工艺要求有密切的关系，因此，按功能要求可划分为：①吸收塔区域，吸收塔、循环浆液泵、事故浆液箱、增压风机、烟气再热器、氧化风机、烟道、工艺水箱等；②公用系统设备，石膏旋流器、真空皮带脱水机、石灰石浆液箱等；③主要建筑物，电控楼、氧化风机和循环浆泵房、石灰石破碎车间、石灰石磨制车间、石膏脱水车间、废水处理车间、增压风机室、事故浆液箱室、吸收塔、石灰石粉仓封闭等。

2. 影响脱硫效率因素分析

针对电厂采用石灰石—石膏湿法工艺的脱硫装置出现脱硫率持续偏低的问题，从系统及设备实际情况分析，找出引起脱硫率偏低的主要原因为 FGD 入口烟尘浓度偏高，通过调整相关运行参数，达到提高脱硫率的效果，为同类型脱硫系统运行提供参考。脱硫率下降原因分析如下：

(1) 参数对比及分析。在石灰石—石膏湿法脱硫工艺中与脱硫率影响密切的参数有吸收塔 pH 值、原烟气 SO_2、液气比值、吸收剂品质、烟尘浓度等。

查找燃烧炉 FGD 原烟气 SO_2、吸收塔浆液密度、循环泵电流、氧化风机电流、原烟气烟尘浓度等参数。进一步深入分析，当电除尘器故障引起原烟气烟尘浓度超标时，GGH 容易发生堵塞、pH 值略有偏低、脱硫率持续偏低这几者之间存在一定的因果关系，在机组停运时需进行烟气换热器 (GGH) 堵塞冲洗。

由此看来，在电除尘器一侧出现两个电场不能投运后，虽然经过脱硫后净烟气烟尘排放符合环保要求，但进入 FGD 的烟尘浓度已经超过设计值（$200mg/m^3$，标况）和校核值（$225mg/m^3$，标况），导致 GGH 容易堵塞和脱硫率下降。

(2) 烟尘浓度对脱硫率的影响分析。湿法烟气脱硫过程是一个化学吸收过程，主要由 SO_2 吸收、石灰石粉溶解、中和、氧化、石膏结晶、分离等单元组成。在适宜条件下，维持在石膏析—石灰石粉溶解—SO_2 被不断吸收的相对平衡关系中。

除尘效率下降则进入 FGD 吸收塔的烟尘量增加，烟尘中的 HF（氟化氢）进入吸收塔与水反应，形成 F^- 离子。F^- 离子与烟尘中含有的多种重金属杂质如 Al、Hg、Mg、Cd、Zn 以及浆液中的 Ca^{2+} 反应吸收塔内生成较为稳定的多核络合物如 AlF_n 等。这些化合物附在石灰石表面，阻碍石灰石溶解及反应，形成钙供给量不足。若烟尘浓度超设计值，吸收剂的活性则明显降低，吸收塔浆液 pH 值会有所下降，SO_2 的吸收反应无法正常进行，导致脱硫率下降。

(3) pH 值对脱硫率的影响分析。FGD 吸收塔浆液 PH 值直接影响了 SO_2 的吸收过程。pH 值低，吸收速度会下降，当 pH 值下降到 4 时，浆液几乎不能吸收 SO_2 了；pH 值升高即加大吸收塔进浆量，吸收速度加快，一定程度上可以提高脱硫效率。在原烟气 SO_2 稳定的情况下，pH 值由 5.55 缓慢升至 6.06，脱硫率则由 87.0% 升至 95.49%。但是 pH 值较高时，会使 $CaCO_3$ 的溶解受阻，使过程速率变慢。一般当 pH＞5.9 时石灰石浆液中溶出 Ca^{2+} 的速度减慢，SO_3^{2-} 的氧化也受到抑制，浆液中 $CaSO_3 \cdot \frac{1}{2}H_2O$ 和 $CaCO_3$ 含量就会增加。长时间保持高 pH 值运行会导致石膏品质下降以及系统容易发生结垢、堵塞现象。

FGD 运行控制及调整注意事项：

1) 细化配煤掺烧管理，尽可能配出低灰分、低硫分的燃煤。飞灰含量高除了引起脱硫率偏低外，还会加剧对引风机、增压风机、烟道设备的磨损，同时也会导致烟气换热器 (GGH) 容易堵塞。

2) 加大进浆量，适当提高吸收塔浆液 pH 值运行。从 pH 值介于 4.2～5.5，提高至 4.6～6.2，也提高了钙硫比。

3）加大脱硫废水排放。减少吸收塔浆液池的 Cl^- 离子含量和飞灰带来的重金属杂质，一定程度上提高石膏品质。

4）加强除雾器冲洗，确保冲洗次数、时间、压力、流量符合要求。防止 GGH 发生堵塞。

5）加强烟气换热器（GGH）吹灰，在线高压水冲洗波纹板由半月一次改为每周一次。确保吹灰（冲洗）压力、次数、时间符合要求。防止 GGH 发生堵塞。

6）定期校验各种化学表计，确保显示准确。加强电除尘器运行参数调整与监视，同时制订好电除尘器检修计划。同时监视引风机运行状况。

3. 石灰石—石膏湿法脱硫中，吸收塔内浆液起泡现象及处理

在脱硫装置运行过程中，可能由于某些因素引起吸收塔浆液起泡沫从而导致吸收塔溢流。这些因素可能是：进口烟气粉尘超标，如果含有大量惰性物质的杂质，也会引起浆液起泡；煤质不好锅炉燃烧不充分或者锅炉投油使进口烟气含油，也会引起起泡；石灰石含 MgO 过量，MgO 过量不仅影响脱硫效率而且会与硫酸根离子发生反应导致浆液起泡；吸收塔浆液里重金属离子增多引起浆液表面张力增加，从而使浆液表面起泡；另外，也要重视脱硫系统工艺水水质的参数指标要在设计的范围之内，否则也会导致吸收塔浆液起泡。吸收塔浆液起泡严重影响运行过程和脱硫效率而且还影响现场环境卫生。吸收塔内浆液不断循环，与进入的烟气发生对流反应后会产生大量泡沫，泡沫中的悬浮杂质会造成吸收塔的溢流管透气口堵塞，此时当液位偏高时便会溢流，从而引发虹吸现象，造成大量浆液从溢流管外溢，损失大量浆液。当出现这种情况时则首先设法疏通溢流管透气口，破坏虹吸条件，必要时可紧急停用 1 台或 2 台循环泵。

防范的有效方法是定期向吸收塔内浆液中添加定量的消泡剂，加强巡视工作，重视溢流管透气口检查并保持其畅通。

具体处理措施如下：

（1）先降低塔液位运行，适当降低 pH 值，消除包裹效应；

（2）投加消泡剂；

（3）调整降低氧化风机出力或暂停氧化风机；

（4）控制循泵出力，考虑降低液气比，减少喷淋和循环量；

（5）严格除尘；

（6）分析石灰石粉的杂质成分、消除塔液中毒、置换塔内浆液等；

（7）废水排放系统正常投运，控制浆液密度，及时脱水，供新浆，提高浆液质量。

4. 皖铜公司脱硫系统无增压风机与 GGH 的脱硫运行及吸收塔烟温控制

脱硫系统无旁路设计在国外已经发展地比较成熟，在国内才刚刚起步。脱硫系统采用的增压风机和引风机合而为一，无旁路，无 GGH 的烟塔合一技术。无旁路烟囱烟道的脱硫系统工艺流程为烟气→引风机（增压风机）→吸收塔→除雾器→冷却塔（烟囱）。即锅炉烟气由引风机引出进入吸收塔，在吸收塔内完成烟气中二氧化硫吸收脱除，处理后的烟气经除雾器除去雾滴后，再送入冷却塔（烟囱）排放。因无旁路挡板及吸收塔出、入挡板，当吸收塔系统故障跳闸和检修时，需要机组停运，从而保证机组和吸收塔安全。下面分析有、无GGH 对脱硫运行的影响：

(1) 现有 GGH 脱硫运行现状及分析。目前国内带烟气再热器 GGH 的脱硫机组绝大部分都存在 GGH 严重堵塞情况，GGH 在运行过程中阻力逐渐增大，造成脱硫机组运行能耗越来越大。

由于原烟气温度在 GGH 中由 $130\sim160℃$ 降低到酸露点以下的 $80℃$ 左右，因此在 GGH 的降温侧会产生大量的黏稠的酸液。这些酸液不但对 GGH 的换热元件和壳体有很强的腐蚀作用，而且会黏附大量烟气中的飞灰。另外，穿过除雾器的微小浆液液滴在换热元件的表面上蒸发之后，也会形成固体的结垢物。结垢造成净烟气不能达到设计要求的排放温度，使 GGH 换热效率降低，并对下游设施造成腐蚀。其危害是：

1）GGH 结垢会造成吸收塔耗水量增加。由于结垢 GGH 换热元件与高温原烟气不能有效进行热交换，经过 GGH 的原烟气未得到有效降温，进入吸收塔的烟气温度超过设计值。进入吸收塔的烟气温度越高，从吸收塔蒸发而带走的水量就越多。

2）GGH 结垢引起增压风机能耗增加，结垢特别严重后，烟气通流面积减小使烟气流速增加，风机压力升高。当 GGH 压降使风机出口压力处于风机失速区，风机严重脱离运行工况，造成风机喘振。最后导致增压风机过载跳闸或旁路挡板门自行打开，脱硫系统无法正常运行。

3）GGH 的原烟气侧向净烟气侧的泄漏会降低系统的脱硫效率，回转式 GGH 的原烟气侧和净烟气侧之间的泄漏可以达到 1.0%，有的甚至更高，并且随着运行时间的延长，泄漏率会逐渐增大。泄漏率对于整个脱硫系统效率有很大的负面影响，消耗不必要的动力。

(2) 去掉 GGH 后对脱硫系统的影响分析。脱硫系统去掉 GGH 后，系统运行及维护工作量及大修费用大大降低。脱硫系统中无论投资或占地，GGH 都占有很高的比例，GGH 本身是个庞大的系统，又带有许多附属设备如低泄漏风机、密封风机、吹灰器、高压水泵，而这些附属设备若其中一个发生故障都会使 GGH 系统停运，最终导致脱硫系统停运。

俗话说，风机是电厂的电老虎。脱硫系统也不例外，增压风机是整个脱硫系统中单台用电负荷最大的设备。增压风机的压头主要由吸收塔压降、GGH 压降及烟道压降组成，GGH 的压降占到整个增压风机压降的 $1/3$ 以上。因此去掉 GGH 后，增压风机的压头及电耗能降低 $1/3$ 左右。同时，因 GGH 的附属设备都将一起拆除掉，这些附属设备都将不再耗电。

对于发电企业来讲，机组每停 1s 都会给电厂带来直接的经济损失，因此提高发电设备的运行可靠性及可用率是电厂努力追求的目标。系统中设备数量越多，组成的整个系统的运行可靠性及可用率越低，GGH 系统中控制点数就约 80 多点，若去掉 GGH，整个脱硫系统的运行可靠性及可用率将有很大的提高。

(3) 吸收塔进、出口烟温的控制。脱硫系统原烟气温度一般为 $130\sim160℃$，烟气经 GGH 降温侧降温后，温度至 $80℃$ 左右进入吸收塔，在吸收塔进行反应后，出口烟气温度大约在 $50℃$ 左右。若去掉 GGH，$130\sim160℃$ 的烟气直接进入吸收塔，经喷淋降温后烟气温度大约在 $50℃$ 左右离开吸收塔，温度达到 $80\sim110℃$。吸收塔内烟气温度的降低都是通过喷淋降温水的蒸发来实现的，因此去掉 GGH 后，整个脱硫系统的水耗将增加约 50%。

烟气的体积与烟气的开氏温度成正比关系，脱硫系统原烟气温度一般为 $130\sim160℃$，烟气经 GGH 降温侧降温后，温度至 $80℃$ 左右进入吸收塔，吸收塔流速保持一个最佳设计流速。在去掉 GGH 后，原烟气直接进入吸收塔，此时吸收塔入口及塔内烟气流速将会大幅增加，偏离了原来的设计工况，甚至影响到系统的安全稳定运行。

烟气经脱硫后虽然 SO_2 被大量吸收，但 SO_3 只有少部分被吸收，而且烟气温度降低，湿度增大，在取消 GGH 的情况下，进入烟囱的烟气温度在 50℃ 左右，低于酸露点，含水量约为 $100mg/m^3$，烟囱筒壁会结露形成酸液，给烟囱的安全运行带来严重的腐蚀危害。

（4）建议及对策。通过对脱硫系统 GGH 运行现状及取消 GGH 后对脱硫系统的影响分析，提出以下建议：

1）吸收塔是整个脱硫系统的核心，在去掉 GGH 后，为保证整个脱硫系统脱硫效率，使进入吸收塔烟气温度维持原设计温度或稍高于原设计温度，在吸收塔入口处加装低温省煤系统。低温省煤系统是利用锅炉排烟温差热能加热汽轮机的冷凝水，达到降低锅炉煤耗的装置。加装低温省煤系统后，不仅解决了去掉 GGH 后烟气对脱硫系统的不利影响，而且降低排烟温度、提高锅炉效率、减少发电煤耗，排烟温度每降低 10℃，可节省标准煤 1g 左右；同时烟气经降温后进入吸收塔大幅减少脱硫系统水耗，以 220MW 机组脱硫为例，年节约标准煤约 5000t，年节水量约 15 万 t，将给企业带来可观的经济效益。低温省煤系统压降一般在 500～600Pa，远低于 GGH 的压降 1000Pa，因此加装低温省煤系统后无需对脱硫系统及设备进行改造。

2）电厂烟囱高度达 200m 左右，脱硫系统去掉 GGH 后湿烟气进入烟囱，给烟囱造成严重的腐蚀，给烟囱的安全运行带来严峻的考验，因此，必须对烟囱进行防腐。烟囱防腐方式不同会对烟囱的运行产生不同的结果，由于烟气状态不稳定，干烟气与湿烟气交替进入烟囱（在 FGD 正常运行时为低温湿烟气，FGD 停运时为高温干烟气），对于防腐材料提出非常高的要求，因此不合理的防腐方案将给烟囱带来不断的麻烦。所以，需慎重确定防腐方案。一般情况下，烟囱防腐时整个发电机组将需停运 2 个月左右。

3）考虑到目前国内烟囱防腐出现的问题，建议考虑增设湿烟囱（为了便于区分，将原机组烟囱叫烟囱，增设的湿烟囱叫湿烟囱）。增设湿烟囱后，原来的烟囱就无需再进行防腐。湿烟囱是指只经脱硫后烟气排放的烟囱，因其只走湿烟气而被命名为湿烟囱。正常情况下，烟气经吸收塔脱硫后进入湿烟囱排放；当脱硫系统停运时，脱硫烟气旁路门打开，烟气经原烟囱排放。湿烟囱因只经过湿烟气，而湿烟气状态又单一、稳定，防腐方案的确定比较容易，同时在湿烟囱安装施工期间，FGD 正常运行（湿烟囱建造好后湿烟气直接切换进入湿烟囱），无需停炉，不会影响机组运行发电。

5. 电除尘器工作机理与控制方式及烟尘含量对脱硫效率和石膏品质的影响分析

电除尘器是火力发电厂必备的配套设备，它的功能是将燃煤或燃油锅炉排放烟气中的颗粒烟尘加以清除，从而大幅度降低排入大气层中的烟尘量，这是改善环境污染，提高空气质量的重要环保设备。

它的工作原理是：烟气通过电除尘器主体结构前的烟道时，使其烟尘带正电荷，然后烟气进入设置多层阴极板的电除尘器通道。由于带正电荷烟尘与阴极电板的相互吸附作用，使烟气中的颗粒烟尘吸附在阴极上，定时打击阴极板，使具有一定厚度的烟尘在自重和振动的双重作用下跌落在电除尘器结构下方的灰斗中，从而达到清除烟气中的烟尘的目的。由于火电厂一般机组功率较大，如 60 万 kW 机组，每小时燃煤量达 180t 左右，其烟尘量可想而知。因此对应的电除尘器结构也较为庞大。一般火电厂使用的电除尘器主体结构横截面尺寸约为$(25\sim40)m\times(10\sim15)m$，如果再加上 6m 的灰斗高度，以及烟质运输空间密度，整个电除尘器高度均在 35m 以上，对于这样的庞大的钢结构主体，不仅需要考虑自主、烟尘荷载、风荷载，地震荷载作用下的静、动力分析。同时，还须考虑结构的稳定性。

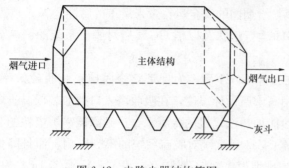

图 6-42　电除尘器结构简图

电除尘器的主体结构是钢结构，全部由型钢焊接而成（见图 6-42），外表面覆盖蒙皮（薄钢板）和保温材料，为了设计制造和安装的方便，结构设计采用分层形式，每片由框架式的若干根主梁组成，片与片之间由大梁连接。为了安装蒙皮和保温层需要，主梁之间加焊次梁，对于如此庞大结构，如果均按实物连接，其工作量与单元数将十分庞大。

按工程实际设计要求和电除尘器主体结构设计，主要考察结构强度、结构稳定性及悬挂阴极板主梁的最大位移量。对于局部区域主要考察阴极板与主梁连接处在长期承受周期性打击下的疲劳损伤；阴极板上烟尘脱落的最佳频率选择；风载作用下结构表面蒙皮（薄板）与主、次梁连接以及它们之间刚度的最佳选择等。

另外，电除尘器的控制器也是其重要的组成部分，目前常用的是 ALSTOM EPIC Ⅲ 等。控制除尘器的主要功能是调节电场的运行，控制对粉尘的荷电。智能化的控制器如 ALSTOM 的 EPIC Ⅲ 可进一步提高除尘器的节能及减排效率。

电除尘器的整个供电过程简单说就是 380V 电源送至整流变压器一次绕组，而二次绕组的两个接线端一端与阳极极板相连（阳极极板是接地的），另一端经过阻尼电阻与电场内的阴极极线相连，因而通电时在阴阳极极板和极线之间能够形成一个强大的静电电场，可以吸附烟气中的粉尘颗粒，而洁净的烟气通过引风机送至烟囱排放到大气中，达到除尘的作用。整个除尘器二次电压的控制是通过一次电压来实现的，也就是说一次取线电压 380V，通过控制器来改变可控硅导通角的大小，可以改变一次电压的大小，进而间接改变了整流变压器二次输出电压的大小，在整流变压器的内部是由许多整流二极管或者硅堆所构成的整流电路，它的作用就是将一次绕组输入的交流电源升压后整流成直流电源输入到电场内部，使电场内部形成一个强大的电磁场，用以吸附粉尘颗粒，达到除尘的效果。

6. 石灰石/石膏—湿法脱硫中，石灰石品质的检测分析

脱硫石膏和天然石膏的化学成分很相近，主要成分均为二水硫酸钙晶体 $CaSO_4 \cdot 2H_2O$。烟气脱硫石膏品位优于多数商品天然石膏，其主要杂质为碳酸钙，有时还含有少量粉煤灰。当石灰石纯度较高时，脱硫石膏纯度一般为 90%～95%，含水率一般为 10%～15%。脱硫装置正常运行时产生的脱硫石膏近乎白色，有时随杂质含量变化呈黄白色或灰褐色，当除尘器运行不稳定，带进较多飞灰等杂质时，颜色发灰。脱硫石膏颗粒直径主要集中在 30～50mm，与天然石膏相比较细。天然石膏粉碎后，粒度约为 140 μm。

2009 年 3 月 9 日，《烟气脱硫石膏》行业标准审查会在北京召开。该标准是我国第一个

针对烟气脱硫石膏制定的质量标准，具有很强的行业指导意义。《烟气脱硫石膏》行业标准由北京建筑材料科学研究总院有限公司牵头，江苏尼高科技有限公司等多家单位参加了编制。全国轻质与装饰装修建筑材料标准化技术委员会的专家组成的审查组对此项标准的文本送审稿及有关材料进行了严谨缜密的审查和讨论，最终确定了我国的烟气脱硫石膏分三个等级，主要的技术指标有气味、附着水含量、二水硫酸钙含量、半水亚硫酸钙含量、水溶性氧化镁、水溶性氧化钠、pH 值、氯离子、白度。

该标准的最大特点是与国际标准接轨，它参考了欧洲石膏协会技术协议《烟气脱硫石膏质量指标和分析方法》和美国材料与试验协会《石膏和石膏制品的化学分析标准试验方法》，再结合我国烟气脱硫的实际情况进行编制。我国电厂湿法脱硫起步较晚，对湿法脱硫工艺和烟气脱硫石膏的性能还处于摸索阶段，脱硫石膏的质量也参差不齐。而欧洲电厂烟气脱硫并使脱硫石膏成为重要的建筑原料的历史要早于我国 30 年左右，积累了丰富的应用经验，对我国烟气脱硫石膏的应用具有极大的借鉴作用，因而我国也应该学习欧洲将脱硫石膏作为工业副产品而非工业废弃物，从源头来控制脱硫石膏的质量和品质，以达到节能减排和促进循环经济的目的。

该标准制定并实施后，烟气脱硫石膏作为石膏工业的基本原料就有了统一的标准来规范其质量，脱硫石膏排放企业就不能再像如今这样根据各自企业的工艺特点和生产需要随意内控，导致用脱硫石膏代替天然石膏后的石膏制品经常出现质量波动等问题了。

脱硫石膏是 FGD 的最终产物，其品质好坏取决于整个 FGD 的运行状况，因此分析石膏的化学成分既可以检验其品质是否达到设计的要求，也可以对 FGD 的运行状况进行评价。石膏品质的分析主要包括游离水分、纯度、$CaCO_3$ 含量、$CaSO_3$ 含量、氯含量、氟含量。

（1）游离水分。一般要求石膏的游离水分小于 10%，当水分超标时即表明石膏脱水系统运行出现异常，应从以下几个方面进行检查：①适当提高真空泵的密封水流量；②检查真空管道的气密性是否正常；③调整皮带脱水机给料箱下料底部的间隙宽度，使浆液在滤布上均匀分布，避免滤布漏真空。

（2）石膏纯度和 $CaCO_3$ 含量。一般要求石膏的纯度大于 90%，$CaCO_3$ 质量分数小于 3%。因为石膏的主要成分是硫酸钙和碳酸钙，所以两者的含量是紧密相关的，石膏纯度偏低一般都是由于 $CaCO_3$，含量升高造成的。当石膏中的 $CaCO_3$ 含量偏高时，首先检查吸收塔浆液中的 $CaCO_3$ 含量是否正常，如有异常应降低 pH 值的设定值，减少石灰石的供浆量。若吸收塔浆液中的 $CaCO_3$ 含量正常，则应继续考察石膏旋流器的入口压力和分离效果是否达到设计要求。如果石膏旋流器的分离效果差，会使旋流器溢流浆液中的 $CaCO_3$ 含量减少，导致石灰石的循环利用率降低，最终使过量的 $CaCO_3$ 进入石膏中。

（3）$CaSO_3$ 含量。$CaSO_3$ 是吸收塔内化学反应的残留物，它将直接影响石膏的品质，一般要求其质量分数小于 0.5%。如果其含量过高则表明吸收塔内的氧化还原反应异常，应立即检查 FGD 的氧化风系统运作是否正常。

（4）氯和氟含量。石膏中残留的氯和氟主要是石膏的游离水分中溶解的 Cl^- 和 F^-，一般要求其质量分数均小于 0.01%。如发现含量偏高，应考虑增加滤饼冲洗水的流量，洗掉石膏中残留的氯和氟。脱硫工艺参数常规测试项目及分析方法见表 6-18。

表 6-18 脱硫工艺常规测试项目及分析方法

类 别	测试项目	测试方法	分析频次
石灰石	$CaCO_3$ 含量	EDTA 容量法	1 次/批
	$MgCO_3$ 含量	EDTA 容量法	1 次/批
	颗粒度分布	筛分法或激光法	1 次/批
	化学活性	滴定法	有需要时检测
吸收塔浆液	pH 值	玻璃电极法	1 次/天
	含固量	质量法	2 次/周
	SO_3^{2-} 含量	碘量法	2 次/周
	$CaCO_3$ 含量	中和容量法	2 次/周
	Cl 含量	分光光度法	2 次/周
	F^- 含量	分光光度法	2 次/周
石膏	游离水分	质量法	1 次/周
	纯度	沉淀质量法	1 次/周
	$CaCO_3$ 含量	中和容量法	1 次/周
	$CaSO_3$ 含量	碘量法	1 次/周
	Cl 含量	分光光度法	1 次/周
	F 含量	分光光度法	1 次/周

7. 如何保证脱硫系统的石膏品质

第二代湿法石灰石 FGD 系统的特点是就地强制氧化和生产商业质量的石膏副产品，目前采用这种工艺的系统占已装湿法 FGD 装置总容量的 90%，在欧洲和日本，脱硫石膏几乎得到 100%的利用。脱硫石膏质量的高低和稳定性直接影响石膏销售价格，湿法石灰石 FGD 系统的特点决定了石膏副产品质量成为一项重要的设计保证值，成为 FGD 装置运行控制的重要参数之一。

（1）系统概况。某厂 $4 \times 600MW$ 机组的烟气脱硫工程，采用石灰石—石膏湿法烟气脱硫工艺。设计处理烟气流量 $2100600 m^3/h$（标况），入口烟气 SO_2 浓度（设计煤种）$1414 mg/m^3$（标况），出口烟气 SO_2 浓度（设计煤种）$57 mg/m^3$（标况），脱硫效率 96%以上。

1）石膏生成工艺流程。在脱硫吸收塔内加入石灰石浆液，控制 pH 值在一定范围内，石灰石浆液通过循环泵在塔内形成循环喷淋，与进入吸收塔内烟气充分接触生成亚硫酸钙，亚硫酸钙与氧化风机送出的氧化空气进一步反应生成硫酸钙并结晶生成二水石膏。FGD 石膏脱水系统采用每台机组对应一个石膏旋流器的形式，进行一级脱水，经石膏旋流器后底流为 50%水分的固体石膏，流入浆液分配槽后依靠自身重力至真空皮带脱水机进行二级脱水至湿度小于 10%的石膏，脱水后的石膏经石膏皮带输送机送至石膏仓库储存。工程设两套真空皮带脱水机，按每套出力为 4 台炉 BMCR 工况 75%设计。石膏仓库的总有效容积按可储存 4 台锅炉 BMCR 工况时 3 天（每天 20h）的石膏产量设计。

2）石膏生成化学原理。SO_2 和 SO_3 在吸收塔的吸收区域中将被吸收溶解到浆液中，形成亚硫酸根，然后在吸收塔的回收区中形成亚硫酸氢根（HSO_3^-）再被氧化成硫酸根 SO_4^{2-}，硫酸根和溶液中的钙离子（Ca^{2+}）反应后结晶形成石膏。

总化学反应方程式

$$CaCO_3 + SO_2 + 2H_2O + 1/2O_2 \Longrightarrow CaSO_4 \cdot 2H_2O + CO_2$$

a）石灰石的溶解过程

$$CaCO_3（固态）+ 2H^+ \Longrightarrow Ca^{2+} + CO_2（气态）+ H_2O$$

b）SO_2 的吸收过程

$$SO_2（气态）\Longrightarrow SO_2（湿态）$$
$$SO_2（湿态）+ H_2O \Longrightarrow H_2SO_3$$
$$H_2SO_3 \Longrightarrow H^+ + HSO_3^-（pH = 5.3）$$

c）氧化过程

$$HSO_3^- + 1/2O_2（湿态）\Longrightarrow SO_4^{2-} + H^+$$

d）石膏的形成过程

$$Ca^{2+} + SO_4^{2-} + 2H_2O \Longrightarrow CaSO_4 \cdot 2H_2O$$

（2）运行中影响石膏品质的原因分析及应对措施。化验报告见表 6-19。

表 6-19　　　　　　　　　　化 验 报 告

系统编号	样品名称	测 定 项 目		测定单位	测定结果
1	吸收浆液	$CaCO_3$		%（质量含量）	
		$CaSO_3 \cdot \frac{1}{2}H_2O$		%（质量含量）	
		$CaSO_4 \cdot 2H_2O$		%（质量含量）	
		Cl^-		mg/L	16135.195
		pH 值	测量值	—	5.690
			在线表测值	—	5.690
		密度	测量值	kg/L	1.128
			在线表测值	kg/L	1.120
2	吸收浆液	$CaCO_3$		%（质量含量）	
		$CaSO_3 \cdot \frac{1}{2}H_2O$		%（质量含量）	
		$CaSO_4 \cdot 2H_2O$		%（质量含量）	
		Cl^-		mg/L	18732.145
		pH 值	测量值	—	5.590
			在线表测值	—	5.620
		密度	测量值	kg/L	1.127
			在线表测值	kg/L	1.124
3	吸收浆液	pH 值	测量值	—	5.620
			在线表测值	—	5.690
		密度	测量值	kg/L	1.064
			在线表测值	kg/L	1.056

续表

系统编号	样品名称	测定项目		测定单位	测定结果
4	吸收浆液	pH 值	测量值	—	5.610
			在线表测值	—	5.630
		密度	测量值	kg/L	1.101
			在线表测值	kg/L	1.098
1~3	石膏	$CaCO_3$		%（质量含量）	0.182
		$CaSO_3 \cdot \frac{1}{2}H_2O$		%（质量含量）	0.189
		$CaSO_4 \cdot 2H_2O$		%（质量含量）	93.97
		Cl^-		mg/g（质量含量）	1.823
		自由水分		%（质量含量）	8.90

由表 6-20 可以看出，石膏品质的控制指标主要包括 $CaCO_3$ 含量、$CaSO_3 \cdot \frac{1}{2}H_2O$ 含量、水分和石膏占产物比重、氯根（评定杂质含量多少）等。下面将结合实际运行经验就对影响各项指标因素进行应对性分析。

（1）石膏中 $CaCO_3$ 含量过高的原因及调整措施。碳酸钙作为脱硫的吸收剂，在脱硫系统运行过程中要不断补充，为了保证脱硫效果，吸收塔内要保持一定的 pH 值，有时 pH 值保持较高，浆液中的碳酸钙含量就会较高；也有可能石灰石活性较差，石灰石浆液补充到吸收塔内后，在短时间内不能充分电离，也就不能和二氧化硫发生反应，最终会随脱水而进入石膏中。这两种情况都会影响石膏品质，使石膏中 $CaCO_3$ 含量过高。

a）运行中吸收塔 pH 值的控制。运行的实际情况证明，运行 pH 值的控制对石膏纯度有最明显、最直接的影响。当入口烟气条件不变时，降低运行 pH 值即可降低浆液中过剩 $CaCO_3$ 含量，有利于提高石膏纯度，但将以损失脱硫率作代价。过分降低 pH 值可能对石膏质量产生负面影响，pH 值过低将增加浆液中有害离子的浓度，有可能造成封闭石灰石活性。因此，一般运行 pH 值不宜低于 5.0。提高 pH 值，脱硫效率增大，石膏纯度下降。当 pH 值超过 5.7 后脱硫效率提高不多，未反应石灰石浓度却增加较多，石膏纯度将明显下降。因此，运行人员应根据入口硫分、设备运行状态等实际情况合理调整石灰石给浆量，将 pH 值控制在一定范围内，兼顾脱率效果和石膏品质。由于要保持较高的脱硫效率，吸收塔 pH 值一般控制在 5.5~5.7。

b）如何保证较高的石灰石活性。石灰石研磨细度对石灰石的反应活性影响很大，石灰石颗粒越细，其表面积越大，越易充分溶解，充分反应，吸收速率越快，石灰石的利用率越高。当吸收系统的运行条件未发生大的变化，如果出现石膏中 $CaCO_3$ 含量不正常地增加，而循环浆液可溶液性亚硫酸盐浓度不高，那么很可能石灰石研磨工序出现了异常，这时候要注意石灰石来料的纯度、湿式钢球磨磨机的运行电流、石灰石旋流器的运行状况，保证浆液中的石灰石纯度和细度。同时，要注意石灰石浆液的补充量，当补充大量石灰石而 pH 值上升不明显时有可能是石灰石活性差，必须要让石灰石有充分的时间在吸收塔内电离。

飞灰含量大至使飞灰中的 Al^{3+} 还和 F^- 结合形成络合物或是浆液中的亚硫酸根过高包裹

在石灰石小颗粒表面阻碍其溶解，都会造成吸收塔浆液失去活性以至形成坏浆。烟气中灰尘含量高的原因主要是煤质差及电除尘效果差所致，当入口烟气中灰尘含量超标时及时联系除尘运行检查电除尘器运行情况，调整电除尘器运行参数以达到更好的除尘效果或建议更换煤种。

(2) 石膏中 $CaSO_3 \cdot \frac{1}{2}H_2O$ 含量过高的原因及调整措施。亚硫酸钙含量升高的主要原因是氧化不充分引起的，正常情况下由于烟气中含氧量低（4%～8%左右），锅炉燃烧后产生的烟气中的硫氧化物主要是二氧化硫，在脱硫过程中浆液吸收二氧化硫而生成亚硫酸钙，脱硫系统通过氧化风机向吸收塔补充空气，强制氧化亚硫酸钙生成硫酸钙，硫酸钙与 2 个水分子结合生成石膏分子，当石膏达到一定饱和程度后结晶析出，经脱水后产生成品石膏。

亚硫酸钙得不到充分氧化的主要原因是氧化空气流量不够，运行中主要通过风机的电流和出口风压来判断风机的运行状况，风机出口风压下降，则有可能是风机入口空气滤网被飞尘堵塞，应及时更换滤网以保证氧化空气流量。吸收塔液位和浆液浓度会一定程度地影响风机电流和出口风压，但当风机出口风压不正常地增大，电动机电流增大不明显时，有可能氧化空气喷嘴部分被堵塞，部分喷嘴被堵塞将造成氧化空气分布不均匀，使氧化效率下降，出现这种情况多为氧化加湿减温水流量过小导致，应停机疏通喷嘴。运行中出现氧化风流不足的最多情况为 FGD 进口硫分超出设计标准，进口硫分超标除了引起氧化风量不足外，还带来浆液密度持续升高、脱硫效率明显不足等一系列问题。另外，若搅拌器运行效果不佳会致使氧化风不足，即不能充分地和浆液接触反应，从而造成亚硫酸钙得不到充分氧化。

早期脱硫设备常出现下列问题从而引起氧化风量不足：布置的喷枪数不足；氧化空气流量不足或各喷枪氧化空气流量不均衡；搅拌器输出功率不足或氧化罐体直径过大，使氧化空气泡分布不均匀；喷嘴浸没深度不足，氧化空气泡在浆液中停留时间过短；吸收塔循环泵吸收入浆体对罐体浆液流态的影响，使氧化空气泡分布不均，甚至大量被吸入循环泵中。因此氧化风机和吸收塔搅拌器的运行状况、FGD 入口硫分的控制成为亚硫酸钙含量控制的要点。

(3) 石膏中 Cl^- 等杂质含量过高的原因及调整措施。石膏浆液中的杂质主要来自于脱硫进口烟气和工艺水的携带，另外，石灰石品质纯度不高也给脱硫吸收塔浆液带入一部分杂质。

在实际运行中要严格控制进口烟气的粉尘含量以保证烟气带入杂质量较少，及时地调整电除尘器的运行参数，保证电除尘器各电场的稳定运行以保证进口烟气较低的粉尘含量。在工艺水水质控制上，因工艺水主要来源于原水（即水库水），原水品质较好，别外，约 1/4 的工艺水来源于化学废水处理后的水、主机回收水槽水、处理过输煤废水及一些地沟的排水，所以在工艺水水质控制上，需要注意的问题比较多，控制好化学和输煤废水的处理是要点。另外，良好的石灰石来料品质也是比较重要的，石灰石来料含泥较多，不仅增加了制浆的困难，经常造成给料皮带机堵死，对脱硫效率及石膏品质影响也很大。

废水的足够稳定的处理量也是浆液中 Cl^- 等杂质不急剧浓缩的保障。废水可以将浆液中的部分杂质带到，最后以滤饼的形式外运深埋，废水处理如果及时并足够量，基本可以达到将石膏浆液中的杂质稳定控制在一定范围内。另外，作为杂质中比较有代表的监督指标 Cl^-，可以通过滤饼冲洗以降低石膏中的氯离子浓度，实际运行中由于工艺水中含一定的化学处理后废水，工艺水本身 Cl^- 含量并不算低，所以滤饼冲洗水长期未投运。

（4）石膏含水量过高或脱水效果不好的原因及应对措施。

a）由于浆液本身原因导致的石膏含水量过高。若石膏浆液中 $CaCO_3$、$CaSO_3$ 或其他一些杂质含量过高，会导致石膏脱水较困难，最后生成的石膏水分就比较大。另外，吸收塔浆液含固浓度即密度的控制非常重要。当浆液 pH 值和固体物浓度一定时，浆液固体物中 $CaCO_3$ 与 $CaSO_4 \cdot 2H_2O$ 有一定的质量比，此时生产出来的石膏纯度相对稳定。当浆液浓度下降时，比值增大，石膏副产品中的 $CaCO_3$ 含量将增大，较难于脱水，相反，提高浆液固体物浓度则有利提高石膏副产品的质量，但是，密度过高会对脱硫效率产生负面影响，保持浆液浓度的稳定将有助于稳定石膏副产品质量。正常情况下石膏浆液密度的控制区间为 $1090 \sim 1120 kg/m^3$，既保证了石膏质量又兼顾了脱硫效率，同时当进口硫分较大脱水出力不足时也有一定的调整空间。

b）由于脱水设备原因导致的石膏含水量过高。一级脱水时进入水力旋流器的压力太低或是旋流器部分堵引起一级脱水效果不好从而导致总体脱水效果不好，但这种影响一般来说比较小，运行中保证适当的旋流器进水压力及对旋流器进行定期的巡检基本可以避免由一级脱水引起的石膏水分大的问题。

二级脱水真空皮带机运行效果不好会引起石膏含水量过高。要预防这种情况的发生，首先，要保证真空度正常。真空度是否合适可以通过检查真空泵的运行情况电流、真空泵密封水、真空度、真空母管有无堵塞、真空管道有无漏气现象、回收水箱液位是否偏低引起的漏真空等情况来判断，进浆真空建立后真空泵电流要比未建立真空前高一些。其次，保证真空皮带机的正常运行。检查真空皮带无卡涩，不跑偏，润滑水，密封水，滤布冲洗水流量正常，各喷嘴不堵，喷淋效果良好，滤饼厚度合适且横向分布均匀，真空皮带无不平现象，真空皮带无滤饼裂缝等以确保皮带机运行正常，脱水效果良好。

确保石膏中除 $CaSO_4 \cdot 2H_2O$ 外各项指标正常，$CaSO_4 \cdot 2H_2O$ 含量自然就理想，在运行中，FGD 系统超出力运行对石膏品质的影响最大，进口硫分长时间超过设计值，对设备运行的压力比较大，氧化风系统、脱水系统不能满足超出力运行要求，长时间密度会超限或形成石灰石闭塞等问题，石灰石浆液品质将下降进而石膏品质也下降，由此看来，保证脱硫整体系统的稳定运行、保证巡检和日常监督的质量就能够在达到环保目标的同时获得质量合格的石膏副产品进而降低脱硫成本。

十、石灰石—石膏法脱硫化学分析方法

脱硫系统的化验项目通常有：①工艺水分析：pH、硬度、SS、Cl^-、COD、电导率的测定。②浆液分析：pH 值、$CaSO_3$ 含量、$CaSO_3$ 含量、密度的测定。③石灰石分析：纯度、粒度、SiO_2 含量、Al_2O_3、Fe_2O_3 含量等。④石膏分析：结晶水、$CaSO_3$ 含量、$MgCO_3$ 含量、$CaSO_3 \cdot \frac{1}{2} H_2O$、$Cl^-$ 含量等。⑤石膏旋流器浆液（溢流/底流）：密度、固体颗粒物含量。⑥脱硫废水分析：pH、化验需氧量、氟化物、硫化物、悬浮物、重金属离子。

（一）样品的预处理

1. 样品的取样和筛分

试样必须具有代表性和均匀性，由大样缩分后的试样不得少于100g。试样通过 0.08mm

方孔筛时的筛余不应超过 15%。再以四分法或缩分器将试样缩减至约 25g，然后研磨至全部通过孔径为 0.08mm 方孔筛。充分混匀后，装入试样瓶中，供分析用。其余作为原样保存备用。

2. 试样的烘干条件

石灰石 105～110℃下烘 2h；石膏和石膏浆液 40～45℃下干燥。

（二）石灰石分析

方法参考 GB/T 5762—2000 中氧化钙的测定（代用法）

1. 原理

在酸性溶液中，加氟化钾，消除硅酸的干扰后，在 pH 值为 13 以上的强碱中，以三乙醇胺为掩蔽剂，CMP 为指示剂，用 EDTA 溶液滴定。

注意：①指示剂的用量；②终点的判断；③计算公式。

氧化钙的质量百分数 X_{CaO} 计算方法为

$$X_{CaO} = \frac{T_{CaO}V}{m}$$

式中　X_{CaO}——氧化钙的质量百分数，%；

　　　T_{CaO}——每毫升 EDTA 标准滴定溶液相当于氧化钙的毫克数，mg/mL；

　　　V——滴定时消耗 EDTA 标准滴定溶液的体积，mL；

　　　m——试料的质量，g。

反应式如下：

显色反应　　　Ca^{2+}＋CMP(橘红色)＝＝Ca—CMP(绿色荧光)

滴定反应　　　Ca^{2+}＋H$_2$Y^{2-}＝＝CaY^{2-}＋2H$^+$

终点突变　　　Ca—CMP＋H$_2$Y^{2-}＝＝CaY^{2-}＋CMP＋2H$^+$

（1）强酸下，加入 KF，掩蔽硅酸干扰。pH>12 时，易产生 CaSiO$_3$ 沉淀，导致终点不断返色，致使终点无法确定。

强酸介质中　　　H$_2$SiO$_3$＋6H$^+$＋6F$^-$＝＝H$_2$SiF$_6$＋3H$_2$O

加水稀释并碱化后　　　H$_2$SiF$_6$＋6OH$^-$＝＝H$_2$SiO$_3$(α 态)＋6F$^-$＋3H$_2$O

非聚合态的 α 态硅酸和 Ca^{2+} 反应缓慢，因而不容易生成 CaSiO$_3$ 沉淀，而其 β、γ 态硅酸则很容易生成沉淀。

（2）pH>12 时，Mg^{2+} 易生成 Mg(OH)$_2$ 沉淀，不干扰测定。加入三乙醇胺能消除 Fe^{3+}、Al^{3+}、TiO^{2+}、Mn^{2+} 的干扰。

2. 石灰石粉细度检验

参考 GB/T 1345—2005《水泥细度检验方法筛析法》，主要有负压筛析法和手工筛析法。

3. 反应速率

参考 DL/T 943—2005《烟气湿法脱硫用石灰石粉反应速率的测定》。

（三）浆液的分析

将浆液分为石灰石浆液和石膏浆液，石膏浆液的品质是脱硫工艺完成好坏的标志，因此需要定期对石膏浆液进行化学分析。而浆液检测的参数主要有 pH 值，密度，含固量，其中石膏浆液中还必须关注石膏纯度、亚硫酸盐含量、碳酸盐含量、氯离子含量。

1. 密度的测定

（1）操作。氧测量瓶（容积＝cmL）作为空白称重（质量＝ag）。

在氧测量瓶中注满浆液，旋紧瓶塞让多余的浆液溢出，注意不要有气泡。冲洗和干燥氧测量瓶后称重（重量＝bg）（装满浆液的瓶放在 40～70℃的环境下）。

（2）计算

$$密度 \rho(\mathrm{kg/L}) = \frac{b(\mathrm{g}) - a(\mathrm{g})}{c(\mathrm{mL})}$$

注：取样用定容定量的测氧瓶必须清洗干净并无残留水分的情况下方可使用。取样时应将取样门开启到合适开度，管路中溶液流速基本稳定，流动过程中不应有气流，溶液基本充满取样管，取样动作要迅速并使待测溶液充满取样瓶且溢流后方可盖上瓶盖。取样用定容定量的瓶在用过一段时间后要重新称重并标注。

2. 含固量的测定

（1）操作。将来自密度测量的浆液样品称重，移入经恒重并已称量的 G4（或 G3）砂芯坩埚，用丙酮清洗约 3 次。然后放入 40℃的干燥箱直至恒重。对于 Cl^- 含量大于 20000mg/L 的样品，须先用约 20mL 的除盐水清洗，再用丙酮清洗。

（2）计算

$$含固量 = \frac{c(\mathrm{g}) - b(\mathrm{g})}{a} \times 100\%$$

式中　a——提取的浆液质量，g；

b——空玻璃坩埚的总量，g；

c——样品经清洗和 40℃干燥后的玻璃坩埚质量，g。

注：砂芯坩锅用毕即用 1∶1 盐酸煮洗。酸洗后的坩埚一定要清洗干净后方可再次使用，避免因酸残留在坩埚内与石灰、石膏内的 $CaCO_3$ 反应，影响后续试验的准确性。检验坩埚是否清洗干净的方法：在洗液中滴加 2～3 滴甲基橙指示剂，至洗液呈橙色即可，放入恒温箱在 40℃下彻底干燥后待用。

（四）石膏的分析

石膏的品质指标包括：

1）水分（附着水）；

2）pH 值（样品未经过干燥处理）；

3）氯、氟含量（测定浸出液中含量）；

4）硫酸盐（SO_3）含量；

5）亚硫酸盐（SO_2）含量；

6）碳酸盐（CO_2）含量。

1. 石膏和浆液中硫酸盐（SO_3）含量分析

通常有高氯酸钡滴定法、EDTA 滴定法和质量法。

（1）高氯酸钡滴定法。亚硫酸盐被 H_2O_2 氧化，主要阳离子用离子交换树脂除去，生成的硫酸根用高氯酸钡进行滴定，指示剂为磺酸－Ⅲ，溶液颜色从紫色变为淡蓝色。测定值为总硫酸盐，包括亚硫酸盐转化的，亚硫酸盐 SO_2 用碘定量法测定，并在转化为 SO_3 后减去。

（2）乙二胺四乙酸二钠（EDTA）滴定法。

（3）质量法。

1）方法：在酸性溶液中，用氯化钡溶液沉淀硫酸盐，经过滤灼烧后，以硫酸钡形式称量，测定结果以三氧化硫计。

2）分析过程：

a）试样的分解。称取约 0.2g 试样，置于 300mL 烧杯中，加入 30～40mL 水使其分散。加 10mL 盐酸（1+1），将溶液加热微沸 5min。用中速滤纸过滤，用热水洗涤 10～12 次。

b）沉淀。调整滤液体积至 200mL 煮沸，在搅拌下滴加 15mL 氯化钡溶液，继续煮沸数分钟，然后移至温热处静置 4h 或过夜（此时溶液的体积应保持在 200mL）。用慢速滤纸过滤，用温水洗涤，直至检验无氯离子为止。

c）灰化、灼烧、称量。将沉淀及滤纸一并移入已灼烧恒量的瓷坩埚中，灰化后在 800℃的马弗炉内灼烧 30min，取出坩埚置于干燥器中冷却至室温，称量。反复灼烧，直至恒量。

3）质量分析法的注意点：

a）获取大的晶形沉淀，减小沉淀开始时的硫酸钡相对过饱和度。可归纳为热、稀、慢，不断搅拌，过量的沉淀剂（过量 20%～30%）及陈化。

b）过滤洗涤中防止样品损失。如选用慢速定量滤纸以及在洗涤沉淀时，可用带橡皮管的玻棒擦洗烧杯，后用热蒸馏水洗涤至无氯离子为止。

c）灰化，灼烧。用低温烘去水分，不要使滤纸着火，反复灼烧时间应控制 15min 左右。

4）质量分析法的原理。质量分析法是将待测组分与试样中的其他组分分离，然后称重，根据称量数据计算出试样中待测组分含量的分析方法。根据被测组分与试样中其他组分分离的方法不同，质量分析法通常可分为沉淀法、气化法、电解法。

质量分析法的过程和对沉淀的要求，即沉淀形式为沉淀的化学组成，称量形式为沉淀经烘干或灼烧后，供最后称量的化学组成。

a）对沉淀形式的要求。①沉淀的溶解度要小，以保证被测组分沉淀完全。②沉淀要易于转化为称量形式。③沉淀易于过滤、洗涤。最好能得到颗粒粗大的晶形沉淀。④沉淀必须纯净，尽量避免杂质的沾污。

b）对称量形式的要求。①称量形式必须有确定的化学组成否则无法计算分析结果。②称量形式要十分稳定，不受空气中水分、CO_2 等的影响。③称量形式的摩尔质量要大，这样由少量被测组分得到较大的称量物质，可以减小称量误差，提高分析准确度。

c）影响沉淀溶解度的因素。影响沉淀平衡的因素很多，如同离子效应、盐效应，酸效应、配位效应等。

①同离子效应。当沉淀反应达到平衡后，若向溶液中加入含某一构晶离子的试剂或溶液，则沉淀的溶解度减小，这一效应称为同离子效应。

②盐效应。在难溶电解质的饱和溶液中，由于加入了强电解质而增大沉淀溶解度的现象。称为盐效应。例如用 Na_2SO_4 作沉淀剂测定 Pb^{2+} 时，生成 $PbSO_4$。当 $PbSO_4$ 沉淀后，继续加入 Na_2SO_4，就同时存在同离子效应和盐效应。

如表 6-20 所示，当硫酸钠的浓度增大到 0.04N 时，由于硫酸钠的同离子效应，硫酸铅的沉淀的溶解度最小。继续增大硫酸钠的浓度，盐效应增大，硫酸铅的溶解度反而增大。

表 6-20　　　　　　　　　添加硫酸钠溶液对硫酸铅沉淀的离子效应比较

Na_2SO_4（mol/L）	0	0.001	0.01	0.02	0.04	0.100
$PbSO_4$（mmol/L）	0.15	0.024	0.016	0.014	0.013	0.016

③酸效应。溶液的酸度对沉淀溶解度的影响，称为酸效应。例如，CaC_2O_4 沉淀，溶液的酸度对它的溶解度就有显著的影响。CaC_2O_4 在溶液中存在下列平衡

$$CaC_2O_4 \rightleftharpoons Ca^{2+} + C_2O_4^{2-} - H^+ + H^+$$

$$HC_2O_4^- \underset{-H^+}{\overset{+H^+}{\rightleftharpoons}} H_2C_2O_4$$

当溶液酸度增加时，平衡向生成 $HC_2O_4^-$ 和 $H_2C_2O_4$ 的方向移动，溶液中 $C_2O_4^{2-}$ 浓度降低，CaC_2O_4 沉淀平衡被破坏，使 CaC_2O_4 溶解，即沉淀的溶解度增大。

④配位效应。由于溶液中存在的配位剂与金属离子形成配合物，从而增大沉淀溶解度的现象，称配位效应。例如，用 NaCl 作沉淀剂沉 Ag^+ 时，Cl^- 既能与 Ag^+ 生成 AgCl 沉淀，过量的 Cl^- 又能与 AgCl 形成 $AgCl_2^-$，$AgCl_3^{2-}$ 和 $AgCl_4^{3-}$ 等配位离子，使 AgCl 沉淀的溶解度增大。

从以上讨论可知，同离子效应降低沉淀溶解度，盐效应、酸效应、配位效应增大沉淀的溶解度。

其他影响沉淀溶解度的因素，如温度、溶剂、沉淀颗粒的大小和结构。

d）影响沉淀纯度的因素。沉淀重量法不仅要求沉淀形式溶解度要小，而且要求纯净。但是当沉淀从溶液中析出时总有一些杂质随之一起沉淀，使沉淀沾污。共沉淀和后沉淀是影响沉淀纯度的两个重要因素。

①共沉淀。产生共沉淀现象的原因是由于表面吸附，生成混晶、吸留等造成的。

②后沉淀。例如，在酸性溶液中 ZnS 是可溶的，但它与 CuS 沉淀长时间共存，ZnS 会沉淀在 CuS 表面。

e）沉淀条件的选择。沉淀的类型一般可分为晶形沉淀和无定形沉淀（又称非晶形沉淀）。例如，CaC_2O_4、$BaSO_4$ 等为晶形沉淀；$Al(OH)_3$、$Fe(OH)_3$ 等是无定形沉淀；AgCl 是乳状沉淀，性质介于两者之间。它们之间的主要差别是沉淀颗粒大小的不同。在沉淀质量法中，应尽可能获得颗粒大的晶形沉淀，它的表面积小，吸附杂质少，易于过滤和洗涤。

2. 石膏和浆液中亚硫酸盐（SO_2）含量分析

（1）原理。氧化还原法——碘量法，亚硫酸盐在酸性条件下被 0.1N 碘溶液氧化，过量的碘再用 0.1mol/L 硫代硫酸钠进行回滴。

利用 I_2 的氧化性和 I^- 的还原性建立的滴定分析方法。

电对反应　　　$I_2 + 2e == 2I^-$　　　　　$\phi_{I_2/I}^{\theta} = 0.5335V$

　　　　　　　$I_2 + I^- == I_3^-$　（助溶）

　　　　　　　$I_3^- + 2e == 3I^-$　　　　　$\phi_{I_3/I}^{\theta} = 0.5345V$

注：pH<9 时，不受酸度影响，应用范围更为广泛。

1) 直接碘量法。用 I_2 标准溶液直接滴定还原性物质。反应后，I_2 转化为 I^-。因为 I_2 氧化能力不强，所以能被 I_2 氧化的物质有限。同时，溶液中 H^+ 浓度对直接碘量法有较大的影响。

2) 间接碘量法。利用 I^- 的还原性测定氧化性物质，即在待测的氧化性物质的溶液中，加入过量的 KI，反应后生成与待测氧化性物质的量相当的游离的 I_2，可以间接计算出被测氧化性物质的含量。

在使用间接碘量法时，为获得准确的结果，必须注意以下两点：

a) 控制溶液的酸度。I_2 和 $Na_2S_2O_3$ 的反应必须在中性和弱碱性溶液中进行。因为在强碱性溶液中会同时发生下列反应

$$3I_2 + 6OH^- =\!=\!= 5I^- + IO_3^- + 3H_2O \quad （歧化反应）$$

$$4I_2 + S_2O_3^{2-} + 10OH^- =\!=\!= 8I^- + 2SO_4^{2-} + 5H_2O$$

在强酸性溶液中 $S_2O_3^{2-}$ 会发生分解

$$S_2O_3^{2-} + 2H^+ =\!=\!= SO_2\uparrow + S\downarrow + H_2O \quad （分解）$$

b) 防止 I_2 挥发及 I^- 被空气中的氧氧化，以减少测定结果的误差。

防止 I_2 挥发的措施有：加入过量的 KI，一般比理论量大 2~3 倍，使 I_2 生成 I_3^- 以减少挥发；反应温度不能过高；滴定时不能剧烈摇动溶液；避免阳光直接照射，防止 I^- 被空气中的氧氧化；析出 I_2 后溶液不能放置过久，且滴定速度要加快。

(2) 操作。称固体颗粒（1 ± 0.0001）g（经 40℃ 干燥）放入滴定瓶内，用约 150mL 除盐水稀释，加入 10mL 0.1N I_2 溶液和 10mL 1:1 HCl，搅拌 5min 后，待固体颗粒溶解完全。过量的 0.1N 碘溶液用 0.1mol/L $Na_2S_2O_3$ 电位滴定，消耗的 $Na_2S_2O_3$ 为 b mL。同时作空白试验，消耗的 $Na_2S_2O_3$ 为 b_0 mL。

(3) 计算。

1ml 0.1N I_2 溶液 = 3.203(mg)SO_2

$$浆液固相中\ SO_2 = \frac{b_0(mL) - b(mL)}{固体颗粒(mg)} \times 3.203 \times 100\%$$

$$浆液固相\ CaSO_3 \cdot \frac{1}{2}H_2O(\%) = SO_2(\%) \times 2.0159$$

(4) 碘量法误差的主要来源。

1) 碘的挥发。预防：①过量加入 KI——助溶，防止挥发增大浓度，提高速度；②溶液温度勿高；③碘量瓶中进行反应（磨口塞，封水）；④滴定中勿过分振摇。

2) 碘离子的氧化（酸性条件下）。预防：①控制溶液酸度（勿高）；②避免光照（暗处放置）；③I_2 完全析出后立即滴定；④除去催化性杂质（NO_3^-、NO、Cu^{2+}）。

3. 石膏和浆液中碳酸盐（CO_2）含量的分析

(1) 电位滴定法原理。过量的 1mol/L HCl 将碳酸盐化合物中的 CO_2 去除。加 HCl 之前先用 H_2O_2 氧化，使浆液中的 SO_2 不与盐酸反应。过量的 1mol/L HCl 用 1mol/L NaOH 溶液电位滴定。

(2) 操作。称 1~2g（精确到 0.0001g）经 40℃ 干燥的固体样品，加入滴定瓶中，用 10mL 除盐水稀释，再加 0.5~1mL 的 H_2O_2，5min 后用移液管加入 10mL 1mol/L 的 HCl，

用自动滴定器的搅拌器搅拌 5min。过量的 1mol/L HCl 用 1mol/L NaOH 溶液回滴，该过量 HCl 消耗的 NaOH 为 VmL，同时作空白试验，消耗 NaOH 为 V_0mL。

注意：所用的除盐水宜采用加热煮沸后再使用。

（3）计算，即

$1mL\ 1mol/L\ HCl = 22.0053\ (mgCO_2)$

$$浆液固相 CO_2 = \frac{(V_0 - V)}{样品质量(mg)} \times 22.0053 \times 100\%$$

$$浆液固相 CaCO_3 (\%) = CO_2(\%) \times 2.2742$$

4. 石膏和浆液中氯含量的分析

（1）原理。样品中的亚硝酸盐先用双氧水氧化，以消除干扰元素，然后在酸性介质中用 0.1mol/L 的硝酸银滴定。

（2）操作。

1）浆液中氯含量的测定。用移液管吸取 2～10mL 的滤液于滴定瓶中，然后加入 10mL 除盐水和 2mL 1:4 的硫酸进行混合，使用 0.1mol/L AgNO_3 溶液进行滴定至终点（电位滴定）。手工滴定用铬酸钾作指示剂，用 $AgNO_3$ 标准溶液滴定测定 Cl^-，如果样品中有大量的亚硫酸盐，则在滴定前先用 H_2O_2 进行氧化。

2）石膏样中氯含量的测定。准确称取一定量的石膏置于 500mL 烧杯中，加入去离子水 300mL，搅拌混合 30min 后过滤。吸取一定量滤液，滴定方法参照浆液中氯含量的测定。

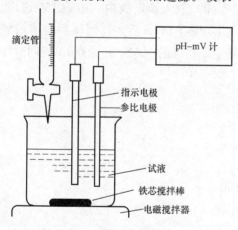

图 6-43　电位滴定装置

（3）电位滴定法原理及终点判断。原理：电位滴定法是电位测定与滴定分析相互结合的一种测试方法，它用电极电位变化代替指示剂的颜色变化指示终点的到达。

进行电位滴定时，是将一个指示电极和一个参比电极浸入待测溶液中构成一个工作电池（原电池）来进行的。在滴定过程中，随着滴定剂的加入，待测离子或产物的浓度不断变化，特别在计量点附近，待测离子或产物的离子浓度会发生突变，就使得指示电极的电位值也要随着滴定剂的加入而发生突变。这样就可以通过测量在滴定过程中电池电动势的变化（无需知道终点电位的绝对值）来确定滴定终点。电位滴定装置如图 6-43 所示。

（4）电位滴定终点的确定。进行电位滴定时每加入一定体积的滴定剂 V，就测定一个电池的电动势 E，并对应的将它们记录下来，然后利用所得的 E 和 V 来确定滴定终点，主要有以下几种方法：

1）E-V 曲线法。以测得的电动势和对应的滴定剂消耗体积作图，得到 E-V 曲线，由曲线上的拐点去定滴定终点。在理论终点附近，每增加 0.1mL 或 0.2mL 滴定剂就需测量一次电动势，根据测得的数据画出 E-V 曲线（见图 6-44），从曲线的最陡处，画一条垂直线与体积轴相交，交点就是终点时滴定剂的体积。

2）$\Delta E/\Delta V$-V 曲线，又称一级微商法。对于平衡常数小的滴定反应，终点附近曲线不很陡，确定终点较困难，也可绘制一次微商曲线（实际是求 E-V 曲线斜率），即由 $\Delta E/\Delta V$ 对 V 作图，得到 $\Delta E/\Delta V$-V 曲线（见图 6-45），由曲线的最高点确定终点。$\Delta E/\Delta V$ 表示 E 的变化值与相对应的加入滴定剂体积增量 ΔV 之比。此曲线呈现一个高峰，从峰顶引一垂线到体积轴，即可求得终点滴定体积，这样的做法比较准确。

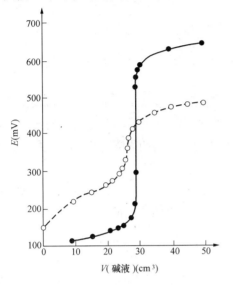

图 6-44　电位滴定终点 E-V 曲线

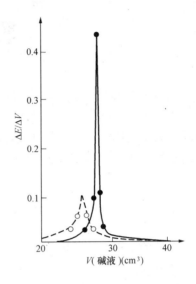

图 6-45　电位滴定终点 $\Delta E/\Delta V$-V 曲线

179

第七章

脱　　硝

环境与发展是人类社会长期面临的一个主题，随着我国经济的发展，在能源消费中带来的环境污染也越来越严重。我国的 NO_x 排放量高居世界各国前列，由此引起的酸雨、温室效应和臭氧层破坏等环境问题已成为社会和经济发展的一个制约因素，引起了人们的广泛关注，因此控制 NO_x 污染已势在必行。

第一节　我国氮氧化物的排放特征

一、氮氧化物的特征和危害

1. NO_x 的性质

氮作为单个游离原子具有很高的反应活性，但在大气中大量存在的是化学性质稳定的氮分子。对人体健康有危害的主要是指氮和氧相结合的各种形式的化合物，氧化态为 $+1\sim+6$，通常所说的氮氧化物主要包括 N_2O、NO、N_2O_2、N_2O_3、NO_2、N_2O_4 和 N_2O_5 等几种，总起来用氮氧化物（NO_x）表示。其中对大气产生污染的主要是 NO 和 NO_2，其中 NO_2 的毒性比 NO 高 $4\sim5$ 倍。N_2O 也是大气尤其是高层大气的主要污染物之一。在大气中约有 0.3×10^{-9} 的 N_2O，$(1\sim1.5)\times10^{-9}$ 的 NO 和 NO_2，大气中 95% 以上的 NO_x 为 NO，NO_2 只占很少量，烟道气中的 NO_x 90% 以上也是 NO。

一氧化氮和二氧化氮的主要性质如表 7-1 所示。

表 7-1　　　　　　　　　　　**NO 和 NO₂ 的物化性质**

性　　质	NO	NO₂
分子量	30.01	46.01
熔点（℃）	-163.60	-11.20
沸点（℃）	-151.70	21.20
性状	无色、无臭	褐色，有刺激鼻臭味
化学特性	有恒磁性，空气中易被氧化	顺磁性

NO 在常温下为无色无臭气体，但在液态或固态却为蓝色，不助燃。因结构上不饱和，故有加和作用，可以作为络合基加到某些络合物结构中去。

NO 常温下易与氧反应生成 NO_2

$$2NO+O_2\longrightarrow 2NO_2\qquad \Delta H=-11.4\text{kJ/mol}$$

但随着 NO 浓度降至 10^{-6} 级，该反应变得非常缓慢。动力学的研究表明，上述反应是三级反应，遵循下列速率方程

$$-\frac{dC_{NO}}{dt} = k_{air} C_{NO}^2 C_{O_2}$$

NO 在水中溶解度很小，0℃时 1 体积水中可溶解 0.07 体积的 NO，但与水不发生反应，也不与酸和碱反应。在浓硫酸中溶解的很少，在稀硫酸中溶解的更少。溶于浓硝酸，易溶于亚铁盐溶液，特别易溶于硫酸亚铁溶液，更溶于二硫化碳中。

温度较高时，NO 也与许多还原剂反应。例如，红热的 Fe、Ni、C 能把它还原为 N_2，在铂催化剂存在下，H_2 能将其还原为 NH_3。

NO_2 常温下呈棕褐色，有窒息性臭味，有毒，具有强烈的刺激性，易压缩成无色液体。液体 NO_2 为黄色，固态 NO_2 为白色。NO_2 能发生聚合作用，生成无色、反磁性的 N_2O_4

$$2NO_2(g) \Longleftrightarrow N_2O_4(g)$$

NO_2 与 N_2O_4 气体混合物的氧化性很强，能把 SO_2 氧化为 SO_3，C、S、P 均能在其中燃烧。它溶于浓硝酸、CS_2 和三氯甲烷中。

NO_2 能溶于水或碱性溶液中，生成硝酸，亚硝酸及相应的盐

$$2NO_2 + H_2O \longrightarrow NHO_3 + HNO_2$$

$$2NO_2 + 2NaOH \longrightarrow NaNO_3 + NaNO_2 + H_2O$$

2. NO_x 的危害

NO_x 排放到大气中对人类和环境都会造成很大危害。NO 是高温燃烧中的副产物之一，NO 与氟氯烃一样可显著破坏臭氧层，臭氧层的减少导致到达地表的紫外辐射强度增加，紫外线可以促进维生素的合成，对人类骨组织的生长和保护起有益作用，但紫外线中 UV-B 段辐射的增强可以引起皮肤、白内障和免疫系统的疾病；NO 与血红蛋白的亲和力很强，是 CO 的 1400 倍，氧的 30 万倍，可与血液中血红蛋白结合成亚硝酸基血红蛋白或高铁血红蛋白，从而降低血液的输氧能力，引起组织缺氧，人体急性中毒后会出现缺氧发绀症状；NO 还会导致中枢神经受损，人吸入一定量的 NO 后会出现麻痹和痉挛等症状；高浓度 NO 中毒时，迅速导致肺部充血和水肿，重者可能导致死亡。在日光下，NO 通过光化学反应可进一步氧化成 NO_2。氮氧化物中对人体危害最大的是 NO_2，NO_2 会损害各种材料，对织物染料危害尤其大；NO_2 对呼吸器官有强烈刺激，能引起急性哮喘病；NO_2 易侵入肺泡，可能导致人肺水肿死亡，而且对心脏、肝脏、造血组织都有影响。环境空气中 NO_2 浓度接近于 0.01×10^{-6} 时，儿童（2～3 周岁）支气管炎的发病率有所增加；NO_2 浓度为 $(1～3) \times 10^{-6}$ 时，可闻到臭味；浓度为 13×10^{-6} 时，眼、鼻有急性刺激感；在浓度为 17×10^{-6} 的环境下，呼吸 10min，会使肺活量减少，肺部气流阻力增加。NO_2 又称笑气，是一种具有麻醉特征的惰性气体，不仅对全球气候变暖有显著影响（单个分子的温室效应约为 CO_2 的 200 倍），而且也参与对臭氧层的破坏。

此外，NO_x 还会使某些植物对病虫害的抵抗能力下降或生长受到抑制。NO_x 除可造成一次污染外还会造成二次污染。首先，它可以与空气中的液滴形成硝酸，产生酸雨和酸雾。随着 NO_x 污染日趋严重，我国一些地方的酸雨性质已开始由单一的硫酸型向复合型转化，

且硝酸根离子不断增加。其次，NO_x 在对流层中参与 O_3 和 H_xC_y 的光化学过程，产生一种光化学烟雾，它对农作物危害很大，能造成农作物减产，对人的眼睛和呼吸道产生强烈的刺激，产生头痛和呼吸道疾病，严重的会产生死亡；光化学烟雾能加速橡胶制品的老化，腐蚀建筑和衣物，缩短其使用寿命。

二、我国 NO_x 的排放状况

大气中 NO_x 的来源可分为自然污染源和人为污染源两方面。自然污染源主要有雷击、火山爆发、森林或草原火灾、大气中氮的氧化及土壤中微生物的硝化作用等。大气中的 NO_x 大部分是由人为污染源产生的。人为排放 NO_x 的 90％以上来源于生产、生活中所使用的煤、石油和天然气等化石燃料的燃烧，其中 NO 占 90％～95％，NO_2 占 5％～10％。制造硝酸和使用硝酸的工厂，在生产过程中，也排放出大量含氮氧化物的废气。

人为污染源根据其排放方式可划分为固定污染源（主要指的是燃煤过程中产生的）、移动污染源（汽车、船舶、飞机、柴油机车等）以及群体小污染源（厨房、采暖用设备等）。移动污染源排放的 NO_x 已成为少数大城市空气中的主要污染物。截至 2012 年 6 月底，全国汽车总量已达 2.33 亿辆，其中北京市已经突破 500 万辆。中心城区大气中 NO_x 的分担率达到了 74％。机动车拥有量的快速增长，由此引起的 NO_x 型污染已有可能代替煤烟型污染，危害日益严重。

近年来，我国 NO_x 污染趋势加重，据估计，每年 NO_x 排放量约为 7.7106t，其中 90％以上来源于煤等燃料及化学制品的高温燃烧。美国 Argonne 国家实验室的 Streets 于 2000年在 Atmospheric Environment 杂志上发表了关于现在和将来中国 SO_2、NO_x 和 CO 的排放量的文章，文中预测我国 NO_x 将从 2000 年的 1200 万 t 增加到 2020 年的 2970 万 t。据专家预测，随着我国对 SO_2 排放控制的加强和汽车数量的增加，NO_x 对酸雨的贡献将逐步赶上或超过 SO_2。

电力行业是国民经济的基础行业，随着经济的快速发展，我国电力需求不断增长，大容量高参数的 300MW 及以上火电机组成为电力行业的主力机组，火力发电厂 NO_x 排放总量日益增加。近几年我国电力行业 NO_x 排放量见表 7-2。

表 7-2　　　　　　　　　　　我国近几年电力行业 NO_x 排放量　　　　　　　　　　万 t

年份	1996	1998	2000	2002	2004
排放量	359.3	360.5	469.0	536.8	665.7

由此可见，今后电力行业 NO_x 排放量将十分巨大。如不加以控制，NO_x 将对我国大气环境造成严重污染。火力发电厂 NO_x 的直接污染越来越大，NO_x 的污染处理问题也日趋突出。环境污染已是电力工业发展的一个制约因素，电力工业必须解决和环境的协调发展问题，才能真正促进经济的繁荣，造福于社会。

三、氮氧化物最高允许排放浓度限值

我国目前对 NO_x 的污染立法还处在起步阶段，新修订的《火电厂大气污染排放标准》（GB 13223—2003）明确规定燃煤电厂 NO_x 排放的上限。各时段火力发电锅炉及燃气轮机组氮氧化物最高允许排放浓度执行表 7-3 规定的限值。第三时段发电锅炉须预留烟气脱除氮氧化物装置空间。液态排渣煤粉炉执行 $V_{daf}<10\%$ 的氮氧化物排放浓度限值。

表 7-3 火力发电锅炉及燃气轮机组氮氧化物最高允许排放浓度 mg/m³

时 段		第 1 时段	第 2 时段	第 3 时段
实施时间		2005 年 1 月 1 日	2005 年 1 月 1 日	2004 年 1 月 1 日
燃煤锅炉	$V_{daf} < 10\%$	1500	1300	1100
	$10\% \leqslant V_{daf} \leqslant 20\%$	1100	650	650
	$V_{daf} > 20\%$			450
燃油锅炉		650	400	200
燃气轮机组	燃油			150
	燃气			80

四、氮氧化物排污费征收标准及计算方法

氮氧化物排污费按排污者排放的数量以污染当量计算征收，氮氧化物在 2004 年 7 月 1 日前不收费，2004 年 7 月 1 日起按每一污染当量 0.6 元收费。

氮氧化物污染当量数＝氮氧化物的排放量（kg）/氮氧化物的污染当量值（kg）

式中 氮氧化物的污染当量值为 0.95kg，氮氧化物排污费征收额＝0.6 元×氮氧化物的污染当量数。

五、氮氧化物的产污和排污系数

工业锅炉燃煤产生的 NO_x 产污和排污系数主要依据实测数据经统计计算而定，其计算公式如下

$$G = C Q_N \times 10^{-3} / B$$

式中 G——污染物的产污系数，kg/t；

C——污染物的实测浓度，mg/m³；

Q_N——锅炉出口标态烟气量，m³/h；

B——燃煤量，kg/h。

燃煤工业锅炉 NO_x 等污染物的产污和排污系数详见表 7-4。由于目前还没有专门设置 NO_x 控制设备，因此，其产污、排污系数相等。

表 7-4 燃煤工业锅炉 NO_x 产污和排污系数 kg/t

锅炉	≤6t/h 层燃	≤10t/h 层燃	抛煤机炉	循环流化床	煤粉炉
NO_x	4.81	8.53	5.58	5.77	4.05

第二节 氮氧化物的产生机理

氮氧化物形成的途径主要有两条：一是有机地结合在矿物燃料中的杂环氮化物在火焰中热分解，接着氧化；二是供燃烧用的空气中的氮在高温状态与氧进行化合反应生成 NO_x。生成的 NO_x 主要是 NO，约占 95%，而 NO_2 仅占 5%。燃料生成的 NO_x 有三个来源，即热力型 NO_x，瞬时型 NO_x 和燃料型 NO_x，它们有各自的生成规律。

一、热力型 NO_x（Thermal）

此机理认为，NO_x 是燃烧过程中空气中的 N_2 与 O_2 在高温下反应生成的，它主要产生

于温度高于 1800K 的高温区，其反应机理如下

$$N_2 + O \longrightarrow NO + N$$
$$N + O_2 \longrightarrow NO + O$$
$$N + OH \longrightarrow NO + H$$

分子氮比较稳定，它被氧原子氧化为 NO 的过程需要较大的活化能，其中 N_2 和 O_2 的反应是整个反应的控制步骤。氧原子在反应中起活化链的作用，它来源于高温下氧的分解。热力型 NO_x 的生成速度比较缓慢，主要是在火焰带的下游的高温区生成。

热力型 NO_x 的生成速率强烈依赖于反应温度，与温度呈指数关系，同时正比于 N_2 浓度和 O_2 浓度的平方根以及停留时间。当燃烧温度低于 1500℃时，热力型 NO_x 的生成量极少，当温度高于 1500℃时，热力型 NO_x 的生成量逐渐增多。实验表明温度在 1500℃附近变化时，每增大 100℃，反应速率将增大 6～7 倍。温度继续升高，热力型 NO_x 的生成量急剧上升。这种关系如图 7-1 所示。

图 7-2 是理论燃烧温度时，NO 浓度和停留时间的关系，由图可见，在高温区的停留时间较短时，热力型 NO_x 的浓度随着停留时间的增加而增大，但当停留时间达到一定值后，停留时间的增加对热力型 NO_x 的浓度不再产生影响。

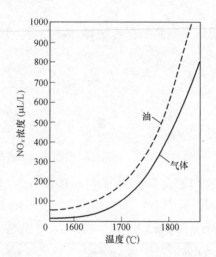

图 7-1　NO_x 生成量与温度的关系（$t=5s$）

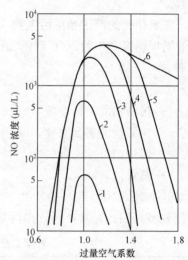

图 7-2　NO 浓度与停留时间（t）的关系

1—$t=0.01s$；2—$t=0.1s$；3—$t=1s$；

4—$t=10s$；5—$t=100s$；6—$t=\infty$

氧浓度增大，在较高的温度下会使氧分子分解所得的氧原子浓度增加，使热力型 NO_x 生成量也增加。

因此，控制热力型 NO_x 生成的主要方法是：①降低燃烧温度，避免其生成所需的高温条件；②降低氧的浓度；③降低氮的浓度；④缩短在高温区的停留时间等。在工程实践中，采用烟气再循环、浓淡燃烧、水蒸气喷射以及新发展起来的高温空气燃烧技术等都是利用上述原理来控制热力型 NO_x 生成的措施。

二、瞬时型 NO_x（Prompt）

瞬时型 NO_x 是碳氢类燃料在富燃料条件下（过量空气系数小于 1），在火焰面内快速

生成的 NO_x。它是碳氢类燃料燃烧时产生的活性 CH_i 自由基，与空气中的 N_2 反应生成 HCN、CN，再与火焰中产生的大量 O、OH 反应生成 NCO，NCO 又被进一步氧化为 NO。此外，火焰中 HCN 浓度很高时存在大量氨化合物，这些氨化合物与氧原子等快速反应生成 NO。

Hayhurst 等把快速型 NO_x 的反应过程简化为下面的两个反应

$$CH + N_2 \longrightarrow HCN + N$$
$$CH_2 + N_2 \longrightarrow HCN + NH$$

瞬时型 NO_x 在 CH_x 类原子团较多、氧气浓度相对较低的富燃料燃烧时产生，多发生在内燃机的燃烧过程中。瞬时型 NO_x 的生成速度快，对温度的依赖性很弱。煤在燃烧过程生成的 NO_x 主要是燃料型 NO_x。由于煤燃烧时首先是挥发分的析出，挥发分中的氮主要以 HCN、NH_3 等形式存在，因此，在挥发分的燃烧过程中将产生瞬时型 NO_x。

控制瞬时型 NO_x 生成的主要方法有：

（1）添加水或水蒸气。CH_i 自由基和 OH 基的反应能够抑制它与 N_2 的反应，从而减少瞬时型 NO_x 生成。

（2）纯氧燃烧。理论上讲由于没有 N_2，不会生成瞬时型 NO_x，但要注意燃烧器的耐高温性能以及少量 N_2 混入时产生的热力型 NO_x。

（3）预混（稀薄）燃烧。扩散火焰中局部的计量比分布不均匀，局部区域存在适合于瞬时型 NO_x 生成的条件（计量比为 1.0～1.4）。采用预混稀薄燃烧由于在燃烧前燃料和氧化剂已经预先混合好，可以有效降低瞬时型 NO_x 和热力型 NO_x 的生成。

三、燃料型 NO_x（Fuel）

燃料型 NO_x 指燃料中的氮在燃烧过程中经过一系列的氧化—还原反应而生成的 NO_x，它是煤燃烧过程中 NO_x 生成的主要来源，约占总 NO_x 生成量的 80%～90%。煤燃烧过程生成的挥发分 HCN、NH_i 与自由基 O、OH、O_2 等的氧化反应以及焦炭 N 的氧化反应生成燃料型 NO_x（主要是 NO），同时生成的 NO 又与挥发分 HCN、NH_i 等发生还原反应生成 N_2。和具有三个价键的 N_2 分子相比，燃料中的氮更容易与 O_2 或其他中间物反应生成 NO_x。

燃料型 NO_x 的生成既受燃烧温度、过量空气系数、煤种、煤颗粒大小等的影响，同时也受燃烧过程中的燃料—空气混合条件的影响。

控制燃料型 NO_x 的方法可以归为两大类：一是通过改变煤或其他化石燃料的燃烧条件，从而减少燃料型 NO_x 的生成量，即燃烧过程中 NO_x 的脱除，例如分级燃烧、再燃等；二是对燃烧后含 NO_x 的烟气进行处理以减少 NO_x 的排放量，即燃烧后 NO_x 的脱除。

综合考虑燃烧过程中三种 NO_x 的形成机理，有人给出了如图 7-3 所示的简化的 NO_x 形成路径。实际

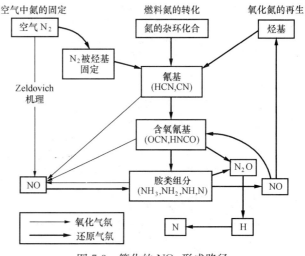

图 7-3　简化的 NO_x 形成路径

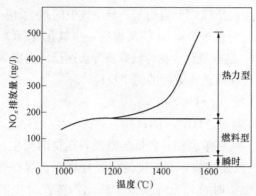

图 7-4　煤燃烧过程三种机理对 NO_x 排放的相对贡献

上，燃烧过程中 NO_x 的形成包含了许多其他反应，许多因素影响 NO_x 的生成量，三种机理对形成 NO_x 的贡献率随燃烧条件而异。图 7-4 给出了煤燃烧过程三种机理对 NO_x 排放的相对贡献。

第三节　燃煤氮氧化物的控制方法

根据 NO_x 的产生机理，对于燃煤 NO_x 的控制主要有三种方法：① 燃料脱氮；② 改进燃烧方式和生产工艺，即燃烧中脱氮；③ 烟气脱硝，即燃烧后 NO_x 的控制技术。前两种方法是减少燃烧过程中 NO_x 的生成量，第三种方法则是对燃烧后烟气中的 NO_x 进行治理。

一、燃料脱氮

燃料脱氮技术至今尚未很好开发，有待于今后继续研究。

二、燃烧中脱氮

国内外对燃烧方式的改进作了大量研究工作，开发了许多低 NO_x 燃烧技术和设备，并已在一些锅炉和其他炉窑上应用，其主要特点和存在问题见表 7-5。但由于一些低 NO_x 燃烧技术和设备有时会降低燃烧效率，造成不完全燃烧损失增加，设备规模随之增大，NO_x 的降低率也有限，所以目前低 NO_x 燃烧技术和设备尚未达到全面实用的阶段。

表 7-5　　　　　　　　　　　　低氮氧化物燃烧技术

燃烧方法	技 术 要 点	存 在 问 题
二段燃烧法 （空气分级燃烧）	燃烧器的空气为燃烧所需空气的 85%，其余空气通过布置在燃烧器上部的喷口送入炉内，使燃烧分阶段完成，从而降低 NO	二段空气量过大，会使不完全燃烧损失增大，一般二段空气比为 15%～20%，煤粉炉由于还原性气氛易结渣，或引起腐蚀
再燃烧 （燃料分级燃烧）	将 80%～85% 的燃料送入主燃烧区，在 $\alpha \geq 1$ 条件下燃烧，其余 15%～20% 在主燃烧器上部送入再燃区，在 $\alpha < 1$ 条件下形成还原气氛，将主燃区生成的 NO_x 还原为 N_2，可减少 80% 的 NO_x	为减少不完全燃烧损失，需加空气对再燃区的烟气进行三段燃烧
排烟再循环法	让一部分温度较低烟气与燃烧用空气混合，增大烟气体积和降低氧气分压，使燃烧温度降低，从而降低 NO_x 排放浓度	由于受燃烧温度性的限制，一般再循环烟气率为 15%～20%，投资和运行费用较大，占地面积大
乳油燃料燃烧法	在油中混入一定量的水，制成乳油燃料燃烧，由此可降低燃烧温度使 NO_x 降低并改善燃烧效率	注意乳油燃料的分离和凝固问题

燃烧方法		技　术　要　点	存在问题
浓淡燃烧法		装有两个或两个以上燃烧器的锅炉，部分燃烧器供给所需空气量的85%，其余部分供给较多的空气，由于都偏离理论空气比，使 NO_x 降低	
低 NO_x 燃烧器	混合促进型	改善燃料与空气的混合，缩短在高温区的停留时间，同时可降低氧气剩余浓度	需要精心设计
	自身再循环型	利用空气抽力，将部分炉内烟气引入燃烧器，进行再循环	燃烧器结构复杂
	多股燃烧型	用多个小火焰代替大火焰，增大火焰散热面积，降低火焰温度，控制 NO_x 生成量	
	阶段燃烧型	让燃料先进行浓燃烧，然后，送入余下的空气，由于燃烧偏离理论当量比，故可降低 NO_x 浓度	容易引起烟尘浓度增加
	喷水燃烧型	让油、水从同一喷嘴喷入燃烧区，降低火焰中心高温区温度，以减少 NO_x 浓度	喷水量过多时，将造成燃烧不稳定
低 NO_x 炉膛	燃烧室大型化	采用较低的热负荷，增大炉膛尺寸，降低火焰温度，控制热力型 NO_x	炉膛体积增大
	分割燃烧室	用双面露光水冷壁把大炉膛分割成小炉膛，提高炉膛冷却能力，控制火焰温度，从而降低 NO_x 浓度	炉膛结构复杂，操作要求高
	切向燃烧室	火焰靠近炉壁流动，冷却条件好，再加上燃料与空气混合较慢，火焰温度水平低，而且较为均匀，对控制热力型 NO_x 十分有利	

下面对各种主要的低 NO_x 燃烧技术进行详细的介绍。

1. 废气再循环

废气再循环技术是将部分废气（烟气）和燃烧用空气混合后再进行燃烧，可降低最高火焰温度和氧气浓度。它是将工艺过程中的部分燃烧生成物（相当于正常燃烧空气体积的15%～30%）由一次燃烧喷嘴再次吹入炉内的燃烧方法。因烟道气比外部的氧分压低，因此限制了 NO_x 的生成量。特别是质量流量增大，降低了火焰温度，使烟道气中 NO_x 排放量减少了50%左右。

图7-5是采用了废气再循环燃烧技术的烟管锅炉，燃烧过的烟气通过烟气管道引入燃烧器的助燃风吸入口处，其 NO 排放小于 30×10^{-6}，效果非常理想。

2. 高温空气燃烧技术

高温空气燃烧技术（简称 HTAC）也称蓄热式燃烧技术。目前主要适用于气体和清洁液体燃料，绝大部分采用的是气体燃料。气体燃料燃烧过程主要产生的是热力型 NO，燃烧温度对 NO 生成起决定作用。因为燃气与氧气的燃烧反应活化能低于氧原子与氮气的反应活化能，所以，燃气首先与氧气发生燃烧反应，只有当氧气有剩余时，才进行氧原子和氮原子的反应生成 NO。与传统燃烧相比，HTAC 技术具有低 NO_x 排放的特点。有研究表明，在不同的空气预热温度下，常规燃烧、分级燃烧和 HTAC 三种燃烧方式中，HTAC 的 NO_x

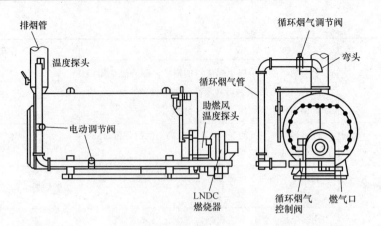

图 7-5　烟气再循环锅炉示意图

生成量是最低的。

3. 低氧燃烧

减少氧的浓度有助于控制 NO_x 的生成，因此，低氧燃烧技术是各种燃料燃烧控制 NO_x 排放的有效手段，同时对于降低锅炉的排烟热损失，提高锅炉热效率也非常有利。对于每台锅炉，过量空气系数对 NO_x 的影响程度不同，因而在采用低氧燃烧后，NO_x 降低的程度也不可能相同，应通过试验来确定低氧燃烧的效果。实现低氧燃烧，必须准确控制各燃烧器的燃料与空气的分配，并使炉内燃烧和空气平衡。对于燃油炉，尤其应选用性能良好的雾化器和调风器，保证燃料与空气混合良好，而且各燃烧器之间的空气分配也要均匀。

4. 浓淡燃烧

由于 NO_x 的生成与空气比有关。当空气比接近 1 时，NO_x 生成值最大。空气比小于 1 时，由于 O_2 浓度较低，燃烧过程缓慢，可抑制 NO_x 的生成。当空气比大于 1.5 时，由于燃烧温度低下，也能抑制 NO_x 的生成。因此通过燃料稀薄燃烧的燃烧器和燃料过浓燃烧的燃烧器互相配置交替使用也可有效降低 NO_x 的生成。一般实现浓淡偏差燃烧技术有两种方法，一种是在总风量不变的条件下，调整上下燃烧器喷口的燃料与空气的比例；另一种是采用宽调节比（WR）燃烧器。当煤粉气流进入燃烧器前的管道转变处时，由于离心力作用，煤粉被浓缩到弯头的外侧，内侧为淡粉流，实现了浓淡偏差燃烧，可以使 NO_x 降低，浓煤粉流由于热容量小加上高温烟气回流，将先着火。然后对淡煤粉流进行辐射加热使之着火，这样着火比较稳定，可燃物损失减少，因此这种燃烧器具有高效低 NO_x 的综合性能。我国一些 300MW 和 600MW 锅炉由于采用了宽调节比燃烧器与顶部燃尽风相结合的低 NO_x 措施，有的还加上同心反切或正反切圆燃烧系数，得到很好的效果。

5. 水喷射及水蒸气喷射

由于水的蒸发潜热和水蒸气的显热上升，会使火焰温度降低；另外，把惰性气体供给燃烧系统，会抑制燃烧反应，使燃烧变慢，火焰温度也随之降低。该技术主要用于液体燃料。

6. 改变火焰形状

把一个大火焰分割成几个小火焰，或把它变成膜状火焰，使火焰的热损失变大，从而抑制火焰温度上升。图 7-6 和图 7-7 为一款 Magna-flame LE 燃烧器的内部结构和火焰形状，它采用了改变火焰形状、空气二段燃烧、降低氧浓度等多项降低 NO 的技术，火焰形状根据

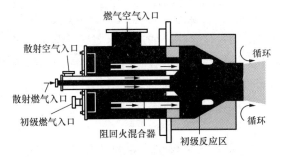

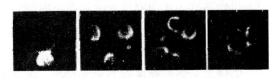

图 7-6 Magna-flame LE 燃烧器内部结构示意图

图 7-7 Magna-flame LE 燃烧器火焰形状示意图

负荷的情况自行改变，当负荷小时形成一个小火焰，当负荷最大时形成 6 个小火焰。这款燃烧器 NO 的排放可达到 2.0×10^{-6} 以下。

7. 空气分段燃烧

空气分级燃烧技术最早由美国在 20 世纪 50 年代发展起来，是目前使用最为普遍的低 NO_x 燃烧技术（如图 7-8 所示），其基本原理是燃烧所用空气分二段供给燃烧系统。第一阶段供给燃烧所需理论空气量的 40%～80%，减少煤粉燃烧区域的空气量，使煤粉进入炉膛时就形成了一个富燃料区，以降低燃料型 NO_x 的生成。第二阶段是不完全燃烧生成物由适当供给的二次空气达到完全燃烧，控制了火焰温度的上升，进而控制了热力型 NO_x 及燃料型 NO_x 的生成。

8. 燃料分级燃烧

燃料分级燃烧通常采用的形式是燃料再燃烧技术，因其燃烧过程分成主燃烧区、再燃烧区及燃尽区三个区域，所以也称为三级燃烧技术，如图 7-9 所示。其目的是把主燃烧区域中生成的 NO_x 在次燃烧区还原成为分子氮气（N_2）以降低 NO_x 排放。由于 NO_x 在遇到烃根 CH_i 和未完全燃烧产物 CO、H_2、C 和 C_mH_n 时会发生 NO 的还原反应。因此三级燃烧的基本思路是：在主燃烧区喷入占入炉热量 80%～85% 的煤粉，在低过剩空气量条件下（氧化性气氛或弱还原性气氛下）通过常规或低 NO_x 燃烧器燃烧生成 NO_x；在再燃烧区（位于主燃烧区上方）喷入占入炉热量 15%～20% 的再燃烧器料，在过量空气系数小于 1 的还原性气氛下分解生成碳氢基元（C_mH_n），并与主燃烧区中已生成的 NO_x 反应后将其还原成为

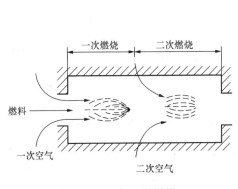

图 7-8 空气二段燃烧

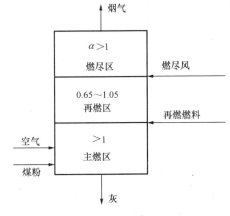

图 7-9 燃料分级燃烧原理图

N_2，同时也抑制了新 NO_x 的生成。在第三个区域即燃尽区喷入的燃尽风（火上风），保证未完全燃尽的燃料产物（主要为一氧化碳及未燃尽的碳氢化合物）的进一步燃尽。燃料分级燃烧时所使用的再燃燃料可以与主燃料相同，但由于煤粉气流在再燃区内的停留时间相对较短，再燃料宜于选用容易着火和燃烧的烃类气体或液体燃料，如天然气。因此目前尽管煤与石油作为再燃烧燃料正在示范中，但天然气还是应用最为广泛的再燃烧燃料。

9. 低 NO_x 燃烧器

燃烧器是锅炉等设备的重要部件，它保证燃烧稳定着火、燃烧和燃料燃尽等过程。低 NO_x 燃烧器的原理是通过在燃烧器附近区域形成一个还原区，尽可能降低着火氧的浓度，适当降低着火区的温度，达到最大限度地抑制挥发性氮转化为 NO_x。低 NO_x 燃烧器设备投资较低，NO_x 降低效果好，使用比较广泛，主要分为阶段燃烧型低 NO_x 燃烧器、浓淡偏差型低 NO_x 燃烧器、烟气再循环低 NO_x 燃烧器、多次分级混合型燃料分级低 NO_x 燃烧器、大速差射流型双通道自稳式燃烧器。目前我国控制 NO_x 排放技术主要采取该种方式，NO_x 排放可以降低 $30\%\sim50\%$。

低 NO_x 燃烧器总的设计原则是使在燃烧器内部或出口射流的空气分级，设计特点是控制每个燃烧器中燃料与空气的混合过程，使燃烧推迟，延长火焰行程，降低火焰温度峰值，从而减少 NO_x 生成量。主要措施是降低对 NO_x 生成具有关键作用的主燃烧区域的氧量水平，同时减少燃烧峰值温度区域中的燃料。通过分级送入燃烧空气，煤粉则在缺氧条件下热解，促使燃烧氮（N_2）向分子氮的转化。低 NO_x 燃烧器可与其他一次措施如 OFA、再燃烧或烟气再循环技术相结合，国外电厂实际运行经验表明，低 NO_x 燃烧器与其他一次措施相结合，可使 NO_x 排放降低 74%。近年来国内外低 NO_x 煤粉燃烧器的进展，其主要特点是：提高火焰热回流，提高火焰温度，降低 NO_x；提高煤粉浓度，提高火焰稳定性，降低 NO_x；采用细煤粉以提高火焰稳定性，降低 NO_x。具有代表性的有美国的 DRB-XCL 型低 NO_x 双调风旋流燃烧器和日本的 FDI 型低 NO_x 燃烧器。DRB-XCL 型低 NO_x 双调风旋流燃烧器的设计特点是：利用空气分层和燃烧分层技术，一方面可使挥发分燃烧期间的风量与燃烧配比达到最小，使 N 反应生成 N_2，而不是 NO 或 NO_2；另一方面由于空气是逐步与燃烧产物混合，可将整个反应过程的 NO_x 产物减少到最小。FDI 型燃烧器是日本新近研制的适于使用高温预热空气的低 NO_x 烧嘴，它的特点是 80% 的燃料由喷头的轴向喷出，20% 由径向喷出。其 NO_x 抑制原理是利用气体自由射流作用实现燃气再循环，以降低火焰温度。此技术常用在工业炉窑中。

采用低 NO_x 燃烧技术，是降低燃煤锅炉的 NO_x 排放值最主要也是比较经济的技术措施。但是一般情况下，低 NO_x 燃烧技术只能降低 NO_x 排放值的 50%，而国内外对 NO_x 排放的限制越来越严格，因此要进一步降低 NO_x 的排放，必须采用烟气脱硝技术。

三、烟气脱硝

烟气脱硝是近期内 NO_x 控制措施中最重要的方法。但 NO_x 的脱除相当困难，主要原因是烟道气中 NO_x 的最主要成分是浓度为 10^{-6} 级的 NO，而 NO 在低浓度下相对比较稳定，并且烟道气中还含有浓度高于 NO 的水蒸气、CO_2 和 SO_2，会使固体催化剂中毒，给脱硝催化剂的开发带来很大的困难。经过多年的研究，国内外研究开发了各种各样的脱硝方法，目前世界上主要的脱硝技术主要分类和技术特点见表 7-6。下面对主要的干法和湿法技术作一简单的介绍。

表 7-6 脱硝技术方法表

项 目		原 理	技 术 特 点
一级处理技术	炉内还原法	通过对燃烧过程的控制和改进减少 NO_x 的生成	能减少 $20\%\sim80\%\,NO_x$ 的生成，但出口浓度大于 150×10^{-6}，技术简单，费用少及节能，对于燃气和燃油的锅炉有较好的作用，但不适合燃煤的锅炉
	低 NO_x 燃烧器		
	烟道气循环（PGR）		
	催化助燃烧（CST）		
二级处理技术 干法	催化分解	在催化剂的作用下，使 NO 直接分解为 N_2 和 O_2 主要的催化剂有过渡金属氧化物、贵金属催化剂、离子交换分子筛	不需耗费氨，无二次污染，催化活性易被抑制，二氧化硫存在时催化剂中毒问题严重，还未工业化
	选择非催化还原法（SNCR）	用氨或者尿素类物质使 NO_x 还原为氮气	效率高，操作费用较低，技术已工业化，温度控制较难，氨气泄漏可能造成二次污染
	选择催化还原法（SCR）	在特定的催化剂作用下用氨或其他还原剂选择性地将 NO_x 还原为氮气，同时生成水	脱除率高，被认为是最好的固定源脱硝技术，但投资和操作费用大，还原剂的泄漏也是问题
	固体吸附法	吸附	对于小规模的排放源可行，具有耗资少，设备简单，易于再生，但受到吸附容量的限制，不能用于大排放源
	电子束照射法	用电子束照射烟气，使生成强氧化性 OH 基、O 原子和 NO_2，这些强氧化基团氧化烟气中的氮氧化物生成硝酸	脱硝的效率高，无二次污染，运行费用较高，关键设备的技术含量高，不易掌握
	湿法	先用氧化剂将难溶的 NO 氧化为易于被吸收的 NO_2，再用液体吸收剂吸收	脱除率较高，但要消耗大量的氧化剂和吸收剂，吸收产物造成二次污染

（一）干法脱硝

1. 催化还原法

在干法中，最典型的是催化还原法。催化还原法是目前研究得较多的方法之一，而且已在西方发达国家工业化，国内也已进行了不少研究。催化还原法分为非选择性和选择性催化还原法两类，还原剂为氨、烃、氢和一氧化碳等。

（1）非选择性催化还原法。含氮氧化物的气体，在一定温度和催化剂的作用下，与还原剂（H_2、CO、CH_4 及其他低碳氢化合物）发生反应，将废气中的 NO 和 NO_2 还原为 N_2，同时还原剂与废气中的 O_2 作用生成水蒸气和 CO_2。

还原过程发生的主要反应有

$$H_2+NO_2\longrightarrow H_2O+NO$$

$$2H_2+2NO\longrightarrow 2H_2O+N_2$$

$$2H_2 + O_2 \longrightarrow 2H_2O$$
$$CH_4 + 4NO_2 \longrightarrow 4NO + CO_2 + 2H_2O$$
$$CH_4 + 4NO \longrightarrow 2N_2 + CO_2 + 2H_2O$$
$$CH_4 + 2O_2 \longrightarrow CO_2 + 2H_2O$$
$$CO + NO_2 \longrightarrow CO_2 + NO$$
$$2CO + 2NO \longrightarrow 2CO_2 + N_2$$
$$2CO + O_2 \longrightarrow 2CO_2$$

反应的第一步将有色的 NO_2 还原为无色的 NO，通常称为脱色反应，反应过程大量放热；第二步将 NO 还原为 N_2，通常称为消除反应。

在非选择性催化还原法中的常用催化剂有负载型的 Pt 和 Pd 等贵金属催化剂，通常以 0.5% 的铂或钯载于氧化铝载体上，也有将铂或钯镀在镍基合金上，制成网状再构成空心圆柱置于反应器中。也有用 Cu、Ni/Al_2O_3 和 Cu-ZSM-5 等非贵金属催化剂。后者价格低廉，但活性较低。

催化剂的载体一般用氧化铝—氧化硅型和氧化铝—氧化镁型，可制成球状、柱状和蜂窝状结构。球状、柱状载体加工容易，稳定性好，球状载体还具有磨损小、阻力小的优点，最常使用。球状氧化铝最高耐温 815℃。蜂窝状载体有效表面积大，压降小，可允许更大的空间速度，因而在国外越来越多地被采用。

普通的氧化铝载体在高温时耐酸性能不够好，为了提高载体的耐热耐酸性，可在氧化铝表面镀一层二氧化钛和二氧化锆。

非选择性催化还原法中影响硝脱除效率的主要因素有：

1) 催化剂的活性。催化剂的活性是影响脱除效率的重要因素之一。要选用活性高、机械强度大、耐磨损的催化剂，并注意保持催化剂的活性，减少磨损，防止催化剂的中毒和积炭。减少磨损的方法是采用较低的气流速度，并尽量使气流稳定。防止中毒的办法是预先除去燃料气和废气中的硫和砷等有害杂质。防止积炭的办法是控制适当的燃料比，在燃料气中添加少量水蒸气也有利于防止积炭的生成。

2) 预热温度和反应温度。用不同燃料气作还原剂进行催化还原时，其开始反应的温度不同，通常将开始反应的温度称为起燃温度。表 7-7 列出不同物质在铂系催化剂作用下进行催化还原时的起燃温度。当预热温度达不到所用燃料气的起燃温度时，则不能很好地进行还原反应，脱除率较低。

表 7-7　　　　　　　　　　　不同物质在铂系催化剂作用下的起燃温度　　　　　　　　　　　℃

物质	氢气	一氧化碳	石脑油	煤油	丁烷	丙烷	甲烷
起燃温度	140	140	360	360	380	400	450

反应温度控制在 550~800℃，净化效果最好。温度低时氮氧化物的转化率低，温度超过 815℃ 会烧坏催化剂载体，使催化剂活性降低，从而降低净化效率。

反应温度除和起燃温度、预热温度有关外，还和尾气中氧含量有关。当起燃温度高，废气中氧含量大时，反应温度高；反之，反应温度低。

3) 反应空速。对于同体积的催化剂，空速高则表示处理的气量大。对于同样的气量，空速高时催化剂用量少。但空速过高时，气体与催化剂接触时间过短，会使氮氧化物的转化率下降。空速的选择与选用的催化剂及反应温度有关。国内实验用铂、钯作催化剂，在 $500\sim800℃$ 范围内，采用 $(4\sim10)\times10^4/h$ 的空速，可使氮氧化物净化到 2×10^{-4} 以下。

4）还原剂用量。根据废气中氮氧化物和氧气的含量，可计算出还原剂的用量。还原剂的实际加入量与理论计算量之比（称为燃料比）大于成等于100％时，氮氧化物的转化率一般在92％以上。当燃料比降为90％时，转化率下降到70％～80％。还原剂量不足可严重影响氮氧化物的净化效果，但还原剂量过大也没什么好处，不仅原料消耗增加，还会引起催化剂表面积炭。一般将燃料比控制在110％～120％为宜。

非选择性催化还原法脱除氮氧化物的流程如图7-10所示。

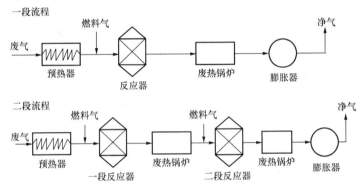

图 7-10　非选择性催化还原法流程示意图

选择一段流程或两段流程主要取决于所用还原剂的组分和废气中的氧含量。原则上应以反应温度不超过815℃为准，否则将烧坏催化剂。当采用一段流程有可能使反应温度超过815℃时，应选择两段流程。

为了消除废气与燃料气中的杂质（粉尘和二氧化硫等），可在反应器前增加除尘器、水洗涤塔、碱洗涤塔等设备。为了防止催化剂积炭，某些流程要在燃料气中加入适量水蒸气。

非选择性催化还原法国内仅进行过小试，未见工业应用。该法还原剂耗量大，需贵金属作催化剂，且反应温度很高，需增设热回收装置，投资较大，国外也已淘汰，多倾向采用氨选择性催化还原法。

（2）选择性催化还原法。选择性催化还原（selective catalytic reduction，SCR）是目前研究得较多、也应用得较广的方法之一。选择性催化还原烟气脱硝技术是20世纪70年代由日本研究开发，目前已广泛应用于日本、欧洲和美国等国家和地区的燃煤电厂的烟气净化中。该技术既能单独使用，也能与其他 NO_x 控制技术（如低 NO_x 燃烧技术、SNCR 技术）联合使用。

SCR 技术脱硝率高，理论上可接近100％的脱硝率。商业燃煤、燃气和燃油锅炉烟气SCR 脱硝系统，设计脱硝率可大于90％。由于维持这种高效率费用高，实际 SCR 系统的操作效率在70％～90％之间。

选择性催化还原法以 NH_3 为还原剂，在一定的温度下，使用适当的催化剂，有选择地将废气中的 NO_x 还原为 N_2，而不与废气中的氧发生反应。因没有副产物，并且装置结构简单，所以该法适用于处理大气量的烟气。

以氨作为还原剂的脱氮反应可表示如下

$$4NH_3+4NO+O_2 \longrightarrow 4N_2+6H_2O$$

$$4NH_3+2NO_2+O_2 \longrightarrow 3N_2+6H_2O$$

该反应之所以称为选择性，是因为还原剂 NH_3 优先与烟气中的 NO_x 反应，而不是被烟气中的氧气氧化。烟气中 O_2 的存在能促进反应，是反应系统中不可缺少的部分。

上面第一个反应是主要的，因为烟气中几乎 95% 的 NO_x 是以 NO 的形式存在。在没有催化剂情况下，上述化学反应只在很窄的温度范围内（980℃左右）进行。通过选择合适的催化剂，反应温度可以降低，并且可以扩展到适合电厂实际使用的 290～430℃ 范围。

选择性催化还原法的催化剂可采用金属基、碳基和分子筛基催化剂三种。金属催化剂有贵金属催化剂和非贵金属催化剂之分。贵金属催化剂（含铂和钯）活性高，反应温度低（180～290℃），但它们较易受到 SO_2 的毒害，并且昂贵，一般很少采用。非贵金属催化剂（含铜、铁、钒、铬和锰等）费用较低，但活性不是很高，且反应温度较高（230～425℃）。现在几乎所有的催化剂都含有少量的氧化钒和氧化钛，因为它们具有较强的抗硫能力。典型的催化剂是 V_2O_5/TiO_2 催化剂，有时加入少量 SiO_2，可以用 WO_3 或 MO_3 替代部分 V_2O_5。

碳基催化剂可用于同时脱 NO_x 和 SO_2，碳作为 SO_2 的吸附剂。用碳基催化剂运行温度约为 200～250℃，比金属基催化剂运行温度低。较低的运行温度有助于 SO_2 的吸附，而温度较高却会改善烟气的脱 NO_x 效果。

分子筛催化剂适合于温度较高范围，为 360～600℃。在高温下，过渡金属离子（如铁）交换的分子筛具有很高的 SCR 催化活性。由于金属氧化物催化剂在高温下不稳定，可通过提高分子筛的 Si/Al 比来提高催化剂的热稳定性和抗硫性能。

在脱氮装置中催化剂大多采用多孔结构的钛系氧化物，烟气流过催化剂表面，由于扩散作用进入催化剂的细孔中，使 NO_x 的分解反应得以进行。催化剂有许多种形状，如粒状、板状和格状，而主要采用板状或格状以防止烟尘堵塞。

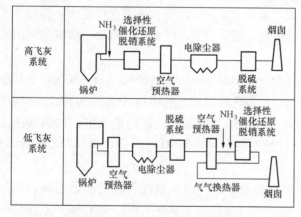

图 7-11　SCR 系统配置示意图

SCR 系统组成包括催化剂反应室、氨储存和管理系统、氨喷射系统和控制系统。按照催化剂反应器在除尘器之前或之后安装，可分为高飞灰或低飞灰脱硝（见图 7-11）。高飞灰方式是指 SCR 反应器在未净化的烟气通道中，位于空气预热器和除尘器之前。低飞灰方式 SCR 反应器安装在已净化的烟气通道中。高飞灰方式直接利用烟气温度进行反应节省能源消耗，但是由于烟气飞灰含量高，催化剂用量增加，表面磨损严重，在飞灰中的一些有害物质如砷（As）还会造成催化剂中毒而失效。低飞灰方式飞灰含量低，能够得到保证要求的反应温度，减少了催化剂的用量，但要增加烟气换热设备并且消耗能源。高飞灰方式 SCR 脱硝装置的反应温度一般是 280～400℃，为获得合适的反应温度，将催化剂布置于锅炉省煤器出口和空气预热器进口之间（见图7-12）。

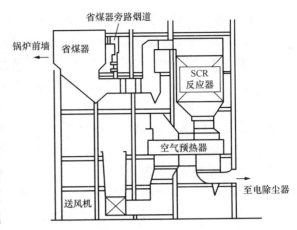

图7-12 同步装设SCR装置的锅炉尾部布置示意图

选择性催化还原法中影响硝脱除效率的主要因素有：

1）反应温度。NO_x 的还原反应需要在一定的温度范围内进行。当温度低于 SCR 系统所需的温度时，NO_x 的反应速率降低，氨逸出量增大；同时，温度越低，硫酸盐形成的可能性越大。因此烟道气温必须始终控制在硫酸铵的形成临界温度（320℃）之上。当温度高于 SCR 系统所需的温度时，生成 N_2O 量增大，同时造成催化剂的烧结和失活。SCR 系统的最佳操作温度取决于催化剂和烟气的组成。

2）停留时间和空速。停留时间是指反应物在反应器中停留的总时间。一般来说，反应物在反应器中停留时间越长，脱硝效率越高。反应温度对所需停留时间有影响，当操作温度于最佳反应温度接近时，所需的停留时间降低。停留时间经常用空速来表示，空速越大，停留时间越短。在 310℃ 和 $n(NH_3)/n(NO_x)=1$ 的条件下，反应气与催化剂的接触时间对 NO_x 脱除率的影响如图7-13所示，由图可见，SCR 系统最佳的停留时间是 200ms，当停留时间较短时，随着气体与催化剂接触时间的增大，有利于气体在催化剂微孔内的扩散、吸附、反应和产物气体的解吸、扩散，NO_x 脱除率提高。当接触时间过长时，由于 NH_3 氧化反应开始发生而使 NO_x 的脱除率下降。增加催化剂的用量可降低空速，但相应的费用增大。

3）水蒸气浓度。烟气中的水蒸气浓度对 NO_x 的脱除效率有不利的影响，水蒸气浓度越高催化剂性能越低。

4）催化剂老化。随着催化剂的老化，其催化作用会慢慢失效。老化速度在运行开始比较大，经过最初的沉降，老化速度开始平缓。

5）$n(NH_3)/n(NO_x)$ 对 NO_x 脱除率的影响。在 310℃ 下，NH_3 与 NO_x 摩尔比对 NO_x 脱除率的影响如图7-14所示，由图可见，NO_x 脱除率随 $n(NH_3)/n(NO_x)$ 的增加而增加，n

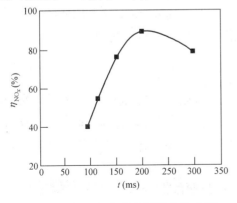

图7-13 反应气与催化剂的接触时间对 NO_x 脱除率的影响

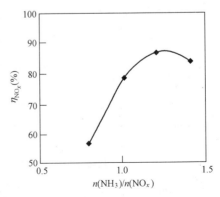

图7-14 $n(NH_3)/n(NO_x)$ 对 NO_x 脱除率的影响

$(NH_3)/n(NO_x)<1$ 时，其影响更为明显。该结果表明：若 NH_3 投入量偏低，NO_x 脱除受到限制；若 NH_3 投入量超过需要量，NH_3 氧化等副反应速率增大，从而降低了 NO_x 脱除率，同时也增加了净化气中未转化 NH_3 的排放浓度，造成二次污染。在 SCR 工艺中，一般控制 $n(NH_3)/n(NO_x)$ 在 1.2 以下。Flora 等人的研究结果表明反应物化学计量大约为 1.0 时能达到 95% 以上的 NO_x 脱除率。

福建后石电厂设计装机容量为 $6\times600MW$，烟气脱硝装置是我国大陆 600MW 机组安装的第一台烟气脱硝处理装置。后石电厂 600MW 机组脱硝采用炉内脱硝和烟气脱硝相结合的方法。炉内脱硝的方式采用 PM 型低 NO_x 燃烧器加分级燃烧（三菱 MACT 炉内低 NO_x 燃烧系统）脱硝法；烟气脱硝方式采用日立公司的选择性触媒还原烟气脱硝系统（SCR）法。脱硝效率可达 65% 以上，排放 NO_x 浓度在 180×10^{-6} 左右。

SCR 法存在的问题有：

1）用液氨作为还原剂，其储存运输较困难，容易造成泄漏，污染环境。

2）SCR 系统必须严格控制 NH_3 的配比。为了使 NH_3 与 NO_x 完全混合，必然加入过量的 NH_3，另外，随着催化剂的逐渐失活，也会出现 NH_3 的相对过量。而过量 NH_3 的排出对环境造成了污染。另外，由于烟道气中部分 SO_2 可能被催化剂转化为 SO_3，它就会与过量的 NH_3 和水蒸气反应生成硫酸铵或硫酸氢铵。硫酸铵为粉末状，导致烟道气中出现大量粉尘；而硫酸氢铵是黏性物质，能黏附在催化剂或后面设备上，引起催化剂失活和设备腐蚀。因此必须严格控制好 NH_3 的加入量。

3）由于 NO 的不活泼性，单独 NO 还原反应的速率并不高。Brandin et al. 报导了一个重要发现：在用 NH_3 还原 NO 的反应中，NO 和 NO_2 混合气参与反应的速率大大高于单独的 NO 或 NO_2 反应的速率，NO 和 NO_2 等摩尔混和气的反应的速率最高可达到 NO 还原速率的 10 倍。为了利用这个发现，提高 SCR 反应速率，正在研究 NO 氧化催化剂。

目前人们正热衷于用烃类作为 SCR 还原剂的方法（HC-SCR），如丙酮、丙烯等。这些烃类可以选择性地还原 NO，且温度较低。而适量 O_2 的存在可以提高 NO 还原率。负载的铜催化剂如 Cu-ZSM-5、$Cu-ZrO_2$、$Cu-Ga_2O_3$ 等对此反应有催化活性。人们对离子交换沸石负载的 Cu、Co、Ni、Ce、Rh、Ga、In 也进行了研究。负载 Pt 的催化剂低温下活性较高，但发现生成 N_2 的选择性很低，而是生成大量的 N_2O。Hamada 对这种用烃还原的方法进行了总结。但由于低温下的低活性，而且反应范围较窄，以及容易受到水蒸气和 SO_2 的影响，目前这种方法还未实现工业应用。

2. 选择性非催化还原法（SNCR）

选择性非催化还原（selective non-catalytic reduction，SNCR）是当前 NO_x 治理中广泛采用且具有前途的技术之一。SNCR 技术在 20 世纪 70 年代中期最先工业应用于日本的一些燃油、燃气电厂烟气脱硝；80 年代末，欧盟国家的燃煤电厂也开始应用。目前世界上燃煤电厂 SNCR 系统的总装机容量在 2GW 以上。

SNCR 法是通过注入 NH_3 或尿素等还原剂，在没有催化剂的情况下将烟气中的 NO_x 还原为无害的氮气和水的方法。SNCR 通过烟道气流中产生的氨自由基与 NO_x 反应，达到去除 NO_x 的目的，反应式如下

$$4NH_3 + 4NO + O_2 \longrightarrow 4N_2 + 6H_2O$$

该反应主要发生在 950℃ 的温度范围内，当温度更高时则可发生下述的竞争反应

$$4NH_3 + 5O_2 \longrightarrow 4NO + 6H_2O$$

因此在 SNCR 中温度的控制是至关重要的。

因为没有催化剂加速反应，故其操作温度高于 SCR 法。为避免 NH_3 被氧化，温度又不宜过高。目前的趋势是以尿素代替 NH_3 作还原剂。钟秦利用夹带流反应器对选择性非催化还原（SNCR）法脱除 NO_x 进行了实验研究，在 $800\sim1200℃$ 下喷射尿素还原剂或几种铵盐还原剂能脱除 NO_x，其中尿素还原剂脱 NO_x 的能力最强，碳酸氢铵还原剂次之。使用尿素安全可靠，又无 NH_3 泄漏污染作业环境的问题。

SNCR 脱硝是利用喷入系统的还原剂氨或尿素将烟气中的 NO_x 还原为氮气和水蒸气。其工艺流程如图 7-15 所示。炉膛壁面上安装有还原剂喷嘴，还原剂通过喷嘴喷入烟气中，并与烟气混合，反应后的烟气流出锅炉。整个系统由还原剂储槽、还原剂喷入装置和控制仪表组成。氨是以气态形式喷入炉膛，而尿素是以液态喷入，两者在设计和运行上均有差别。对于大型锅炉，尿素 SNCR 应用更普遍。

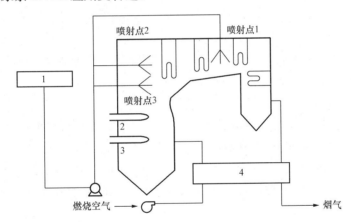

图 7-15　SNCR 工艺流程示意图

1—氨或尿素储槽；2—燃烧器；3—锅炉；4—空气加热器

选择性非催化还原法中影响硝脱除效率的主要影响因素有：

（1）反应温度。SNCR 法发生在特定的温度范围内，温度过低，反应速率慢，氨反应不完全而造成泄漏。温度过高，还原剂被氧化而造成二次污染，同时也降低了还原剂的利用率。以氨为还原剂时，最佳的操作温度范围是 $870\sim1100℃$。以尿素为还原剂时，最佳操作温度范围为 $900\sim1150℃$。

（2）停留时间。停留时间越长，化学反应进行得越完全，NO_x 的脱除效果越好。当温度较低时，为达到相同的 NO_x 脱除率，需要较长的停留时间。SNCR 系统中，停留时间一般为 $0.001\sim10s$。

（3）混合程度。要发生还原反应，还原剂必须与烟气分散、混合均匀。由于氨很容易挥发，分散发生地很快。混合程度取决于锅炉的形状和气流通过锅炉的方式。为使氨或尿素溶液均匀分散，还原剂被特殊设计的喷嘴雾化为小液滴。

（4）NH_3/NO_x 摩尔比的影响。根据上述化学反应式可知，脱除 1mol 的 NO 需要消耗 1mol 的 NH_3。化学计量比定义为脱除 1mol NO_x 所需要的氨的摩尔数，由于受反应速率的影响，要达到较高的 NO_x 脱除效率，实际所需的化学计量比要大些。例如，一个 NO_x 脱除率为 50％的系统按 NO_x 入口浓度计算其标准化学计量比为 1.0，而根据脱除 NO_x 的量所得的实际化学计量比为 2.0。

（5）添加剂对 SNCR 的影响。其他含氮物质（如胺、羟氨、蛋白质、环状含氮化合物、吡啶和有机铵盐等）也可用来还原 NO_x。有的还原剂所需的还原温度比尿素的低，如吡啶在 760℃左右也很有效。

在尿素中添加有机烃类，可增加燃气中的烃基浓度，从而增强对 NO 的还原，还可使操作温度降低 20℃左右。此类尿素还原 NO_x 的强化剂包括酒精、糖类、纤维有机酸等。酚也可改进 NO 的还原，自身又可在燃烧过程中裂解，这对有酚排放的企业可达到以废治废的目的。

在 SNCR 系统中，注入甲醇作为添加剂，可降低 NH_3 的逸出量，减少过程中 $(NH_4)_2SO_4$ 等腐蚀性固体在空气预热器等上的沉积。

SNCR 脱硝率可达 75％。但在实际应用中，考虑到 NH_3 损耗和 NH_3 泄漏等问题，SNCR 设计效率为 30％～50％。据报道，当 SNCR 与低 NO_x 燃烧技术结合时，其效率可达 65％。SNCR 法的脱硝效率低于 SCR 法。而 SNCR 的费用（包括设备费和操作费用）仅为 SCR 的 1/5 左右。

3. 催化分解法

如果能在低温下用催化剂将 NO_x 直接分解为 N_2 和 O_2，便可以达到消除污染和节约能源的目的。从热力学上考虑，NO 在较低温度下相对 N_2 和 O_2 是不稳定的，NO 分解反应在标准状况下的平衡常数约为 10^{15}，在 500℃时约为 10^{11}，似乎该方法脱除 NO_x 最简单。但此反应速度在动力学上非常缓慢，尤其在低浓度（10^{-6}）时只有借助于催化剂的作用才能实现。

目前催化剂组分有铂系金属、过渡金属、稀土金属及其氧化物、金属离子交换沸石等，如 600℃时用稀土氧化物作为催化剂，其中活性最高的催化剂为 Cu-ZSM-5。但这种 NO_x 脱除方法报导进展很慢，这是因为 NO_x 分解后产生的氧不易从载体上脱出，抑制了反应继续进行，使催化剂丧失活性，或由于易受 SO_2 的毒害，另外，反应可能出现中间产物 N_2O。人们还研究了含碳催化剂，抗中毒性与活性较好，但更适用于含氧量低的废气。李金兵等研究表明，在 Pt 催化体系中添加少量的 Ag，可明显地延缓催化剂在氧气氛中的中毒。

4. 固体吸附法

在温度较低的情况下，可用分子筛、活性碳、硅胶、天然沸石及泥煤等吸附脱除 NO_x。其中有些吸附剂如分子筛、活性炭、硅胶，兼有催化的功能，能将废气中的 NO 催化氧化为 NO_2。脱附出来的 NO_2 可用水或碱吸收而得以回收。用吸附剂吸附氮氧化物可以达到较高的净化程度，用蒸汽或热空气进行脱附，可回收高浓度的氮氧化物。

固体吸附法操作简单，易于控制。但因为固体吸附容量较小，当氮氧化物含量高时，由于吸附剂用量大、设备庞大、再生频繁等原因，应用不广泛。

5. 电子束照射法

电子射线照射法，是近年来新开发的一种同时脱硫脱硝法。其反应过程为：在烟气中添加 NH_3 后用电子束照射使之产生 OH、O、HO_2 等自由基，这些自由基将 NO_x 氧化为硝酸，同时将 SO_2 氧化为硫酸，生成的硝酸和硫酸再与添加的 NH_3 反应转化为硝铵和硫铵，用电除尘捕集，NO_x 脱除率可达到 $80\%\sim85\%$。该工艺由烟气冷却、氨添加、电子束照射反应和副产品收集处理等部分组成。大约 $150℃$ 的烟气经电除尘器除去烟尘之后，进入冷却塔。在冷却塔内，经除尘的高温烟气被雾状喷射的水降温到适合于工艺脱硫、脱硝的反应温度（约 $65℃$）。由于烟气露点通常为 $50℃$，因此冷却水在塔内被完全气化，从而使得冷却塔底部不会产生废水。经喷水冷却降温后的烟气从冷却塔进入反应器，烟气在反应器内接受高能量电子束的照射，使 SO_2 和 NO_x 被氧化成硫酸和硝酸。在电子束照射前，根据 SO_2 和 NO_x 浓度及所设定的脱除率，向反应器中注入经化学计量的氨（液态氨、雾状）。硫酸和硝酸与氨发生反应，生成硫酸铵或硝酸铵的粉状粒子。接着用干式静电除尘器捕集这些副产品微粒，净化后的烟气由烟囱排入大气。处理流程图如图 7-16 所示。

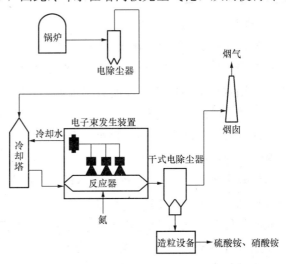

图 7-16　电子束法烟气脱硝工艺流程示意图

美国在印地安纳州煤炭火力发电厂进行了该工艺的工业试验，烟道引出部分烟气（$150℃$），用水喷雾冷却到适宜的反应温度（$70℃$）。控制冷却塔出口温度在露点以上，加氨后进入辐射区，并喷入少量水。控制反应温度上升后，电子束辐射后的烟气经捕集，分离生成硫酸铵和硝酸铵粉粒，在厂房内安装主体电子加速器（$800kW\times100mA\times2$ 台）及其辅机。机组主要试验条件有烟气量 $6000\sim2400m^3/h$、SO_2 入口浓度 $2285\sim7996mg/m^3$、NO_x 入口浓度 $472\sim883mg/m^3$、烟气温度 $70\sim120℃$、吸收电子线量 $0\sim3.0Mrad$、NH_3 化学当量克分子比 $0\sim1.4$。机组运行结果表明：①脱硝率在高温时效率高，随着吸收线量的增加而上升，在 $1.8Mrad$ 时可达 80% 以上，脱硫率也是随着吸收线量的增加而上升，在 $1Mrad$ 时达 90%，以后处于饱和状态，但受温度影响较大，低温时脱硫率高；②添加 NH_3 量多少一般情况下对脱硝率几乎没有影响，但是随着 NH_3 添加量的增加，脱硫率上升，在当量克分子比 1.0 附近趋于稳定（$>98\%$）；③ SO_2 浓度从 $2285mg/m^3$ 增加到 $7996mg/m^3$，脱硝率也缓慢增加，增加率约 10%，而脱硫率几乎不变。

工业试验得到的副产物有 80% 的硫酸铵，$5\%\sim9\%$ 的硝酸铵，相当于含 20% 的氮素成分。硫酸铵和硝酸铵混合物中的重金属有害成分，其量甚低，略同于自然水平。

（二）湿法脱硝

NO 的反应能力低，其溶解度也小，如表 7-8 所示，因而使脱硝工艺复杂，使用的化学品昂贵，排水需要处理，这样就给工业化造成困难。

表 7-8 不同温度下 NO 在水中的溶解度

温度（℃）	q（gNO/100gH$_2$O）	温度（℃）	q（gNO/100gH$_2$O）
0	0.00983	60	0.00324
10	0.00756	70	0.00267
20	0.00617	80	0.00198
30	0.00517	90	0.00113
40	0.00439	100	0.00000
50	0.00376		

1. 水或碱液吸收法

NO 不与水及碱作用，在水中的溶解度也很低（在 0℃下，100g 水可溶解 7.34mL NO，在 100℃下则完全不溶解）。水不仅不能吸收 NO，而且在吸收 NO$_2$ 时还将放出部分 NO，因而常压下用水或碱液吸收 NO 的效率很低，一般只运用于处理含 NO$_2$ 超过 50% 的 NO$_x$ 废气，不适用于燃烧废气脱硝。

碱性溶液和 NO$_2$ 反应生成硝酸盐和亚硝酸盐，和 N$_2$O$_3$（NO+NO$_2$）反应生成亚硝酸盐。碱性溶液可以是钠、钾、镁、铵等离子的氢氧化物或弱酸盐溶液。

当用氨水吸收 NO$_2$ 时，挥发的 NH$_3$ 在气相与 NO$_x$ 和水蒸气还可反应生成气相铵盐。这些铵盐是 0.1～10μm 的气溶胶微粒，不易被水或碱液捕集，逃逸的铵盐形成白烟；吸收液生成的 NH$_4$NO$_2$ 也不稳定，当浓度较高、吸收热超过一定温度或溶液 pH 值不合适时会发生剧烈分解甚至爆炸，因而限制了氨水吸收法的应用。

碱液吸收法的优点是能将 NO$_x$ 回收为有销路的亚硝酸盐或硝酸盐产品，有一定经济效益，工艺流程和设备也较简单，缺点是吸收效率不高，对 NO$_2$/NO 的比例也有一定限制。

碱液吸收法广泛用于我国常压法、全低压法硝酸尾气处理和其他场合的 NO$_x$ 碱液吸收法废气治理。但该法在我国应用的技术水平不高，吸收后尾气浓度仍很高，常达（1000～8000）×10^{-4} 之多，无法达到排放要求。

因此，我国碱液吸收法有待技术改造，以发挥它具有经济效益的优点，克服吸收效率低的缺点。改造的途径，一是有效控制废气中 NO$_x$ 的氧化度；二是强化吸收操作，改进吸收设备和吸收条件。

2. 酸吸收法

NO 在硝酸中的溶解度比在水中大得多，所以可用硝酸吸收 NO$_x$ 尾气。缺点是需要加压，且酸循环量较大，能耗较高。

NO$_x$ 可充分地被浓硫酸吸收，利用此性质，可以把 NO+NO$_2$ 吸收到浓硫酸中，制成亚硝酸硫酸（NOHSO$_4$）。不过亚硝酸硫酸能被水分解，所以对含水的气体不适用。

3. 还原吸收法

气相还原液相吸收如氨—碱溶液吸收法，先将氨送入烟气中进行气相还原，再将烟气进入碱溶液吸收，未反应的 NO$_2$ 与碱液反应生成硝酸盐和亚硝酸盐作为肥料。

液相还原吸收是利用液相还原剂将 NO$_x$ 还原为 N$_2$，常用的还原剂有亚硫酸盐、硫代硫酸盐、硫化物、尿素水溶液等。液相还原剂与 NO 反应并不生成 N$_2$，而是生成 N$_2$O，而且反应速度不快。因此液相还原吸收法必须预先将 NO 氧化为 NO_2 或 N_2O_3。随着 NO_x 氧化度的提高，还原吸收效率增加。

4. 氧化吸收法

NO 除生成络合物外，在水或碱液中都几乎不被吸收，而 NO_2 易溶于碱液，于是可考虑先将 NO 氧化为 NO_2，再进行碱液吸收。另外，不必也不可能将 NO 全部氧化为 NO_2。研究表明，对于烟道气中的 NO_x 气体，吸收等分子的 NO 和 NO_2 比单独吸收 NO_2 具有更大的吸收速度。这是由于 $NO+NO_2$ 生成的 N_2O_3 溶解度较大，在气相可与 H_2O 瞬间反应生成 HNO_2，而 HNO_2 溶解度很高。因此为了有效地吸收 NO_x，需要将尾气中的 NO 氧化到 $NO_2/NO=1\sim1.3$。而在低浓度下，NO 的氧化速度非常缓慢，需要采用催化氧化和氧化剂直接氧化。而氧化剂有气相氧化剂和液相氧化剂两种。

气相氧化剂有 O_2、O_3、Cl_2 和 ClO_2 等；液相氧化剂有 HNO_3、$KMnO_4$、$NaClO_2$、$NaClO$、H_2O_2、$KBrO_3$、K_2CrO_7、Na_2CrO_4、$(NH_4)_2CrO_7$ 等。

氧化吸收法的实际应用取决于氧化剂的成本。在液相氧化剂中，硝酸氧化法成本较低，国内硝酸氧化—碱液吸收流程已用于工业生产，其他氧化剂因成本高国内很少采用。硝酸氧化—碱液吸收法比较适用于硝酸尾气的处理，因为硝酸的来源和作为氧化剂的稀硝酸的回收不成问题。在气相氧化剂中，O_3 和 ClO_2 活性都很高，都可在 1s 停留时间内氧化 NO 为 NO_2，但 O_3 很昂贵，ClO_2 费用稍低，但引入了大量氯化物，造成处理困难。另外，还有通氧氧化法，使氧含量达到 $8\%\sim10\%$ 以上，不过这种方法效果很小，因为净化率提高得不多，加入氧的利用率也不高。而且氧气成本高，不适合于大气量处理。

5. 液相络合吸收法

络合吸收法是 20 世纪 80 年代发展起来的一种同时脱硫脱氮的新方法，在美国、日本等国家得到了比较深入的研究，由于烟气中 NO_x 的主要成分 NO（占 95%）在水中的溶解度很低，从而大大增加了气—液传质阻力。络合吸收法利用液相络合吸收机直接同 NO 反应，增大 NO 在水中的溶解性，从而使 NO 易于从气相转入液相，该法特别使用于处理主要含 NO 的燃煤烟气，在实验装置中可以达到 90% 或更高的 NO 脱除率。亚铁络合吸收剂可以作为添加剂直接加入石灰石膏法烟气脱硫的浆液中，只需在原有的脱硫设备上稍加改造，就可以实现同时脱除 SO_2 和 NO_x，节省高额的固定投资。

（1）硫酸亚铁法。$FeSO_4$ 与 NO 会发生如下的吸收反应

$$FeSO_4 + NO \Longrightarrow Fe(NO)SO_4$$

该反应是放热反应，低温有利于吸收，加热则发生解吸。吸收液一般含 20% 的 $FeSO_4$ 和 $0.5\%\sim1.0\%$ 的 H_2SO_4，加入少量的 H_2SO_4 能防止 Fe^{2+} 的氧化和 $FeSO_4$ 的水解，因为 Fe^{2+} 在酸性溶液中比较稳定。研究结果表明，$FeSO_4$ 溶液吸收 NO 的最大可能量为 $FeSO_4$：NO=1：1（摩尔比）。pH 值升高，并且当尾气中的 O_2 浓度大于 3.0% 时，Fe^{2+} 易被氧化为 Fe^{3+}；pH 值大于 5.5 时，Fe^{2+} 开始沉淀出 $Fe(OH)_2$。解吸出的浓度达 $85\%\sim90\%$ 的 NO 气体可用于硝酸的生产，再生产出的 $FeSO_4$ 可循环使用。

（2）Fe(Ⅱ)-EDTA 法。

研究发现一些金属络合物，如 Fe(Ⅱ)-EDTA 可以与溶解的 NO 迅速发生络合反应，从而促进 NO 的溶解和吸收。在 20 世纪 70 年代初，国外提出了用 Fe(Ⅱ)-EDTA 溶液络合吸

收废气中的 NO，Fe(Ⅱ)-EDTA 吸收 NO 的反应式如下：

$$Fe(Ⅱ)\text{-}EDTA + NO \xrightarrow{\text{低温加热}} Fe(Ⅱ)\text{-}EDTA(NO)$$

Fe(Ⅱ)-EDTA 吸收 NO 以后，可以用蒸汽解吸的方法回收高浓度的 NO，同时使吸收液再生。1993 年，在美国能源部资助下，Benson 等在 Dravo 石灰公司进行了 Fe(Ⅱ)-EDTA 同时脱硫脱硝的中试研究。吸收剂为质量分数 6% 的氧化镁增强石灰，脱硝效率大于 60%，脱硫率为 99%。

Fe(Ⅱ)-EDTA 络合吸收 NO 方法特别适合于主要成分为 NO 的烟气脱硝，Fe(Ⅱ)-EDTA 络合吸收剂具有吸收速率快、吸收容量大和价廉易得等优点，易于实现工业化。但该络合吸收剂极易被烟气中的氧气氧化为 Fe(Ⅲ)-EDTA，而 Fe(Ⅲ)-EDTA 离子不能与 NO 络合，使吸收效率迅速下降，同时络合 NO 的吸收剂也需要不断再生。

（3）其他铁络合盐法。由于 Fe(Ⅱ)-EDTA 易被氧化的缺点，1988 年 Chang 等提出用含有 SH 基团的氨基酸和脂肪酸（如半胱氨酸、青霉胺、谷胱甘肽、半胱氨酰甘氨酸、N-乙酰半胱氨酸和乙酰青霉胺）的亚铁络合物来脱硝。用含有 SH 基团的亚铁络合物溶液作为吸收液，其抗氧化性能很好，对 NO 也有很大的络合吸收速率，可解决用 Fe(Ⅱ)-EDTA 络合吸收中二价铁氧化失活问题。与 Fe(Ⅱ)-EDTA 法相比，该法具有以下优势：

1）在碱性条件下，吸收剂中的 Fe^{2+} 不容易被氧化。

2）此类亚铁络合物本身就是一种还原剂，既能稳定亚铁离子还能将氧化形成的 Fe^{3+} 还原成亚铁离子。

3）将 NO 直接被还原为 N_2，因此能够持续高效的络合吸收 NO，开辟了一条烟气脱硝的新途径。

液相络合吸收法目前仍存在的主要问题有：

1）回收 NO_x 必须选用不使 Fe(Ⅱ) 氧化的惰性气体将 NO_x 吹出。

2）Fe(Ⅱ) 总会不可避免地氧化为 Fe(Ⅲ)，目前所采用的再生方法，如化学还原法或电还原/氧化法等都存在再生速率低、还原不彻底（还原为 N_2O）和产生二次污染等缺陷。

6. 微生物法

微生物法烟气脱硝的原理：适宜的脱氮菌在有外加碳源的情况下，利用 NO_x 作为氮源，将 NO_x 还原成最基本的无害的 N_2，而脱氮菌本身获得生长繁殖。其中 NO_2 先溶于水中形成 NO_3 及 NO_2 再被生物还原为 N_2，而 NO 则是被吸附在微生物表面后直接被微生物还原为 N_2。

在废气的生物处理中，微生物的存在形式可分为悬浮生长系统和附着生长系统两种。悬浮生长系统即微生物及其营养物配料存在于液相中，气体中的污染物通过与悬浮物接触后转移到液相中而被微生物所净化，其形式有喷淋塔、鼓泡塔等生物洗涤器。附着生长系统中，废气在增湿后进入生物滤床，通过滤层时，污染物从气相中转移到生物膜表面并被微生物净化。悬浮生长系统及附着生长系统在净化 NO_x 方面各具有其优势；前者相对后者来说，微生物的环境条件及操作条件易于控制，但因 NO_x 中的 NO 占有较大的比例，而 NO 又不易溶于水，使得 NO 的净化率不高。

微生物法处理污染物是一自然过程，人类所研究的只是强化和优化该过程，主要是从强化传质和控制有利于转化反应过程的条件两方面着手：凭借细胞固定化技术，可提高单位体积内微生物浓度；通过对温度、湿度、pH 等环境因素的控制，可使微生物处于最佳生长状态，提高其对 NO_x 的净化率；通过合适的支撑材料的选择可有效改善气流条件、增强传质能力等。随着研究的不断深入，该技术将会从各方面得到全面的发展。

7. 液膜法

液膜法净化烟气是美国能源部门 Pittsburgh 能源技术中心（PETC）开发的。国外如美国、加拿大、日本等国都对液膜法进行了大量的研究。液膜为含水液体，原则上对 NO_x 有吸附作用的液体均可作为液膜，但须经试验证明气体在其中渗透性良好才能使用。该法利用置于两组多维孔水中空纤维管之间的液膜构成的渗透器来脱除 NO_x，这种结构可消除操作中时干时湿的不稳定性，延长设备寿命。用液膜法处理含 $0.1\% \sim 0.5\%$ SO_2、$0.05\% \sim 1.01\%$ NO、$10\% \sim 15\% CO_2$、$10\% \sim 15\% H_2O$、$1\% \sim 5\%$ O_2，其余为 N_2 的烟气，SO_2 和 NO_x 可同时被液膜吸收，从而使烟气得到净化，吸收的 SO_2 和 NO_x 可从液膜中解析出来，成为高浓度的气体。液膜法处理烟气的流程如图 7-17 所示。

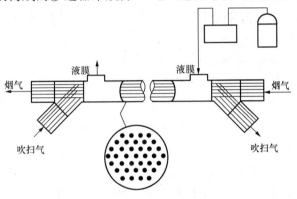

图 7-17 液膜法脱除 NO 示意图

美国 Steven 技术研究所一直进行液膜法同时脱除 SO_2 和 NO_x 的研究，他们对固定在维孔聚丙烯膜上的液膜进行选择性和渗透性实验，比较其吹扫和抽空效果，实验在 $24 \sim 70℃$ 及常压下进行。结果表明，用水、$NaHSO_3$ 和 $NaSO_3$ 水溶液、含 Fe^{2+} 和 Fe^{3+} 的 EDTA 水溶液、环丁砜或环丁烯砜等液膜，可以脱除模拟烟气中 $70\% \sim 90\%$ 的 SO_2、$50\% \sim 70\%$ NO。该法目前还处于初始实验阶段，如何研制出脱氮效率高、使用寿命长、经济成本低的膜反应器是以后需要解决的重点问题。

第四节 同时脱硫脱硝技术

工业化 SO_2/NO_x 联合脱除工艺是采用高性能石灰/石灰石烟气脱硫（FGD）系统来脱除 SO_2 和 SCR 工艺脱除 NO_x。该联合工艺能脱除 90% 以上的 SO_2 和 80% 以上的 NO_x。FGD 和 SCR 工艺是采用不同技术各自独立工作。其优点是不管 SO_2/NO_x 的进口浓度比是多少，都能达到各自理想的脱除效率。该工艺已在日本、德国、瑞典等国家进行工业应用，其存在的问题是 SO_2 在 SCR 反应器时，烟气中有 $0.02\% \sim 2\%$ 的 SO_2 氧化为 SO_3，并与游离 CaO 和氨反应生成 $CaSO_4$ 和铵盐，容易引起催化剂表面结垢，降低了 SCR 脱硝率，同时会增加空气预热器和气/气换热器（GGH）中的堵塞和腐蚀。

烟气脱硫脱硝一体化技术目前大多处于研究与工业示范阶段，随着 NO_x 排放要求更加严格，由于其在同一套系统内能同时实现脱硫与脱硝，具有设备精简、占地面积小、基建投资少、运行管理方便、生产成本低等优点，脱硫脱硝一体化技术正受到各国的日益重视。

目前有多种正在研究开发或已经工业运行的同时脱硫脱硝工艺，主要包括高能电子活化氧化技术、固体吸收/再生、气/固催化和湿法同时脱硫脱硝技术等，其中气/固催化技术是传统的脱硫和脱硝技术的有机结合，SNRB、SNO_x、$DESONO_x$ 工艺是目前较为成熟的 3 种气/固催化联合脱硫脱硝技术，均能够实现较高的 SO_2、NO_x 脱除效率，且能得到品质较高的副产品。

一、固相吸收/再生烟气脱硫脱硝一体化技术

固相吸收/再生烟气脱硫脱硝工艺是采用固体吸收剂或催化剂，与烟气中的 SO_2 和 NO_x 反应，然后在再生器中硫或氮从吸收剂中释放出来，吸收剂可重新循环使用，回收的硫可进一步处理，得到元素硫或硫酸等副产物；氮组分通过喷射氨或再循环至锅炉分解为 N_2 和水。该工艺常用的吸收剂是活性炭、氧化铜、分子筛、硅胶等，所用的吸收设备的床层形式有固定床和移动床。

（一）活性炭吸收/再生工艺

1. 工艺流程

活性炭具有较大的比表面积、良好的孔结构、丰富的表面基团、高效的原位脱氧能力，同时有负载性能和还原性能，既可作载体制得高分散的催化体系，又可作还原剂参与反应，提供一个还原环境，降低反应温度。在活性炭吸收脱硫系统中加入氨，即可同时脱除 NO_x。图 7-18 为日本三菱公司流化床活性炭烟气脱硫脱硝一体化工艺示意图，该工艺能达到 90% 以上的 SO_2 脱除率和 80% 以上的 NO_x 脱除率。

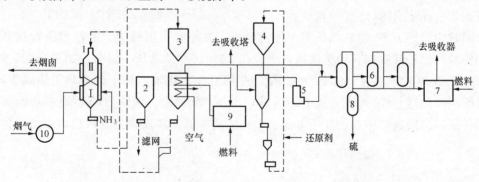

图 7-18 Mitsui-BF 流化床活性炭烟气脱硫脱硝一体化工艺流程
1—吸收塔；2—活性炭仓；3—解吸塔；4—还原反应器；5—烟气清洁器；6—Claus 装置；
7—煅烧装置；8—硫冷凝器；9—炉膛；10—风机

该工艺主要由吸附、解吸和硫回收三部分组成。烟气首先进入含有活性炭的移动床吸收塔，当进入吸收塔的烟气温度在 120~160℃ 之间时，具有最高的的脱除效率。吸收塔由两段组成，活性炭在垂直吸收塔内由重力从第二段的顶部下降至第一段的底部。烟气水平通过吸收塔的第一段时 SO_2 被除去，烟气进入第二段后，在此通过喷入氨除去 NO_x。日本电力能源公司（EPDC）的 350MW 空气流化床燃烧（AFBC）锅炉中安装了活性炭烟气净化工艺，处理的烟气量为 1163000m^3/h，活性炭的循环速率为 14600kg/h，反应温度为 140℃，NH_3/NO_x 化学计量比为 0.85，稳定运行 2200h，NO_x 的脱除率可达到 80%。

2. 反应原理

在吸收塔的第一段，在 $100\sim200℃$ 烟气中有氧和水蒸气的条件下，在活性炭的表面 SO_2 被氧化吸收形成硫酸

$$2SO_2+O_2+2H_2O\longrightarrow2H_2SO_4$$

与此同时在吸收塔内还存在以下的副反应

$$NH_3+H_2SO_4\longrightarrow NH_4HSO_4$$

$$NH_3+H_2SO_4\longrightarrow(NH_4)_2SO_4$$

在吸收塔的第二阶段中，活性炭又充当了 SCR 工艺中的催化剂，在 $100\sim200℃$ 时向烟气中加入氨就可脱除 NO_x，其反应式为

$$4NO+4NH_3+O_2\longrightarrow4N_2+6H_2O$$

$$2NO_2+4NH_3+O_2\longrightarrow3N_2+6H_2O$$

3. 活性炭的再生

活性炭吸收 SO_2 和 NO_x 后，生成的 H_2SO_4、NH_4HSO_4 和（NH_4）$_2SO_4$ 存在于活性炭表面的微孔中，降低了活性炭的吸附和催化能力，因此需要把位于微孔中的生成物除去，使活性炭得以再生。活性炭再生的方法有加热法和洗涤法。加热法的原理如下：将反应后的活性炭送至再生器，加热至 $400℃$ 时进行再生，微孔中的硫酸与炭反应，每摩尔的再生活性炭可以解吸出 2mol 的 SO_2，从而得到富 SO_2 气体用来生产硫酸或还原生产单质硫；再生后的活性炭直接空气冷却后通过循环送至反应器。其反应如下

$$H_2SO_4\longrightarrow SO_3+H_2O$$

$$SO_3+\frac{1}{2}C\longrightarrow SO_2+\frac{1}{2}CO_2$$

如果生产硫酸铵，活性炭的损耗将会降低，反应式为

$$(NH_4)_2SO_4\longrightarrow2NH_3+SO_3+H_2O$$

$$SO_3+\frac{2}{3}NH_3\longrightarrow SO_2+\frac{1}{3}N_2+H_2O$$

浓缩后的 SO_2 气体被送往 Claus 反应器转化为单质硫

$$2H_2S+SO_2\longrightarrow3S+2H_2O$$

在该工艺过程中，SO_2 的脱除反应优先于 NO_x 的脱除。在高浓度 SO_2 烟气中，活性炭进行的是 SO_2 的脱除反应；在较低浓度 SO_2 烟气中，NO_x 脱除反应占主导地位。

4. 技术特点

（1）活性炭烟气脱硫脱硝一体化技术优点有：

1）活性炭材料具有非极性、疏水性、较高的化学稳定性和热稳定性，可进行活化和改进性，加上它的催化能力、负载性能和还原性能以及独特的孔隙结构和表面化学特性，决定了活性炭作为一种脱硫脱硝剂具有非常好的先天条件。

2）可以实现联合脱除 SO_2、NO_x 和粉尘的一体化，SO_2 脱除率可达到 98% 以上，NO_x 的脱除率可超过 80%，同时吸收塔出口烟气粉尘含量 $20mg/m^3$。

3）能除去湿法难以除去的 SO_3，SO_3 的脱除率很高。

4）能除去废气中的碳氢化合物（如二噁英）、HF、HCl 等，以及砷、汞等金属污染物，

是一种深度处理技术。

5）产生可出售的副产品，在治理污染的同时，可充分回收利用硫资源（浓硫酸、硫酸、硫磺）。

6）吸附剂来源广泛，不存在中毒问题。

7）处理后的烟气排放前无需再加热。

8）与传统烟气治理 NO 及 SO_2 的工艺相比，具有投资省、工艺简单、占地面积小等特点。

（2）活性炭烟气脱硫脱硝一体化技术优点的缺点有：

1）活性炭价格目前相对较高；强度低，在吸附、再生、循环使用中损耗大；挥发分较低，不利于脱硝。

2）脱硫容量低、脱硫速率慢、再生频繁等缺点，工业推广应用困难。

3）水洗再生耗水量大、易造成二次污染；加热再生活性炭易损耗。

4）喷射氨增加了活性炭的黏附力，造成吸收塔内气流分布的不均匀性，同时，由于氨的存在而产生对管道的堵塞、腐蚀及二次污染等问题。

5）由于吸收塔与解吸塔间长距离的气力输送，容易造成活性炭的损坏。

（二）CuO 吸收/再生工艺

CuO 作为活性组分同时脱除烟气 SO_2/NO_x 已得到深入的研究，CuO 含量通常为 $4\%\sim6\%$，在 $300\sim450℃$ 的温度范围内，与烟气中的 SO_2 发生反应，形成的 $CuSO_4$ 和 CuO 对 SCR 法还原 NO_x 有很高的催化活性。吸收饱和的 $CuSO_4$，用 CH_4 气体进行还原再生，释放的 SO_2 可制酸，还原得到的金属铜或 Cu_2S 再用烟气或空气氧化，生成的 CuO 又重新用于吸收过程，工艺示意图如图 7-19 所示。该工艺能达到 90% 以上 SO_2 脱除率和 $75\%\sim80\%$ 的 NO_x 脱除率。

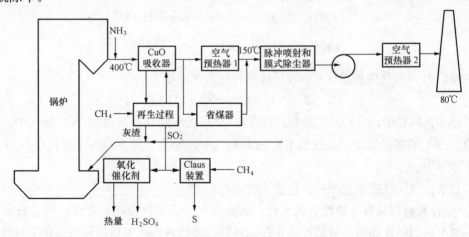

图 7-19　CuO 同时脱硫脱硝工艺流程

CuO 吸收/再生工艺的反应原理如下：

吸收塔中，温度大约为 $400℃$ 时，SO_2 与 CuO 反应生成 $CuSO_4$

$$SO_2 + CuO + \frac{1}{2}O_2 \longrightarrow CuSO_4$$

向烟气中加入氨，氧化铜和硫酸铜可作为催化剂，在 400℃时 NO_x 被脱除

$$4NO+4NH_3+O_2 \xrightarrow{CuO\ 或\ CuSO_4} 4N_2+6H_2O$$

$$2NO_2+4NH_3+O_2 \xrightarrow{CuO\ 或\ CuSO_4} 3N_2+6H_2O$$

吸收了硫的吸收剂被送至再生器，加热至 480℃，用甲烷作还原剂得到浓缩的 SO_2 气体

$$CuSO_4+0.5CH_4 \longrightarrow Cu+SO_2+0.5CO_2+H_2O$$

$$Cu+0.5O_2 \longrightarrow CuO$$

用 Claus 装置将浓缩后的 SO_2 气体转化为单质硫，再生后的氧化铜循环到反应器中。

氧化铜法是 20 世纪 60 年代由 Shell 公司提出的，经过 30 多年的研究，至今仍没有工业化的报道，主要原因是由于 CuO 在不断的吸收、还原和氧化过程中，物化性能逐步下降，经过多次循环之后就失去了作用。

（三）NO_x SO 法

NO_x SO 技术是一种干式、脱硫剂可再生、硫资源回收利用的脱硫脱硝一体化技术，它适用于中、高硫煤火电机组，其工艺流程见图 7-20。锅炉排烟经电除尘器除尘后，进入吸收剂流化床，SO_2 和 NO_x 在其中被吸附在高比表面积含 Na_2CO_3 的铝质吸收剂上，净化后的烟气经布袋除尘器除尘后从烟囱排放。吸收剂达到一定的吸收饱和度后，被移至再生器内进行再生。首先，吸收剂被热空气加热而将所吸收的 NO_x 释放出来，富含 NO_x 的热风返回至锅炉燃烧室内进行烟气的再循环。被吸附的 SO_2 在高温下和甲烷反应生成高浓度的 SO_2 和 H_2S 气体，这些气体经过硫转换器而转换成单质硫。元素硫可深加工成液态 SO_2，也可用于生产其他高附加值的副产品。该工艺的脱硫率和脱硝率分别可达到 98% 和 75%。

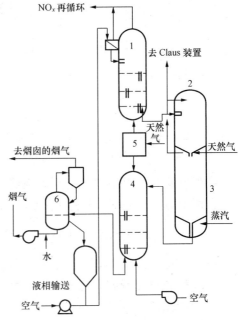

图 7-20 NO_x SO 工艺流程图

1—吸收剂加热器；2—再生器；3—蒸汽处理器；4—吸收剂冷却器；5—空气加热器；6—吸收塔

（四）SNAP 工艺

SNAP 氧化铝—钠工艺是一种改进的 NO_x SO 工艺，其工艺流程如图 7-21 所示。该工艺的脱硫率为 90%，脱硝率为 70%～90%。SO_2 和 NO_x 在用碳酸钠浸渍后的氧化铝上被吸收，反应温度为 120℃。

SNAP 工艺的主要吸收反应为

$$4Na_2O+3SO_2+2NO+3O_2 \longrightarrow 3Na_2SO_4+2NaNO_3$$

在再生的第一阶段，吸收剂被加热到 400℃以上解吸出 NO_x，反应方程式如下

$$2NaNO_3 \longrightarrow Na_2O+2NO_2+0.5O_2$$

$$2NaNO_3 \longrightarrow Na_2O+NO_2+NO+O_2$$

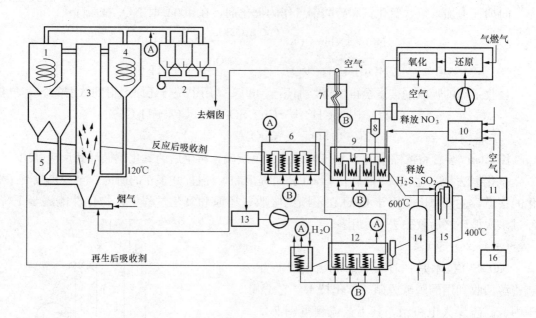

图 7-21　SNAP 工艺流程图

1，4—旋风分离器；2—袋式除尘器；3—吸收塔；5—储槽；6—加热器；7—换热器；8—过滤器；9—加热器；
10—辅助燃烧炉；11—Claus 装置；12—冷却器；13—换热过程；14—蒸汽再生器；15—天然气再生器；16—元素 S

解吸出的 NO_x 重新被输送至燃烧器，NO_x 在火焰区转化为氮气。

在再生的第二阶段，天然气在 600℃以上的高温下与吸收剂反应，反应方程式如下

$$2Na_2SO_4 + \frac{5}{4}CH_4 \longrightarrow 2Na_2O + H_2S + SO_2 + \frac{5}{4}CO_2 + \frac{3}{2}H_2O$$

在再生的最后阶段，硫化氢和二氧化硫在 Claus 装置中被转化为单质硫。

二、气/固催化脱硫脱硝一体化技术

气/固催化脱硫脱硝一体化技术利用氧化、氢化或 SCR 催化等反应，SO_x 和 NO_x 的脱除率取决于催化反应与催化剂的组合，能达到 90％或更高，与传统的 SCR 工艺相比具有更高的 NO_x 脱除率，元素硫作为副产物被回收，无废水产生。

1. SNO_x 工艺

SNO_x 工艺是丹麦 Haldor Topse 公司开发的一种联合脱硫脱硝技术，它利用两种催化剂，将 SCR 与 SO_2 的催化反应结合起来达到同时脱硫脱硝的目的。主要包括：① SO_2 催化氧化为 SO_3，然后在冷凝塔中制成硫酸；② NO_x 在 NH_3 环境中催化还原为 N_2 和 H_2O。

经袋式除尘器后的烟气通过热交换器加热至 398℃，进入 SCR 反应器，NO_x 与 NH_3 发生选择性催化还原反应，生成 N_2 和 H_2O，从 SCR 反应器中排出的烟气中含有 SO_2、少量 NH_3 和细颗粒物，经燃烧器加热至 415℃，此时 SO_2 的转化率最高，在催化剂的作用下，95％的 SO_2 被氧化为 SO_3。此外，烟气中未反应的 NH_3、未燃尽的碳氧化合物也被完全氧化，保证了较高的 NO_x 脱除率。烟气经过 SO_2 转化器后进入热交换器，通过热交换被冷却，然后经 WSA 冷凝塔继续冷却至 98℃，SO_3 水合成 H_2SO_4，经冷凝以浓硫酸的形式被收集。其工艺流程如图 7-22 所示。

由 Haldor Topsoe 公司提供技术支持，在 Niles 电厂 2 号机组进行了 SNO_x 烟气净化示

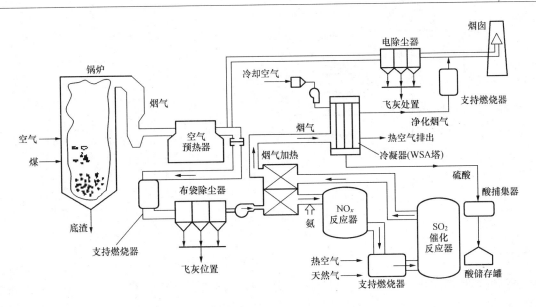

图 7-22　SNC$_x$ 工艺流程

范工程。SNO$_x$ 工艺设计目标是：SO$_2$ 和 NO$_x$ 脱除率分别达到 95％和 90％；副产品 H$_2$SO$_4$ 达到商业品质量；烟气排放达标；技术和经济性良好。通过实际运行，各项指标均达到甚至超过设计要求。在锅炉燃煤含硫量为 2.9％时，SO$_2$ 脱除率大于 95％，排放浓度为 300mg/m^3（标况）；产生的 H$_2$SO$_4$ 浓度为 94.7％，大于 H$_2$SO$_4$ 商品浓度不低于 93.2％的规格要求，纯度超过 I 级酸的美国联邦标准；在较大的温度范围内实现 NO$_x$ 脱除率大于 90％，尾部烟气中 NO$_x$ 浓度低于 120mg/m^3（标况）。经过袋式除尘器后颗粒物的浓度小于 24mg/m^3（标况），平均除尘率为 98.5％，经过 SNO$_x$ 系统后，颗粒物浓度约为 15.6mg/m^3（标况），整个系统的除尘率达到 99％。

SNO$_x$ 工艺的优点是：污染物脱除效率高，不会产生二次污染，产物为品质较高的 H$_2$SO$_4$ 商品；在脱除 SO$_2$ 前进行 NO$_x$ 的脱除，可以通过增加 NH$_3$ 的喷入浓度，提高 NO$_x$ 的转化率，过量的 NH$_3$ 在后面 SO$_2$ 的转化过程中被除去，因此 NH$_3$/NO$_x$ 在大于 1.0 时也不会有 NH$_3$ 的泄漏；在烟气进入 SNO$_x$ 的催化系统前，已除去其中的大部分颗粒物，减小了催化剂的负荷和堵塞问题，催化剂无需进行大规模的筛分和净化处理，只需在正常维护时，定期筛分和除去被污染的催化剂和捕集的飞灰颗粒；SNO$_x$ 与传统的石灰石法或者湿法烟气脱硫和选择性催化还原脱硝相结合的技术相比，SNO$_x$ 工艺投资减少 13％，运行和维护费用仅是 WFGD/SCR 工艺的 50％，且费用随 SO$_2$ 含量的增加而降低。

SNO$_x$ 工艺运行维护费用低、可靠性高，但是能耗大、投资费用高，而且浓硫酸作为危险品储存困难。SNO$_x$ 工艺无论是用于电站锅炉还是工业锅炉，只有在排放标准比较严格以及附近有硫酸副产品市场时，才能表现出其优点，实现大规模的工业应用。

2. DESONO$_x$ 工艺

DESONO$_x$ 工艺是德国 Degussa A. G 与 Stadtwerk Munster 等公司共同开发的，与 SNO$_x$ 工艺相似，也是利用 SCR 法脱除 NO$_x$，SO$_2$ 被催化氧化为 SO$_3$，SO$_3$ 水合为 H$_2$SO$_4$。不同之处在于该工艺中 NO$_x$ 的还原和 SO$_2$ 的氧化在同一反应器中进行，而 SNO$_x$ 工艺中，NO$_x$、SO$_2$ 的还原和氧化在不同的反应器中发生。工艺流程如图 7-23 所示，烟气经布袋除尘器后，

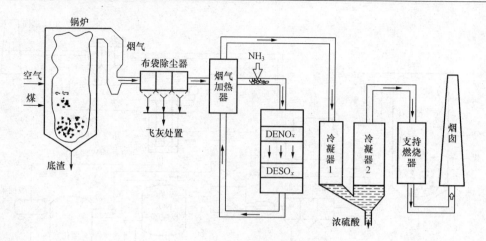

图 7-23 DESONO$_x$ 工艺流程

经过烟气加热器加热，与喷入的 NH$_3$ 一起进入 DESONO$_x$ 工艺的反应器单元，在催化剂作用下，NO$_x$ 与 NH$_3$ 反应生成 N$_2$ 和 H$_2$O，SO$_2$ 被氧化为 SO$_3$，加热后在冷凝器 1、2 中水合为 H$_2$SO$_4$，并以浓 H$_2$SO$_4$ 的形式被收集。某电厂工程运行表明：该工艺实现平均脱硫、脱硝率均大于 95%，尾气中所含污染物浓度很低，可直接排入大气。生成的 H$_2$SO$_4$ 浓度可达 95%。

DESONO$_x$ 工艺的优点是 SO$_2$、NO$_x$ 脱除率高，不产生二次污染，技术简单，适用于老厂改造；缺点与 SNO$_x$ 工艺相似。

3. SNRB 工艺

SNRB 工艺是 Babcock&Wilcox 公司研究开发的，综合运用高温脉冲喷射式布袋除尘室，集高效脱硫、脱硝、除尘于一体的技术。主要包括高温纤维滤袋、圆柱形 SCR 催化剂和干式吸收剂喷射系统。

SNRB 工艺的脱硫、脱硝和除尘主要在高温布袋除尘器单元中完成，位于省煤器和空气预热器之间。在烟气进入袋式除尘器前，喷入干式吸收剂（Ca 基或 Na 基），在烟道以及袋式除尘器内，SO$_2$ 与吸收剂反应被脱除；颗粒物以及反应后的吸收剂由袋式除尘器收集；NO$_x$ 在 SCR 催化剂作用下与 NH$_3$ 反应生成 N$_2$ 和 H$_2$O，圆柱形的 SCR 催化剂安装在袋式除尘器的布袋内，其工艺流程如图 7-24 所示。

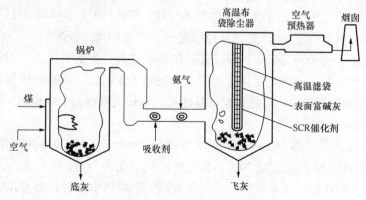

图 7-24 SNRB 工艺流程

SNRB 烟气净化技术在 R. E. Burger 电厂 5 号机组的示范工程表明：布袋除尘器运行温度在 443℃ 或者更高，以水合 CaO 为吸收剂，在 Ca/S 为 1.8 时，可获得 80% 的脱硫率，吸收剂的利用率为 40%~45%，高于其他传统的干法 Ca 基吸收剂喷射脱硫工艺（60% 的脱硫效率和 30% 的吸收剂利用率）。这是因为吸收剂被布袋捕集，增加了 SO_2 与吸收剂的接触。使用 Na 基吸收剂，在 Na/S 为 2 时，能达到大于 90% 的脱硫效率和 85% 的吸收剂利用率。增加吸收剂与硫的比，可以获得更高的脱硫率，但是吸收剂的利用率降低。保证 NH_3 漏损低于 $5×10^{-6}$ 的情况下，能够实现大于 90% 的脱硝率。NH_3 的漏损是指在 NO_x 被还原后的烟气中残留的未反应的 NH_3。NO_x 的脱除不受温度和烟气流速的影响，通过改变 NH_3 的喷入量可以很好地控制 NO_x 的脱除效率在 50%~95% 之间。颗粒物的排放浓度低于 $36mg/m^3$（标况），脱除率大于 90%。

SNRB 工艺的特点主要有：

（1）设备结构简单，相对投资少，占地面积小。SO_2、NO_x 颗粒物的控制集中在一个结构单元中，实现了设备的小型化。

（2）提高了能量利用率和锅炉效率。SO_2 在烟气进入空气预热器前得到有效脱除，无需再考虑由此引起的结垢和腐蚀问题，降低空气预热器的运行温度，从而提高能量利用率和锅炉效率。

（3）适应范围广，可以应用于各种类型的燃煤锅炉。SO_2 控制不受煤中含硫量的影响，通过 SCR 催化剂的设计和控制 NH_3/NO_x，实现所要求的 NO_x 排放浓度。

（4）催化剂寿命长。在进入 SCR 催化剂前，烟气中的 SO_2 和颗粒物大部分已被除去，降低了催化剂中毒、堵塞、腐蚀的可能性。

（5）可以同时控制其他有害污染物。当使用 Ca 基吸收剂时，SNRB 除保证较高的脱硫、脱硝、除尘效率外，还能实现 96% 的 HCl 和 84% 的 HF 去除率，有害大气污染物去除率超过 95%。

（6）采用干式吸收剂，其制备、加工、处理费用降低。

（7）SNRB 工艺使用 Ca 基吸收剂时，其副产品含钙量较高，具有火山灰特性，综合利用途径广泛，可以用作建筑材料和土壤改良。

尽管 SNRB 工艺有诸多优点，可以应用各种类型的锅炉，但是从经济性的角度考虑，还是比较适合用于小型锅炉。脱硫效率要求较低时，SNRB 工艺比采用单独的脱硫、脱硝和除尘设备经济，但是当脱硫效率要求大于 85% 时，采用 SNRB 工艺并不经济。另外，用于产生 NO_x 较多的锅炉时，与低氮燃烧技术相结合是较好的选择，这可以降低催化剂的用量和袋式除尘器的压力损失。

4. Parsons 烟气清洁工艺

Parsons 工艺已发展到中试阶段，处理烟气量为 $280m^3/h$ 时，燃煤锅炉烟气中的 SO_2 和 NO_x 的脱除率能达到 99% 以上。该工艺包括以下步骤：① 在单独的还原步骤中同时将 SO_x 催化还原为 H_2S，NO_x 还原为 N_2，剩余的氧还原为水；② 从氢化反应器的排气中回收 H_2S；③ 从 H_2S 富集气体中生产单质硫。

Parsons 工艺装置的流程如图 7-25 所示。烟气与水蒸气—甲烷重整气体和从硫磺装置来的尾气混合形成催化氢化反应模块的给料气体，SO_x、NO_x 和剩余的氧被还原。烟气在直接接触式过热蒸汽降温器中冷却，冷却后的烟气进入含有 H_2S 选择性吸收剂的吸收柱中，含有少于 10×10^{-6} 硫化氢的净化后烟气通过烟囱排至大气中。富集 H_2S 的吸收剂进入再生器被加热，蒸汽分解从溶液中释放出酸性气体，含有 H_2S 的排出气体送至硫制备装置，将 H_2S 转换为元素硫。

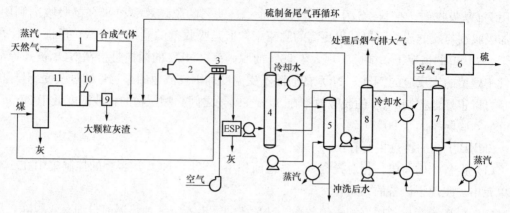

图 7-25　Parsons 烟气清洁工艺流程

1—甲烷蒸气重整炉；2—氢化反应模块；3—空气预热器；4—过热蒸气降温器；5—含酸水冲洗器；6—硫制备；
7—再生器；8—吸收塔；9—多管旋风除尘器；10—省煤器；11—锅炉

三、湿法烟气脱硫脱硝一体化技术

湿法烟气脱硫脱硝一体化技术主要包括氯酸氧化工艺和金属螯合剂络合吸收法等。由于 NO 在水溶液中的溶解度很低，湿法烟气脱硫脱硝一体化工艺通常在气/液段将难溶于水的 NO 氧化为溶解度较大的 NO_2，或者通过加入添加剂来提高 NO 的溶解度。

（一）氯酸氧化工艺

氯酸氧化工艺（Tri-NO_x-NO_xSorb）采用湿式洗涤系统，在一套装置中实现烟气中 SO_2 和 NO_x 的同时脱除，并且没有催化剂中毒、失活和催化能力下降等问题的出现。

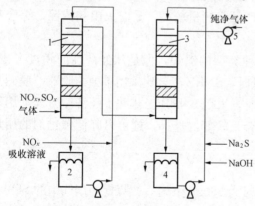

图 7-26　氯酸氧化脱硫脱硝一体化工艺流程

1—氧化吸收塔；2—氧化吸收塔平衡箱；3—碱式吸收塔；
4—碱式吸收塔平衡箱；5—风机

氯酸氧化工艺流程由氧化吸收塔和碱式吸收塔两部分组成。氧化吸收塔采用氧化剂 $HClO_3$ 来氧化 NO 和 SO_2 及有毒金属；碱式吸收塔则作为后续工艺，采用 Na_2S 和 NaOH 作为吸收剂，吸收残余的酸性气体。该工艺的脱除率达 95% 以上。氯酸氧化法同时脱硫脱硝的工艺流程如图 7-26 所示。氧化吸收液氯酸的生产采用电化学工艺，生产氯酸的工艺流程如图 7-27 所示。

氯酸是一种强酸，浓度为 35%（质量百分比）的氯酸溶液可 99% 电离。此外，氯酸还是一种强氧化剂，氧化电位受液相 pH 值的控制。在酸性介质条件下，氯酸的氧化性比高氯酸还要强。氯酸氧化工艺的反应机理包括以下方面。

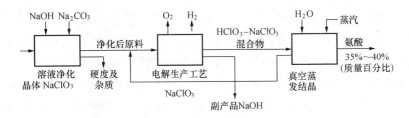

图 7-27 电解法生产氯酸工艺

1. NO$_x$ 的氧化反应

NO 与氯酸反应产生 ClO$_2$ 和 NO$_2$

$$NO + 2HClO_3 \longrightarrow NO_2 + 2ClO_2 + H_2O$$

ClO$_2$ 与气液两相中的 NO 和 NO$_2$ 反应

$$5NO + 2ClO_2 + H_2O \longrightarrow 2HCl + 5NO_2$$

$$5NO_2 + ClO_2 + 3H_2O \longrightarrow HCl + 5HNO_3$$

总反应为

$$13NO + 6HClO_3 + 5H_2O \longrightarrow 6HCl + 10HNO_3 + 3NO_2$$

2. SO$_2$ 的氧化反应

$$SO_2 + 2HClO_3 \longrightarrow H_2SO_4 + 2ClO_2$$

产物的副产品 ClO$_2$ 与多余的 SO$_2$ 在气相中反应

$$4SO_2 + 2ClO_2 \longrightarrow 4SO_3 + Cl_2$$

生成的 Cl$_2$ 进一步与水和 SO$_2$ 反应

$$Cl_2 + H_2O \longrightarrow HCl + HOCl$$

$$SO_2 + HOCl \longrightarrow SO_3 + HCl$$

总反应为

$$6SO_2 + 2HClO_3 + 6H_2O \longrightarrow 6H_2SO_4 + 2HCl$$

该工艺的主要技术特点有：① 脱除率较高是由于氯酸与 NO、SO$_2$ 反应生成了 ClO$_2$，而 ClO$_2$ 作为反应中间体起到了极大的作用；② 氯酸氧化法对入口烟气负荷的适应性强；③ 对入口烟气浓度的要求不严格，可以在更大的 NO$_x$ 进口浓度范围内得到较高的脱除率；④ 操作温度低，可在常温下进行；⑤ 对 NO$_x$、SO$_2$ 及有毒金属（As、Cd、Pb 和 Hg 等）有较高的脱除率；⑥ 氯酸对设备的腐蚀性较强，设备需加防腐内衬，增加了投资；⑦ 产生酸性废液，经过浓缩等处理，可作为酸原料使用，但存在运输及储存等问题。

（二）湿式络合吸收工艺

传统的湿法脱硫技术可脱除 90％以上的 SO$_2$，但由于 NO 在水中的溶解度很低，Sada 等人发现在水溶液中加入一些金属螯合物后，即可与溶解的 NO 迅速发生反应，从而加快了 NO 的吸收速率，并加大了其吸收容量。因此在湿式洗涤工艺中使用金属螯合剂作为添加剂，可实现 SO$_2$ 和 NO$_x$ 同时脱除。

湿式 FGD 加金属螯合剂工艺是在碱性或中性溶液中加入亚铁离子形成氨基羟酸亚铁螯合物，如 Fe(EDTA) 和 Fe(NTA)，这类螯合物吸收 NO 形成亚硝酰亚铁螯合物，配位的 NO 能够和溶解的 SO$_2$ 和 O$_2$ 反应生成 N$_2$、N$_2$O、连二硫酸盐、硫酸盐、各种 N-S 化合物和三价铁螯合物，并使亚铁螯合剂再生。但在此过程中，烟气中的氧气会将亚铁螯合剂氧化成三价铁螯合物，而三价铁的螯合物与 NO 不反应，尽管三价铁能被 SO_3^{2-}/HSO_3^- 还原成二价铁离子，但还原速度较慢。因此，溶液中的二价铁会逐渐氧化成三价铁而使吸收液失去活性。为了经济有效的去除烟气中的 NO，必须对洗涤液进行再生和循环使用。

湿式络合吸收法工艺可同时脱除 NO 和 SO_2，但目前仍处于试验阶段。影响其工业应用的主要问题是反应过程中螯合物的损失和金属螯合物再生困难，利用率低，造成运行费用高。

此外，烟气脱硫脱硝一体化技术还有吸收剂喷射法、高能电子活化氧化法等工艺，其中吸收剂喷射法的脱除率主要取决于烟气中 SO_2 和 NO_x 比、反应温度、吸收剂粒度和停留时间等。高能电子活化法目前国内外均有商业应用，可得到 90% 以上的脱硫率和 80% 以上的脱硝率。

第五节　烟气脱硝工程实例

一、国电铜陵电厂烟气脱硝

国电铜陵电厂位于安徽省铜陵市境内，由国电集团控股的新建电厂，电厂设计总装机容量为 $4\times600MW$。三大主机分别采用东方锅炉厂、上海汽轮机和上海汽轮发电机厂的产品。国电铜陵电厂 600MW 机组采用选择性催化还原法（SCR）脱硝装置，在设计煤种及校核煤种、锅炉最大工况（BMCR）、处理 100% 烟气量条件下，脱硝效率不小于 80%。该项目采用 EPC 建设模式，由国电科技环保集团有限公司环保工程分公司负责，烟气脱硝工艺采用德国 FBE 公司的选择性催化还原（SCR）烟气脱硝技术。

（一）工艺流程

SCR 烟气脱硝系统的主要工艺流程如图 7-28 所示。液氨槽车运来的液氨由卸料压缩机输送到液氨罐内储存，液氨罐内液氨通过氨罐自身的压力或液氨泵加压（氨罐低液位时）经管道送入水浴蒸发器（水温一般控制在 42℃）。液氨在水浴式蒸发器内被加热蒸发成氨气（0.6MPa 左右），再进入氨气缓冲罐来稳定其压力（0.5MPa 左右），然后经管道输送到 SCR 反应器前的混合器，与稀释风机送来的空气混合成含氨不超过 5% 的混合气体后，通入 SCR 反应器进口的整流器均流后进入反应器，在催化剂的作用下，与烟气中的 NO_x 反应生成氮气和水。

（二）设计参数

设计参数见表 7-9。

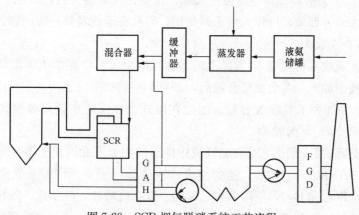

图 7-28　SCR 烟气脱硝系统工艺流程

表 7-9　　　　　　　　　　国电铜陵电厂烟气脱硝设计参数

项　　目		单　位	参　数
烟气流量（标态）		m³/h	1846935
烟气温度		℃	372
进口	O₂（标态，干基）	%	3.28
	NO$_x$（标态，干基）	mg/m³	657
	烟尘浓度（标态，干基）	g/m³	50
出口 NO$_x$（标态，干基）		mg/m³	131
SO₂/SO₃ 转化率		%	≤1
氨逃逸率		mg/kg	≤3
氨耗量		kg/h	350
脱硝效率		%	≥80

（三）烟气脱硝系统组成

国电铜陵电厂烟气脱硝 SCR 系统主要包括 SCR 反应器和液氨储存、制备及供应系统两部分。

1. SCR 反应器

SCR 烟气脱硝系统为高尘布置，即 SCR 反应器布置在省煤器和空气预热器之间，如图7-29 所示。氨气均匀混合后通过分布导阀和烟气共同进入反应器入口。烟气经过烟气脱硝过程后经空气预热器热回收后进入静电除尘器。SCR 反应器层数采用 2＋1 的结构方式；反应器的外形布局设计，根据催化剂的各项性能，综合考虑了脱硝反应烟气最佳停留时间与系统压损最小化，使机组适应不同负荷和煤质下系统的抗磨、抗堵等问题，催化剂区域内流速不超过 6m/s；反应器尺寸为 11.52m×11.52m×16.6m，反应器设计成烟气竖直向下流动，反应器入口设气流均布装置，反应器入口及出口段设导流板，反应器内部易于磨损的部位设

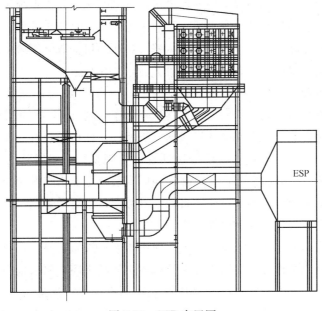

图 7-29　SCR 布置图

计必要的防磨措施。反应器内部各类加强板、支架设计成不易积灰的形式，同时考虑热膨胀的补偿措施。每层催化剂设置 4 个蒸汽吹灰器，利用屏式过热器出口蒸汽经减压至 0.8MPa 对催化剂吹灰。

催化剂安装在反应器中，该电厂采用蜂窝式催化剂，催化剂以 TiO_2 为基体与 WO_3、V_2O_5 混合压制而成。催化剂主要参数见表 7-10。

表 7-10　　　　　　　　　　　　　　　催化剂主要参数表

名　称	数　据	单　位	名　称	数　据	单　位
催化剂类型	蜂窝式		几何体表面积	340	m^2/m^3
催化剂节距	10.0	mm	开孔率	72.4	%
单体长度	1300±4	mm	前端硬化长度	25	mm
每台反应器所需催化剂体积	328.5	m^3	烟气流速	4.56	m/s
两台反应器所需催化剂体积	657	m^3	单孔流速	6.3	m/s
单孔数	15×15	个	面积流速	8.02	m/h
单体截面尺寸	150×150	mm	空间流速	2726	1/h
单孔宽度	约 8.51	mm	氨耗量	162.6	kg/h
壁厚 t_1	1.84	mm	运行温度范围	287～450	℃
壁厚 t_2	1.43	mm			

2. 液氨储存、制备及供应系统

液氨储存、制备、供应系统包括液氨卸料压缩机、储氨罐、液氨蒸发槽、液氨泵、氨气缓冲槽、稀释风机、混合器、氨气稀释槽、废水泵、废水池等。系统提供氨气供脱硝反应使用。液氨的供应由液氨槽车运送，利用液氨卸料压缩机将液氨由槽车输入储氨罐内，用液氨泵将储槽中的液氨输送到液氨蒸发槽内蒸发为氨气，经氨气缓冲槽来控制一定的压力及其流量，然后与稀释空气在混合器中混合均匀，再送达脱硝系统。氨气系统紧急排放的氨气则排入氨气稀释槽中，经水的吸收排入废水池，再经由废水泵送至废水处理厂处理。

(1) 卸料压缩机。卸料压缩机为往复式压缩机，压缩机抽取储氨罐中的氨气，经压缩后将槽车的液氨推挤入液氨储罐中。卸料压缩机 2 台，1 用 1 备。

(2) 储氨罐 (每台炉一个系列，两台炉同时上)。每台炉液氨的储氨罐容量，按照锅炉 BMCR 工况设计，在设计条件下，每天运行 20h，可连续运行 10 天。储槽上安装有超流阀、止回阀、紧急关断阀和安全阀为储槽液氨泄漏保护所用。储槽还装有温度计、压力表、液位计、高液位报警仪和相应的变送器将信号送到脱硝控制系统，当储槽内温度或压力高时报警。储槽有保温层和遮阳棚防太阳辐射措施，四周安装有工业水喷淋管线及喷嘴，当储槽槽体温度过高时自动淋水装置启动，对槽体自动喷淋减温；当有微量氨气泄漏时也可启动自动淋水装置，对氨气进行吸收，控制氨气污染。

(3) 液氨供应泵。液氨进入蒸发槽，可以使用压差和液氨自身的重力势能实现；也可以采用液氨泵来供应；或两种方法都用。为保证氨的不间断供应，氨泵采用一用一备。

(4) 液氨蒸发槽。液氨蒸发所需要的热量采用蒸汽加热，加热蒸汽量 1.5t/h，汽源参数 0.6～1.3MPa，250～392℃。液氨蒸发槽蒸汽管道进口设置减温装置，减温器喷水引自除盐水母管（母管位于老厂综合管架上）。蒸汽疏水设置回收系统，回收至化水预脱盐水箱。蒸发槽上装有压力控制阀将氨气压力控制在一定范围，当出口压力过高时，则切断液氨进料。在氨气出口管线上装有温度检测器，当温度过低时切断液氨，使氨气至缓冲槽维持适当温度及压力，蒸发槽装有安全阀，可防止设备压力异常过高。液氨蒸发槽按照在 BMCR 工况下 $2\times100\%$ 容量设计，蒸发器一用一备。

（5）氨气缓冲槽（氨气积压器）。从蒸发槽蒸发的氨气流进入氨气缓冲槽，通过调压阀减压成一定压力，再通过氨气输送管线送到锅炉侧的脱硝系统。液氨缓冲槽为 SCR 系统供应稳定的氨气，避免受蒸发槽操作不稳定所影响。缓冲槽上设置有安全阀保护设备。

（6）氨气稀释槽。氨气稀释槽为一定容积水槽，水槽的液位由满溢流管线维持，稀释槽设计由槽顶淋水和槽侧进水。液氨系统各排放处所排出的氨气由管线汇集后从稀释槽低部进入，通过分散管将氨气分散入稀释槽水中，利用大量水来吸收安全阀排放的氨气。

（7）氨气泄漏检测器。液氨储存及供应系统周边设有氨气检测器，以检测氨气的泄漏，并显示大气中氨的浓度。当检测器测得大气中氨浓度过高时，在机组控制室会发出警报，操作人员采取必要的措施，以防止氨气泄漏的异常情况发生。氨气泄漏检测器分别布置在液氨区及氨气稀释区域，2 台炉共计 6 个。

（8）排放系统。液氨储存和供应系统的氨排放管路为一个封闭系统，将经由氨气稀释槽吸收成氨废水后排放至废水池，再经由废水泵送到化水再生废水池。

（9）氮气吹扫系统。液氨储存及供应系统保持系统的严密性，防止氨气的泄漏和氨气与空气的混合造成爆炸是最关键的安全问题。基于此方面的考虑，系统的卸料压缩机、储氨罐、氨气蒸发槽、氨气缓冲槽等都备有氮气吹扫管线。在液氨卸料之前通过氮气吹扫管线对以上设备分别要进行严格的系统严密性检查和氮气吹扫，防止氨气泄漏和系统中残余的空气混合造成危险。

二、福建后石电厂烟气脱硝

后石电厂位于福建漳州，该厂的 SCR 脱硝系统由台塑美国公司（Plastics Corp. USA）投资兴建，由华阳电业有限公司建设和运行。电厂装机容量为 $6\times600MW$，三大主机采用三菱公司产品，锅炉设备选用三菱重工神户造船厂（MHI. KOBE）设计制造的 MO-SSRR 型超临界直流锅炉，锅炉岛设置两台双室五电场静电除尘器，除尘效率为 99.85%。

后石电厂 600MW 机组脱硝采用炉内脱硝和烟气脱硝相结合的方法。炉内脱硝的方式采用 PM 型低 NO_x 燃烧器加分级燃烧（三菱 MACT 炉内低 NO_x 燃烧系统）脱硝法，脱硝效率可达 65% 以上，排放的 NO_x 浓度在 180mg/L 左右。烟气脱硝方式采用日立公司的选择性催化还原（SCR）烟气脱硝技术，该装置是我国大陆 600MW 机组安装的第一台 SCR 装置，由台湾中鼎工程股份公司设计和建设施工。

（一）工艺流程

SCR 烟气脱硝系统为高尘布置，SCR 反应器设置于空气预热器前，其工艺流程如图 7-30 所示。液氨从液氨槽车由卸料压缩机送入液氨储槽，再经过蒸发槽蒸发为氨气后通过氨缓冲槽和输送管进入锅炉区，通过与空气均匀混合后由分布导阀进入 SCR 反应器内部反应，氨气在 SCR 反应器的上方，通过一种特殊的喷雾装置和烟气均匀分布混合，混合后烟气通过反应器内触媒层进行还原反应过程。脱硝后烟气经过空气预热器热回收后进入静电除尘器。每套锅炉配有一套 SCR 反应器，每两台锅炉公用一套液氨储存和供应系统。

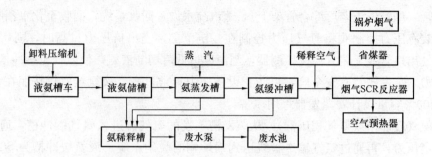

图 7-30　福建后石电厂 600MW 机组烟气脱硝系统工艺流程

（二）设计参数

设计参数见表 7-10。

表 7-10　　　　　　　　　　福建漳州后石电厂烟气脱硝设计参数

项　目		单　位	参　数
形式			日立、干式触媒脱硝
SCR 反应器数量		套/炉	1
催化剂类型			日立板式催化剂
燃料			煤（或煤：油为 50：50）
烟气流量（标况）		m^3/h	1779000
烟气温度		℃	370（最大 420）
进口烟气成分	O_2（干基）	%	3.3
	H_2O（湿基）	%	8.5
	NO_x（干基，6％O_2）	mg/L	150
	SO_2（干基，6％O_2）	mg/L	700
	SO_3（干基，6％O_2）	mg/L	5
出口烟气成分	烟尘浓度（标态）	g/m^3	19
	NO_x（干基，6％O_2）	mg/L	＜50
	NH_3（干基，6％O_2）	mg/L	5
NH_3/NO_x 反应摩尔比			0.77
内部触媒压降		mmH_2O	26
脱硝效率		%	66.7

（三）烟气脱硝系统组成

后石电厂 SCR 烟气脱硝系统主要包括脱硝反应系统和液氨储存及供应系统两部分。

1. 脱硝反应系统

脱硝反应系统由触媒反应器、氨喷雾系统和空气供应系统组成。

（1）烟气线路。SCR 反应器位于锅炉省煤器出口烟气管线的下游，氨气均匀混合后通过分布导阀和烟气共同进入反应器入口。烟气经过烟气脱硝过程后经空气预热器热回收后进入静电除尘器。

(2) SCR反应器。SCR反应器采用固定床平行通道形式，反应器为自立钢结构型。催化剂底部安装气密装置，防止未处理过的烟气泄漏。

(3) SCR催化剂。SCR系统所采用的催化剂形式为平板式，该催化剂具有高活化性、寿命长、低压力降、紧密性、刚性及易处理等特点。催化剂元件主要一不锈钢板为主体，再镀上一层 TiO_2 作为催化剂活化元素。不锈钢板在镀 TiO_2 前需进行处理成为多孔性材料，烟气平行流过催化剂元件使压力降到最低。催化剂床层由三层催化剂组成，反应器内催化剂的装填容积为 $380m^3$。

(4) 氨/空气喷雾系统。氨和空气在混合器和管路内充分混合，再将此混合物导入氨气分配总管内。氨/空气喷雾系统含供应箱、喷雾管格子和喷嘴等。每一供应箱安装一个节流阀及节流孔板，可使氨/空气混合物在喷雾管格子达到均匀分布。氨/空气混合物喷射配合 NO_x 浓度分布靠雾化喷嘴来调整。

(5) SCR控制系统。每台机组的烟气脱硝系统通过 DCS 系统进行控制。所有设备的启停、顺序控制、连锁保护等都可以从 DCS 上实现，并能对故障实现报警显示。

SCR脱硝系统中的关键控制参数是喷氨量。SCR 烟气脱硝控制系统利用固定的 NH_3/NO_x 摩尔比来提供所需要的氨气流量，进口 NO_x 浓度和烟气流量的乘积产生 NO_x 流量信号，此信号乘上所需 NH_3/NO_x 摩尔比就是基本氨气流量信号，根据烟气脱硝反应的化学方程式，1mol 的氨需与 1mol 的 NO_x 进行反应。摩尔比是在现场测试操作期间确定并记录在氨气流控制系统的程序上的。计算出的氨气流量需求信号送到控制器并和真实氨气流的信号比较，产生的误差信号经比例加积分动作处理去定位氨气流控制阀，如果氨气因为某些连锁失效造成喷雾动作跳闸，则氨气流控制阀关闭。SCR 控制系统根据计算出的氨气流量需求信号去定位氨气流控制阀，实现对脱硝的自动控制。通过在不同负荷下的对氨气流的调整，找到最佳的喷氨量。氨气流量可根据温度和压力修正系数进行修正。

稀释空气利用风门来手动操作，一旦空气流调整后则空气流就不需要随锅炉负荷而调整。氨气和空气流设计稀释比最大为 5%，稀释空气由送风机出口管理引出。

2. 液氨储存及供应系统

液氨储存和供应系统包括液氨卸料压缩机、液氨储槽、液氨蒸发槽、氨气缓冲槽、氨气稀释槽、废水泵和废水池等。液氨的供应由液氨槽车运送，利用液氨卸料压缩机将液氨由槽车输入液氨储槽内，储槽输出的液氨在液氨蒸发槽内蒸发为氨气，通过氨气缓冲槽进入脱硝系统。氨气系统紧急排放的氨气则排入氨气稀释槽中，经水的吸收排入废水池，再经由废水泵送至废水处理厂处理。

系统中的卸料压缩机为往复式压缩机，压缩机抽取液氨储槽中的氨气，经压缩后将槽车的液氨推挤入液氨槽车中。

6 台机组脱硝共设计 3 个储槽，一个液氨储槽的存储容量为 $122m^3$。一个液氨储槽可供应一套 SCR 机组脱硝反应所需氨气一周。储槽上安装有超流阀、止回阀、紧急关断阀和安全阀为储槽液氨泄漏保护所用。储槽四周安装有工业水喷淋管线及喷嘴，当储槽槽体温度过高时自动淋水装置启动，通过喷淋槽体进行减温。

液氨蒸发槽为螺旋管式，管内为液氨，管外为温水浴，以蒸汽直接喷入水中加热至40℃，再以温水将液氨汽化，并加热至常温。蒸汽流量受蒸发槽本身水浴温度控制调节。在氨气出口管线上装有温度检测器，当温度低于10℃时切断液氨进料，使氨气至缓冲槽维持适当温度及压力，蒸发槽装有安全阀，可防止设备压力异常过高。

从蒸发槽蒸发的氨气流进入氨气缓冲槽，通过调压阀减压成一定压力（1.8kgf/cm²），再通过氨气输送管线送到锅炉侧的脱硝系统。

氨气稀释槽为一容积为 6m³ 的立式水槽，液氨系统各排放处所排出的氨气由管线汇集后从稀释槽低部进入，通过分散管将氨气分散入稀释槽水中，利用大量水来吸收安全阀排放的氨气。

液氨储存及供应系统周边设有 6 个氨气检测器，以检测氨气的泄漏，并显示大气中氨的浓度。当检测器测得大气中氨浓度过高时，在机组控制室会发出警报，操作人员采取必要的措施，以防止氨气泄漏的异常情况发生。

液氨储存和供应系统的氨排放管路为一个封闭系统，将经由氨气稀释槽吸收成氨废水后排放至废水池，再经由废水泵送到废水处理站。

液氨储存及供应系统保持系统的严密性，防止氨气的泄漏和氨气与空气的混合造成爆炸是最关键的安全问题。基于此方面的考虑，系统的卸料压缩机、储氨罐、氨气蒸发槽、氨气缓冲槽等都备有氮气吹扫管线。在液氨卸料之前通过氮气吹扫管线对以上设备分别要进行严格的系统严密性检查和氮气吹扫，防止氨气泄漏和系统中残余的空气混合造成危险。

液氨储存和供应控制在 1 号机组的 DCS 上实现。所有设备的启停、顺序控制、连锁保护等都可以从机组的 DCS 上实现，设备及有关阀门启停开关还可通过 MCC 盘柜硬手操。对液氨储存和供应系统故障信号实现中控室报警光字牌显示。

3. 控制效果

设计 NO_x 入口浓度为 308mg/m³，出口浓度为 185mg/m³，脱硝率不小于 40％。实测脱硝率在 44％～46％之间，实际 NO_x 排放浓度在 120～160mg/m³ 之间。

三、国华太仓电厂烟气脱硝

国华太仓发电有限公司位于江苏省太仓市东部沿江地区杨林塘河口东侧，距太仓市区约24km。电厂装机容量为 2×600MW，锅炉采用上海锅炉厂引进美国阿尔斯通的技术设计制造，是目前国内首台自行设计的超临界机组。脱硝工程采用选择性催化还原（SCR）法烟气脱硝，由苏源环保公司承建，SCR 工艺采用高尘布置方式，设计脱硝效率不低于 90％。两台机组共用一套氨储存及供应系统。

（一）工艺流程

液氨从液氨槽车由卸料压缩机送入液氨储槽，再经过蒸发槽蒸发为氨气后通过氨缓冲槽和输送管进入锅炉区，通过与空气均匀混合后由分布导阀进入 SCR 反应器，SCR 反应器设置于空气预热器上游，氨气进入 SCR 反应器的上方，通过一种特殊的喷雾装置和烟气均匀混合，混合后烟气通过反应器内催化剂层进行还原反应，脱硝后的烟气再进入空气预热器继续进行热交换，其工艺流程如图 7-31 所示。

（二）设计参数

设计参数见表 7-11。

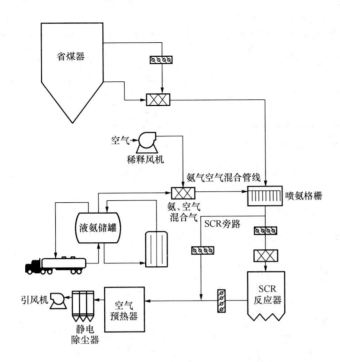

图 7-31　SCR 脱硝系统工艺流程图

表 7-11　　　　　　　　　国华太仓电厂烟气脱硝设计参数

项　目		单　位	参　数
形式			选择性催化还原（SCR）
SCR 反应器数量		套	2×2（1 炉配 2 反应器）
催化剂类型			蜂窝式
燃料			烟煤
烟气流量（标态）		m^3/h	2×1900000
烟气入口温度		℃	378
进口烟气成分	NO_x（标态）	mg/m^3	500
	SO_2（标态）	mg/m^3	1700
	烟尘浓度（标态）	g/m^3	11.76
出口 NO_x（标态）		mg/m^3	50
反应器压力		kPa	−7.5～+4.5
反应器压降		Pa	<1000
氨消耗量		kg/h	412～464
每个反应器尺寸（长×宽×高）		m×m×m	12×16×20
SO_2/SO_3 转化率		%	<1
氨的逃逸率（体积百分比）		$×10^{-6}$	≤3
NH_3/NO_x 反应摩尔比			1

项　目	单　位	参　数
烟气速度	m/s	5
脱硝剂		液氨
脱硝效率	%	80～90

（三）烟气脱硝系统组成

SCR 烟气脱硝系统由液氨存储和供应系统、SCR 反应器、氨/空气喷雾系统、电气系统和在线监测系统。

1. 液氨存储及供应系统

液氨存储及供应系统总平面布置如图 7-32 所示。

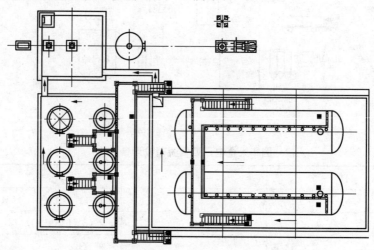

图 7-32　液氨存储及供应系统总平面布置

液氨储存和供应系统包括液氨卸料压缩机、液氨储罐、液氨蒸发槽、氨气缓冲槽、氨气稀释槽、废水泵和废水池等，该系统提供氨气供脱硝反应用。液氨的供应由液氨槽车运送，利用液氨卸料压缩机将液氨由槽车输入液氨储槽内，储槽输出的液氨在液氨蒸发槽内蒸发为氨气，氨气流进入氨气缓冲槽。通过减压阀将压力控制在 0.2MPa，再通过氨气输送管线送到脱硝系统。

氨气供应管线上提供一个氨气紧急关断装置。系统紧急排放的氨气则排放至氨气稀释槽中，经水的吸收排入废水池，再经废水泵送至废水处理厂进行处理。

液氨储存和供应系统的控制在主体机组的 DCS 上实现。所有设备的启停、顺序控制、连锁保护等都可从机组 DCS 上软实现，设备及有关阀门启停开关还可通过 MCC 盘柜硬手操。对液氨储存和供应系统故障信号实现中控室报警光字牌显示。

系统中所有的监测数据都可以在 CRT 上监视。系统能够连续采集和处理反映液氨储存和供应系统运行工况的重要测点信号，如储罐、蒸发槽、缓冲槽的温度、压力、液位显示、报警和控制以及氨气检测器的检测和报警等。另外，脱硝系统中，重要设备的功率、电压、电流等电气参数也都在主体 DCS 系统中进行监测。

（1）稀释空气供应。氨气和空气流设计稀释比为5%。稀释风机主要技术参数为型号9-19NO12-5D，流量17000m³/h，全压7000Pa，电动机功率75kW。

（2）卸料压缩机。卸料压缩机为往复式压缩机。压缩机的主要技术参数为型号201A，制冷量（5/40℃）77kW，排气量77m³，电动机功率18.5kW。

（3）液氨蒸发槽。液氨蒸发槽为螺旋管式，管内为液氨，管外为温水浴，以蒸汽直接喷入水中加热至40℃，再以温水将液氨汽化，并加热至常温。蒸汽流量受蒸发槽本身水浴温度控制调节，当水的温度高过45℃时切断蒸汽来源，并在控制室的DCS上显示。蒸发槽上装有压力控制阀，将氨气压力控制在2.1kg/cm²。当出口压力达到3.8kg/cm²时切断液氨进料，使氨气至缓冲槽维持适当温度及压力，蒸发槽装有安全阀，可防止设备压力异常过高，液氨蒸发槽的主要设计参数为容积5.6m³，换热面积22.63m²，尺寸φ1800×3426mm，设计压力为常压，设计温度90℃。

（4）液氨储槽。脱硝机组共设计2个储槽，一个储槽可供应一套SCR机组脱硝反应所需氨气一周。储槽上安装有超流阀、止回阀、紧急关断阀和安全阀为储槽液氨泄漏保护所用。储槽上还装有温度计、压力表、液位计和相应的变送器，将信号送到主体机组DCS控制系统，当储槽内温度或压力高时报警。储槽四周安装有工业水喷淋管线及喷嘴，当储槽槽体温度过高时自动淋水装置启动，通过喷淋槽体进行减温。

液氨储槽的主要技术参数为容积106m³，尺寸φ3200×13868mm，设计压力2.16MPa，设计温度-15～50℃。

（5）仪控部分。烟气脱硝工程DCS系统选型与主机一致，采用FOXBORO公司的I/A系统。运行人员可在控制室内通过CRT/KB进行启/停运行的控制、正常运行的监视和调整以及事故工况的处理。当DCS系统通信故障或操作员站全部故障时，运行人员能够通过所设置的常规控制设备确保装置安全停机。

2. SCR反应器

SCR反应器的水平段安装有烟气导流、优化分布的装置以及喷氨格栅，在反应器的竖直段则安装有催化剂床层。SCR反应器采用固定床平行通道式，采用两层，并预留一层位置作为未来脱硝效率低于需要值时增装催化剂模块时使用。

脱硝系统共设计两个平行布置的反应器。反应器为直立式焊接钢结构容器，内部设有催化剂支撑结构，能够承受内部压力、地震负荷、烟尘负荷、催化剂负荷和热应力等。反应器的总载荷值为2×330t。反应器壳外部设有加固肋及保温层并保证风管的气密性。催化剂顶部安装气密装置，防止未处理的烟气短路。催化剂通过反应器外的催化剂装填系统从侧门放入反应器内。

脱硝系统采用日立造船生产的NOXNON700S-3型催化剂，催化剂形状为陶瓷质地的三角间距蜂窝型，主要成分为Ti-V-W。

3. 氨/空气喷雾系统

脱硝系统采用喷氨格栅法，即氨和空气在混合器和管路内依据流体动力原理将两者充分混合，再将混合物导入氨气分配总管内。氨/空气喷雾系统由供应箱、喷氨格栅及喷嘴组成，同时将烟道截面分成20～50个大小不同的控制区域，每个区域有若干个喷射孔，每个分区的流量单独可调，以匹配烟气中NO_x浓度分布。

喷氨格栅由若干个支管组成，每根管子上开一定数量及尺寸的孔，氨稀释空气由此处喷入烟道与烟气混合，同时整个烟道截面被分成若干个控制区域，每个控制区域由一定数量的喷氨管组成，并设有阀门控制对应区域的流量，以匹配烟道截面各处 NO_x 分布的不均衡。每一供应箱安装一个节流阀和节流孔板，手动节流阀的设定是靠烟气风管的取样获得氨氮摩尔比来调整的。氨喷雾管位于催化剂上游烟气风道内，氨/空气混合物喷射配合 NO_x 浓度分布靠雾化喷嘴来调整。

4. 电气系统

脱硝系统中的电气系统包括低压开关设备、直流控制电源、不停电电源、动力与照明设施、接地及防雷保护、动力与控制电缆以及电动机的配置。所用的电压等级见表 7-12。

表 7-12　　　　　　　　　　　国华太仓电厂电压等级

电 压 等 级	说 明
6kV（1±10%），50Hz	用于厂用变压器及容量大于 200kW 的电动机（6kV 为不接地系统）
220/400V（1±10%），50Hz（400V 为三相四线制直接接地系统）	用于小动力及容量小于或等于 200kW 的电动机；对于特殊设备的不间断电源以及照明和室内插座的电源
220/110V DC（1+10%）/（1−15%）	作为应急装置、逆变器和控制用电源
12V（1±10%），50Hz	用于密闭金属容器中
24V（1±10%），50Hz	用于密闭金属容器外维修

电气系统中的低压开关设备提供了脱硝系统内的所有动力中心和电动机控制中心，照明、检修等供电的箱柜以及相关的测量、控制和保护柜等。在脱硝控制室内配置一块直流自动切换馈电柜，并留有 20% 的备用分支回路。由电厂主厂房向脱硝控制室提供两路直流电源，满足负荷要求。

5. 烟气在线监测系统

根据脱硝系统监测与控制的需要，在工程控制系统中设置了烟气在线监测系统，信号全部进入主体 DCS 系统中进行监测与控制。烟气在线监测系统安装在 SCR 反应器的上游和下游烟道内，并在入口和出口间保持需要的距离。分析设备如校正装置、自动冷凝液排放装置、气体取样冷却器及分析仪表均安装在靠近取样点带有空调的分析室或分析容器中。分析设备设计为自动化运行（包括校正程序、冷凝液排放的自动控制和逻辑控制），分析设备具有压力、温度补偿功能，当采样压力或大气压力波动、温度环境变化时不影响仪表和分析设备精度。分析设备的所有状态信号都纳入 DCS 系统中，指示维修或操作需要的状态信号采用与故障报警信号相同的方式进行处理。

烟气监测系统具有自动校零和定标功能。SCR 反应器进口与出口的两套烟气在线监测系统公用一个带空调的分析室，直接测量式的烟气监测仪表和就地安装的仪表都设有防护罩。烟气监测系统中包含的主要测点如下：①系统进口处的烟气流量、NO_x 浓度以及烟气温度；②系统出口处的 NO_x 浓度、残余 NH_3 浓度以及烟气温度。

四、大唐阳城发电有限责任公司烟气脱硝

大唐阳城发电有限责任公司 8 号机组为 600MW 燃煤空冷机组，锅炉最大连续蒸发量为

2060t/h，8 号机组采用选择性催化还原法（SCR）脱硝技术，由中国大唐集团科技工程有限公司设计完成。该工程选择性催化还原法脱硝工艺采用纯氨为还原剂，在催化剂的作用下，烟气中的 NO_x 与氨气供应系统喷入的氨气混合后发生还原反应生成氮气和水。电厂装机容量为 $1 \times 600MW$。

SCR 脱硝系统主要包括烟道系统、SCR 反应器、氨喷射系统、氨储存制备系统等。大唐阳城发电有限责任公司 8 号机组 SCR 工艺系统流程如图 7-33 所示。

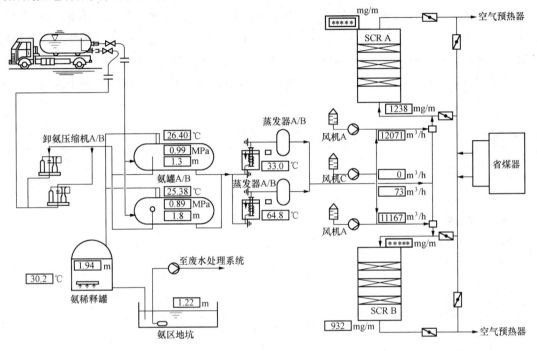

图 7-33　大唐阳城发电有限责任公司 8 号机组 SCR 工艺系统流程图

1. 烟道系统

烟道系统为单元制，每套系统包括 SCR 入口挡板、SCR 出口挡板、旁路烟气挡板及相应的烟道和膨胀节等。为了能将 SCR 系统与锅炉系统分离开来，每套烟道系统中设置有三套零泄漏的烟气挡板（一套入口挡板、一套出口挡板、一套旁路烟气挡板）。烟气挡板都采用单轴双挡板，具有开启/关闭功能，采用电动驱动。当脱硝系统正常运行时，旁路挡板关闭，入口挡板和出口挡板开启，原烟气通过入口挡板进入 SCR 装置进行脱硝。当在紧急状态下要求关闭 SCR 系统时，旁路挡板自动快速开启，入口挡板和出口挡板自动关闭，烟气通过旁路烟道直接进入空气预热器。所有挡板都配有密封空气系统，密封空气系统将密封空气导入到关闭的挡板叶片间，以阻断挡板两侧烟气流通，从而保证零泄漏。

挡板密封空气系统由密封风机及密封空气站组成。两套烟道系统设置一个密封空气站，低压密封空气风机两台，每台容量为 100% 的两套 SCR 装置最大用气量，一用一备，密封气压力维持比烟气最高压力不低于 5mbar，密封空气站配有两级电加热器。

2. SCR 反应器

脱硝系统共配有两台 SCR 反应器，每台 SCR 反应器设计三层催化剂（2+1 层），其中上层为预留层。烟气竖直向下流经反应器,反应器入口设置气流均布装置,反应器入口和出口处都设置导流板,对应反应器内部易于磨损的部位设计必要的防磨措施。反应器内部各种加强板及支架均设计成不易积灰的形式,同时考虑热膨胀的补偿措施。反应器设置有足够大小和数量的人孔门,反应器配置了可拆卸的催化剂测试元件。SCR 反应器能承受运行温度低于 450℃ 长期运行的考验。

3. 催化剂

该工程采用丹麦托普索公司生产的 DNX-464 波纹板式催化剂,催化剂数据见表 7-13。根据锅炉飞灰的特性合理选择孔径大小并设计有防磨、防堵灰措施,以确保催化剂正常稳定运行。催化剂模块具有防止烟气短路的密封系统,密封装置的寿命不低于催化剂的机械寿命,催化剂各层模块规格统一,具有互换性。催化剂模块采用钢结构框架,便于运输、安装和起吊。

表 7-13　　　　　　　　　　　　　催化剂主要参数表

名　　称	参　　数	单　　位
催化剂类型	DNX-464	
每台反应器所需催化剂体积	316.2	m³
每台锅炉催化剂体积	632.4	m³
每台锅炉反应器数量	2	
催化剂层数	2+1	
催化剂模块数据	7×13	
每层催化剂模块数量	91	
催化剂模块尺寸(长×宽×高)	1.88×0.946×1.356	m×m×m
单层催化剂总高	2	m
反应器尺寸(长×宽)	13.68×12.588	m×m
每个反应器中催化剂的模块数量	182	
单模块质量	866	kg
单个反应器催化剂质量	151.6	t

4. 氨喷射系统

氨喷射系统由稀释风机、氨气/空气混合器、氨喷射格栅、流量孔板和喷氨分流阀门等组成。喷入反应器烟道的氨气为空气稀释后含 5% 左右氨气的混合气体。风机满足脱除烟气中 NO_x 最大值的要求,并留有一定的余量。稀释风机按三台 50% 容量(两用一备)设置。每台 SCR 反应器配置一台氨气/空气混合器,确保氨气与空气混合均匀。每台 SCR 反应器入口前配置一套完整的氨喷射系统,保证氨气和烟气混合均匀,喷射系统设置流量调节阀。喷射系统具有良好的热膨胀性、抗热变形性、抗振性和耐磨性。

5. 氨储存制备供应系统

液氨储存和供应系统包括液氨卸料压缩机、液氨储罐、液氨蒸发槽、氨气缓冲槽、稀释风机、混合器、氨气稀释槽、废水泵和废水池等,该系统提供氨气供脱硝反应用。液氨的供应由液氨槽车运送,利用液氨卸料压缩机将液氨由槽车输入液氨储罐内,液氨储罐中的液氨由于压力和重力作用被输送到液氨蒸发槽内蒸发为氨气，氨气流入氨气缓冲槽，通过混合器入口控制门来控制一定的压力及其流量，然后与稀释空气在混合器中混合均匀后送至脱硝系统。氨气系统紧急排放的氨气则排入氨气稀释槽中，经水吸收后排入废水池。

液氨储罐与其他设备和厂房要有一定的安全防火防爆距离，并在适当位置设置室外防火栓，设有防雷、防静电接地装置。氨储存和供应系统的相关管道、阀门、法兰、仪表、泵等设备必须耐腐蚀，采用防爆、防腐型户外电气装置。氨液泄漏处及氨罐区域应装有氨气泄漏检测报警系统。系统的卸料压缩机、液氨储罐、氨气蒸发槽、氨气缓冲槽及氨输送管道等都备有氮气吹扫系统，防止泄漏的氨气和空气混合发生爆炸。

参 考 文 献

[1]　蒋文举. 烟气脱硫脱硝技术手册[M]. 北京：化学工业出版社，2007.

[2]　钟秦. 燃煤烟气脱硫脱硝技术及工程实例[M]. 北京：化学工业出版社，2002.

[3]　苏亚欣，毛玉如. 燃煤氮氧化物排放控制技术[M]. 北京：化学工业出版社，2005.

[4]　Streets D G，Waldhoff S T. Present and future emissions of air pollutants in China：SO_2，NO_x，and CO [J]. Atmospheric Environment. 2000，34：363-367.

[5]　涂建华，应春华. 火电厂脱硝技术与工程应用简述[J]. 浙江节能，2004，9(1)：45-47.

[6]　郝吉明，马广大. 大气污染控制工程[M]. 2 版. 北京：高等教育出版社，2004.

[7]　Nagase H，Yoshihara K，Eguchi K，Okamoto Y，Murasaki S，Yamashita R，Hirata K. Uptakes pathway and continuous removal of nitric oxide from flue gas using microalgac[J]. Biochemical Engineering Journal. 2001，7(3)：241～246.

[8]　马广大. 大气污染控制工程[M]. 北京：中国环境科学出版社，2004.

[9]　季学李. 大气污染控制工程[M]. 上海：同济大学出版社，1990.

[10]　申泮文. 无机化学简明教程[M]. 北京：人民教育出版社，1960.

[11]　公害防止技术和法规编委会. 公害防止技术——大气篇[M]. 陈振兴，等，译. 北京：化学工业出版社，1990.

[12]　Lyon R. K. ，Cole J. A. ，Kramlich J. C. ，Chen S. L. The selective reduction of SO_3 to SO_2 and the oxidation of NO to NO_2 by methanol [J]. Combut. Flame[J]. 1990，81：30-39.

[13]　赵惠富. 污染气体 NO_x 的形成和控制[M]. 北京：科学出版社，1993.

[14]　Bernhardt L. Trout et al. ，Analysis of the Thermochemistry of NO_x Decomposition over CuZSM-5 Based on Quantum Chemical and Statistical Mechanical Calculations [J]. J. Phys. Chem. 1996，100：17582.

[15]　李金兵，黄伟新，等. NO 和 O_2 在 Pt(110)面上吸附的 TDS 和 PEEM 研究[J]. 催化学报. 1998，19(6)：494.

[16]　童志权，陈焕钦. 工业废气污染控制与利用[M]. 北京：化学工业出版社，1989.

[17]　台炳华. 工业烟气净化[M]. 北京：冶金工业出版社，1989.

[18]　郭文儒. 低 NO_x 燃烧技术及应用[J]. 工业炉，2007，29(1)：17-19.

[19]　周国. 燃煤电站锅炉中的低 NO_x 燃烧技术[J]. 节能技术，2005，23(129)：44-46.

[20]　易红宏，宁平，等. 氮氧化物废气的治理技术[J]. 环境科学动态，1998，4(4)：17-20.

[21]　王德荣，林彦奇. 电子束辐射法及其经济分析[J]. 辽宁城乡环境科技，2001，21(16)：24-27.

[22]　程锦晖. 电子束烟气处理方法简介[J]. 石油化工环境保护，2001：24-27.

[23]　林永明，张涌新，等. 选择性催化还原脱硝技术的工程应用[J]. 广西电力，2006，1：11-18.

[24]　于龙，张彦，等. 选择性催化还原脱硝技术研究[J]. 锅炉制造，2005，4：1-4.

[25]　Jan G. M. Brandin，Lars A. H. Andersson and C. U. Ingemar Odenbrand. Catalytic Oxidation of NO to NO_2 over a H-Mordenite Catalyst[J]. Acta Chemica Scandinavi. 1990，44：784.

[26]　梁基照. 含 NO_x 烟气的净化技术[J]. 广州环境科学. 2000，15(4)：5-8.

[27]　李晓东，杨卓如. 国外氮氧化物气体治理的研究进展[J]. 环境工程，1996，14(2)：43～39.

[28]　纪晓雯. 燃煤烟气脱硫脱硝一体化技术的研究与应用[J]. 能源与环境，2004，4：53～56.

[29] Hans T. Karlsson and Harvey S. Rosenberg. Flue Gas Denitrification：Selective Catalytic Oxidation of NO to NO₂[J]. Ind. Eng. Chem. Process Des. Dev. 1984, 23(4)：808.

[30] Sada，E.，H. Kumazawa. Absorption of NO in Aqueous Mixed Solutions of NaClO₂ and NaOH[J]，Chem. Eng. Sci.. 1977, 33：315-318.

[31] 陈彦广，王志. 燃煤过程 NOₓ 抑制与脱除技术的现状与进展[J]. 过程工程学报，2007，7(3)：632-638.

[32] 孙克勤，钟秦. 火电厂烟气脱硝技术及工程应用[M]. 北京：化学工业出版社，2007.

[33] 王耀昕. 活性炭联合脱硫脱硝技术综述[J]. 电站系统工程，2004，20(6)：41-42.

[34] 刘金荣，杜黎明. 燃煤锅炉气/固催化联合脱硫脱硝技术工艺分析[J]. 锅炉技术，2007，38(3)：77-80.

[35] 钟秦. 选择性非催化还原法脱除 NOₓ 的实验研究[J]. 南京理工大学学报，2000，24(1)：68-71.

[36] 王旭伟. 国内外电厂燃煤锅炉烟气同时脱硫脱硝技术的研究进展[J]. 电站系统工程，2007，23(4)：5-7.

[37] 宋立民，赵毅. 液相同时脱硫脱硝技术研究[J]. 电力环境保护，2007，23(1)：46-48.

[38] 倪宏宁，刘岗，郑莅燕. 600MW 超临界燃煤机组 SCR 烟气脱硝工程实例[J]. 上海电力学院学报，2010，26(1)：31-35.

[39] 张强. 燃煤电站 SCR 烟气脱硝技术及工程应用[M]. 北京：化学工业出版社，2007.

[40] 段传和，夏怀祥. 燃煤电站 SCR 烟气脱硝工程技术[M]. 北京：中国电力出版社，2009.

[41] 本书编委会. 中国电力百科大全(火力发电卷)[M]. 北京：中国电力出版社，1995.

[42] 尹世安. 电厂燃料[M]. 北京：水利电力出版社，1991.

[43] 周桂萍，等. 电厂燃料[M]. 北京：中国电力出版社，2007.

[44] 中国电力燃料公司. 动力用煤煤质检测与管理[M]. 北京：中国电力出版社，2000.

[45] 全国煤炭标准化技术委员会. 电力用燃料标准汇编[M]. 2 版. 北京：中国标准出版社，2003.

[46] 李文华. 煤质分析应用技术指南[M]. 北京：中国标准出版社，1999.

[47] 王志轩，朱法华，刘思湄，等. 火电二氧化硫环境影响与控制对策[M]. 北京：中国环境科学出版社，2002.

[48] 郝吉明，王书肖，陆永琪. 燃煤二氧化硫污染控制技术手册[M]. 北京：化学工业出版社，2001.

[49] 雷仲存. 工业脱硫技术[M]. 北京：化学工业出版社，2001.

[50] 奚旦立，孙裕生，刘秀英. 环境监测[M]. 北京：高等教育出版社，2001.

[51] 肖文德，吴志泉. 二氧化硫脱除与回收[M]. 北京：化学工业出版社，2001.

[52] 杨飚. 二氧化硫减排技术与烟气脱硫工程[M]. 北京：冶金工业出版社，2004.

[53] 王海宁，蒋达华. 湿法烟气脱硫的腐蚀机理及防腐技术[J]. 能源环境保护，2004 (18)：22-24.

[54] 王安，张永奎，陈华，等. 微生物法烟气脱硫技术研究[J]. 重庆环境科学，2001，23(2)：37-39.

[55] 杨杰. 湿法烟气脱硫烟囱防腐技术探讨[J]. 电力环境保护，2005，(21)3.

[56] 郭予超. 我国火电厂烟气脱硫现状及展望[J]. 华东电力，2001(9)：1-7.

[57] 向晓东. 现代除尘技术与理论[M]. 北京：冶金工业出版社，2002.

[58] 张晔. 中国燃煤电厂烟气脱硫技术现状和前景展望[M]. 北京：工程与技术出版社，1999.

[59] 朱联锡，卢虹. 烟气脱硫脱硝技术进展情况[M]. 北京：环境科技出版社，1993.

[60] 张基伟. 国外燃煤电厂烟气脱硫技术综述[J]. 中国电力，1999，32(7)：61-75.

[61] 刘忠，赵毅，胡满银，等. 脱硫新技术的发展和现状[J]. 电力情报，1996，(3)：21-24.

[62] 曾汉才. 我国燃煤电厂的烟气脱硫问题[J]. 电站系统工程，1994，10(5)：27-31.

[63] 南京化学工业公司研究院硫酸工业编辑部. 低浓度烟气脱硫. 上海：上海科技出版社，1981.

［64］ Martin Zidar. Janvit Golob. Absorbtion of SO_2 into aqueous solution：Equilibrium $MgO\text{-}SO_2\text{-}H_2O$ and graphical presentation of mass balance in an equilibrium diagram. Ind. Eng. Chem. Res. ，1996，35：3702-3706.

［65］ Al-Aswad K. K. ，Numford C. J. and Jeffreys G. V. The apllication of drop size distribution and discretet drop mass transfer models to assess the performance of a rotating disc contactor. AIChE J. ，1985，31（9）：1488-1497.

［66］ Newton G. H. ，Kramlich J. and Payne R. Modelling the SO_2-slurry droplet reaction. AIChE J. ，1990，36（12）：1865-1872.

［67］ 蔡褀才．低浓度 SO_2 烟气生物脱硫技术概述［J］．硫酸工业，2010（6）：44-47.

［68］ 黄海鹏，李英，黄仁．火力发电厂烟气生物脱硫技术简介．环境工程［J］，2010：28 卷增刊．

［69］ 周群英，高廷耀．环境工程微生物学［M］．北京：高等教育出版社，2001.

［70］ 金小达，刘广兵．烟气生物脱硫技术的特点［J］．环境科技，2010，23(2)：31-34.

［71］ 时瑞生．湿法烟气脱硫系统的腐蚀原因及防腐材料的选择［J］．有色金属冶金，2008(3)，61-64.

［72］ 王海宁，蒋达华．湿法烟气脱硫的腐蚀机理及防腐技术［J］．能源环境保护，2004，18(5)，22-24.

［73］ 蒋欣，黄玲．烟气脱硫技术的应用研究［J］．环境污染治理技术与设备，2003，(3)：82～84.

［74］ 郭东明．脱硫工程技术与设备［M］．北京：化学工业出版社，2007.

［75］ 吴华雄．燃煤电厂脱硫技术及选择脱硫工艺的建议［J］．湖北电力，1999，23(2)：38-41.

［76］ 崔一尘，刘惠永．燃煤烟气脱硫技术发展及其应用前景［J］．热电技术，2001(1)：19-24.

［77］ 窦斗，都贵明．燃煤电厂脱硫技术及选择脱硫工艺的建议［J］．内蒙古科技与经济，2007(4)：93-94.

［78］ 郑丽萍．烟气脱硫副产物的综合利用［J］．湖北电力，2004，16(2)：14-16.

［79］ 彭志辉，等．烟气脱硫石膏及建材资源化研究［J］．重庆环境化学，2000(12)：26-28.

［80］ 黄爪敏．烟气脱硫及脱硫石膏的应用研究［J］．辽宁建材，1999(2)：26-27.

［81］ 李传炽．烟气脱硫技术及脱硫石膏的应用［J］．新型建筑材料，1999(9)：44-46.

［82］ 张小军，周军，金奇庭，李云飞，等．亚硫酸盐氧化法处理高浓度含硫废水［J］．给水排水，2000(12)：47-49.

［83］ 殷红．石灰石—石膏湿法烟气脱硫的影响因素［J］．重庆电力高等专科学校学报，2006，11(3)：20-23.

［84］ 潘卫国，豆斌林，李红星，等．石灰石—石膏湿法烟气脱硫过程中影响脱硫率的因素［J］．发电设备，2007(1)：78-82.